U0904690

应用人类学在中国的实践

——以文旅、饮食文化与食品安全和学科发展为例

陈　刚／著

云南人民出版社

图书在版编目（CIP）数据

应用人类学在中国的实践 ：以文旅、饮食文化与食品安全和学科发展为例 / 陈刚著. -- 昆明 ：云南人民出版社，2025.1. -- ISBN 978-7-222-23077-4

Ⅰ. Q989

中国国家版本馆 CIP 数据核字第 2024GW3014 号

责任编辑：和晓玲
宁　琳
装帧设计：熊小熊
邱世乾
责任校对：陈　迟
责任印制：李寒东

应用人类学在中国的实践
——以文旅、饮食文化与食品安全和学科发展为例

陈　刚／著

出　版　云南人民出版社
发　行　云南人民出版社
社　址　昆明市环城西路 609 号
邮　编　650034
网　址　www.ynpph.com.cn
E-mail　ynrms@sina.com
开　本　720mm × 1010mm　1 / 16
印　张　16
字　数　350 千
版　次　2025 年 1 月第 1 版第 1 次印刷
印　刷　昆明理煋印务有限公司
书　号　ISBN 978-7-222-23077-4
定　价　49.80 元

云南人民出版社微信公众号

自　序

本书选录了我在2008年以来所发表的部分中文论文，内容涉及应用人类学在中国的实践，主要包括三个方面：发展与旅游研究、饮食文化与食品安全研究、人类学学科发展研究。应用人类学是近几十年来蓬勃发展的一门人类学分支学科，它把人类学知识、理论付诸社会实践，用于改善人类社会现状和促进人类社会发展。应用人类学研究领域很广泛，发展研究就是应用人类学的一个重要研究领域，在20世纪70年代西方人类学界逐渐兴起，最终形成发展人类学，成为应用人类学的分支学科，专门研究人类社会发展的问题（如贫穷、环境恶化、饥饿等），用人类学知识去帮助解决这些问题。20世纪70年代，发展人类学关注的重点是城市基础设施建设项目、社会方面的发展项目（如健康、教育、医疗、住房等）和乡村发展项目，提出发展要适应于当地的自身资源和技术水平。80年代，可持续性发展概念出现并得到普及，自然环境成为发展项目必须关注的内容。90年代，发展人类学关注妇女与发展问题，关注最贫困群体，提倡他们参与社会经济发展项目的设计、传递、决策过程。目前，发展人类学四个主要观点是：①发展的目的是改善人民群众的生活条件，强调以人为本，关注就业和收入的提高，而不是单纯的资本积累。②参与，提倡当地居民对发展过程的有意义全面参与。③赋权，强调决策过程公开透明、高程度的当地所有权和管理权。④可持续发展，防止以发展经济为代价的生态环境被破坏。

2015年10月，党的十八届五中全会通过新发展理念，即创新、协调、绿色、开放、共享的发展理念。全会提出，“坚持共享发展，必须坚持发展为了人民、发展依靠人民、发展成果由人民共享，作出更有效的制度安排，使全体人民在共建共享发展中有更多获得感，增强发展动力，增进人民团结，朝着共同富裕方向稳步前进。按照人人参与、人人尽力、人人享有的要求，坚守底线、突出重点、完善制度、引导预期，注重机会公平，保障基本民生，实现全体人民共同迈入全面小康社会。”① 全会还提出加强经济社会发展重大问题和涉及群众切身利益问题的协商，依法保障人民各项权益，激发各族人民建设祖国的主人翁意识。这些都符合发展人类学提出的“改善人民生活”“参与”和“赋权”的原则。

全会指出，坚持绿色发展，必须坚持节约资源和保护环境的基本国策，坚持可持续发展，坚定走生产发展、生活富裕、生态良好的文明发展道路，加快建设资源节约型、环境友好型社会，形成人与自然和谐发展现代化建设新格局，推进美丽中国建设，为全球生态安全作出新贡献。这与发展人类学提出的“可持续发展”的主张一致。

全会指出，要坚持协调发展，重点促进城乡区域协调发展，促进经济社会协调发展，推动区域协调发展，推动物质文明和精神文明协调发展，推动经济建设和国防建设融合发展，在增强国家硬实力的同时注重提升国家软实力。全会提出，“坚持开放发展”，顺应我国经济深度融入世界经济的趋势，奉行互利共赢的开放战略，发展更高层次的开放型经济，积极参与全球经济治理和公共产品供给，提高我国在全球经济治理中的制度性话语权，构建广泛的利益共同体。

2022 年 10 月，习近平总书记在党的第二十次全国代表大会报告中再次强调，“必须完整、准确、全面贯彻新发展理念”。这些根据我国国情提出的发展理念，极大地丰富和突破了发展人类学在过去 40 多年来形成的发展理论，是对国际发展理论的贡献，将会对国际社会的发展项目产生巨大影响，将推动给我国社会科学和自然科学发展协调创新，给我国的社会科学，特别是应用人类学提供了广阔的发展空间。

我本科专业是英语，是 1979 级兰州大学外语系英国语言文学专业学生，1983 年毕业。我中学就读于四川外语学院附属外语中学，进大学后，发现同学

① 中华网：第十八届中央委员会第五次全体会议公报，https：//news. china. com/focus/wzqh/11174588/20151029/20655415_ all. html#page_ 4。

间不仅年龄差距大，英语水平差距也很大。当时的英语教材只有许国璋编的课本，大学和中学期间一直在用。中学我已学到第三册，大学从第一册学起。所以英语学习对我来说没有难度，这样我就有了更多的时间经常到学校周边游玩，进而培养了对甘肃和青海民族文化的兴趣。

我 1990 年 8 月赴美国，到爱荷华州立大学师从黄树民教授学习人类学。当时，爱荷华州立大学人类学系硕士项目要求学生必修人类学 4 个传统分支学科（文化人类学、考古学、体质人类学和语言人类学）的核心课程。本科专业不是人类学的研究生，第一年必须补人类学四个分支学科的基础课。我初中开始学英语，本科专业是英语，1983 年毕业后在西安交通大学教了 7 年英语，自认为英语水平能对付学习要求。不想第一学期就遭遇“滑铁卢”，差点被取消奖学金。按人类学系补课要求，我与本科生同上《体质人类学导论》课。授课老师是犹太人，其口音之重，让我怀疑他说的是否是英语，加上《体质人类学导论》中有非常多的生僻的单词，我根本听不懂他在课上讲什么，只好课下拼命读书自学。我还记得系里有一间体质人类学实验室，设在大楼的地下室，有许多人体和动物骨头标本或模型。白天地下室都显得阴森森的，晚上更加恐怖。而我到美国后第一学期的许多晚上在此度过，对照课本，摸着人体骨头，努力想记住那些来源于拉丁语的单词，常常熬到半夜。回宿舍的路要穿过一片小树林，林中常停满了巨大的乌鸦，对我打扰他们的睡眠，集体发出怒吼，有的甚至拉屎抗议。学业上的不顺，心里的孤独，我当时质问自己为什么要学人类学？自讨苦吃！好在，学期结束时，那位犹太裔老师被我认真学习的态度打动，给我 C－的成绩，勉强保住奖学金（学校当时规定获奖学金的研究生，每门成绩不能低于 C），也让我有信心继续学人类学。

3 年硕士学习后，我到俄亥俄州立大学攻读人类学博士，因为 Iowa State 大学当时没有人类学博士授予权。我只能换个老师，换了个地方，从头开始学习。美国各个学校对课程要求不一样，它要求的主课你必须要修。人类学的主课，大的学校开得比较频繁，小一点的学校一年开出来的主课也就几门，修完主课一般就要 3—4 年。在美国读研究生，一般来说，很多人一学期修课不敢超过 4 门课，否则会吃不消，因为阅读量太大，老师对学期论文要求很高。

我博士前3年修课，第4年通过博士资格考试，然后申请博士课题，找经费做田野调查。第5年由Wenner-Gren人类学研究基金会资助做田野调查，第6年回校写博士论文，同时当助教教书，从1993年到2000年总共耗时7年。读博期间，让我最难忘的是田野的经历，其时间长、遇事之多，在我身上留下的痕迹，都让我难以忘怀。这次田野调查时间是1997年6月至1998年5月，地点是重庆长寿县谢家湾。受黄树民教授的影响，我博士论文选题为研究中国农村改革开放后发生的巨变，从什么角度来写呢？就写农村的丧葬仪式和农村里最基本的文化的变迁。

1997年夏天，重庆罕见的热，连续40余天没有下雨，气温非常高。村民们只能早晚下地干活，白天待在家里，给了我许多同村民聊天、增强相互了解、建立良好关系的时间。但当我跟随我师父（当地专门做红白喜事仪式的“道士”）走路到其他村子为死人做仪式时，就非常受罪。全身衣服，包括内衣裤，都被汗水湿透。赶到死者家后，我的师傅，当时60多岁，同五六位合作伙伴，立即开始制作丧葬仪式用的各种道具。晚饭后，仪式开始，持续一晚上。天明时，送死者上山，也就是到坟地入土安葬，整个仪式才结束。他们几乎一晚没睡，晚饭和半夜夜宵时，喝了很多酒，我以为师傅已经喝醉了，但到他做仪式颂扬死者的一生时，他却声泪俱下，非常投入感人。事后，我到他家访谈时，他告诉我酒能使他进入角色，做好自己的工作。我也曾效仿他，在丧葬仪式上，同他一起喝酒，结果是喝醉睡着，没法进入他的境界。我师傅给我上了一课，使我认识到仪式外部表现形式能被描述记载，但仪式表演者的内心情感却很难掌握。1998年5月，田野调查结束，我带着搜集到的丰富资料和一身虱子，回到美国，开始撰写博士论文。

2000年6月，我拿到博士学位，原计划回国工作，但当时我女儿刚上初中。她6岁到美国，尽管我和我夫人都非常重视她的中文学习，周末请人上中文课，我们用英语同她交流，她的中文水平根本无法面对国内以高考为中心的高强度、高压力、高竞争的学习。我就开始在美国找工作，看到学校生态学院人类营养学系的一位教授招博士后研究员，要求懂文化，能与不同族群和不同阶层的人打交道，研究项目的内容是美国消费者饮食习惯和食品安全行为。我到美国10多年，对美国人还不是太了解，我生活的圈子还是中国人的圈子。这个项目让我很感兴趣，想多了解一下以前不了解的美国社会，就申请做这个博士后。它的好处就是能接触美国各个阶层的人，我们最开始做的是美国低收入和低文化程度阶层人群的食品安全行为研究，访谈过生活在美国社会底层的吸毒者、中学辍学者。我到过美国的拘留所、监狱、middle house（介于放出去和监狱之间一个过渡房）、戒毒所、就业培训处等地方。研究的第二部分是做美国一些高风险人群（包括孕妇、癌症病人、器官移植病人、艾滋病患者和老人）的食品消费和处理行为，有机会接触美国中上层社会人士。除病人外，访谈过一些医生、护士、营养师、养老院工作人员和病人家属。这个项目持续了4年，为我打开了应用人类学的大门。

2004年8月，我博士后研究工作结束后，申请到俄亥俄大学（Ohio University）社会学和人类学系做访问学者教课的工作，讲授的课程包括：文化人类学导论、食品与文化、东亚的国家与民族和文化。在美国教书对我来说压力很大，主要来自文化的差异。在美国大学，学生的素质差异大。俄亥俄大学是公立学校，招收本州内的学生，标准很低。文化人类学导论课类似国内必修的通识课，我遇到过高水平的大学生，也见过从来没有离开过俄亥俄州的学生，他们甚至不知道旧金山在哪里，对美国其他族裔文化不感兴趣，更不用说世界其他国家的人民与文化了，他们的考试成绩可想而知。课程考不及格，没有补考，得交钱重修。有些学生考不及格，找各种理由要求改分数，如果不给改，他们就给系里写信，学期末教师考评就乱写，最常见的借口就是听不懂外国教师的讲课。这就是一个很好的借口，回家可以理直气壮地告诉父母，考试不及格，是因为听不懂外国老师的英语。文化人类学导论常安排在中午，我上课时，有学生在下边吃薯片，喝汽水，发出“卡兹卡兹”的声音。

2007年8月，我女儿拿到奖学金，进俄亥俄州州立大学读本科。同年10月，我离开美国，到云南财经大学任首席教授，组建跨学科的社会与经济行为研究中心。我到云南财经大学任职，原因很多：2005年，我回家探亲，黄树民教授在四川成都召开藏彝走廊研究学术会。会上，我遇到一位云南民族大学的经济学教授，同他讨论民族地区儿童教育和经济发展问题，他说经济学者只讲产出，以最小的代价带来最大的利润，不考虑所带来的社会文化的后果。我在美国读书的时候，很多中文材料讲的都是云南民族地区，对云南印象很好，我觉得在云南可以做很多人类学研究。2006年回国看父母，找了几个学校，到过深圳大学、天津大学、山东等地的几所985高校，最后到了云南大学，当时我有一位朋友从美国归来，在云大做副校长，介绍我到云大民族研究院。院长告诉我他们主要做民族史和民族志研究，而我想做应用人类学方面的研究。我朋友告诉我，云南财经大学正在招兵买马，他们有一个首席教授计划，于是他介绍我同云南财经大学的校长见了面，我们达成建一个跨学科的学术平台的协议。我受英国伦敦政治经济学院的启发，它的人类学系专业很强大，我国著名人类学家费孝通就毕业于该校。云南财经大学给我这样一个平台，我欣然接受了它的聘请，组建社会与经济行为研究中心，以人类学为主，充分利用学校经济学、管理学、旅游等学科的资源，以应用为目的，以多学科的合作为宗旨，以第一手田野调查为基础，宗旨是以高质量的教学和科研服务于学校的学科建设和云南的社会经济发展。

我到云南财经大学后，多次同经济学教师争辩。当时他们不理解文化，常提到云南流行一个口号："用市场经济的大炮轰开落后的山寨大门"，而不关注文化消失对社会产生的后果。社会与经济行为研究中心刚开办时，人类学的课几乎都开不起来，没学生选课。后来通过讲座，慢慢让学生和一些教师了解人类学，教师们申请课题时，也开始找我们做咨询。我总争辩：民族地区的地方院校，不做民族特色的研究，如何同北京、上海等地的高校竞争？其实，这些经济学教师的观念同国家整个发展意识有关，从改革开放到2011年，各级政府的工作重心是抓经济、提高GDP。2012年11月召开的党的十八大提出科学发展观，才把生态文明建设和文化建设放在突出地位，融入经济建设、政治建设、社会建设中。2015年10月，党的十八届五中全会通过新发展理念，即创新、协调、绿色、开放、共享的发展理念。2022年10月，党的二十大明确提出"推进文化自信自强，铸就社会主义文化新辉煌”，“推动绿色发展，促进人与自然和谐共生”，中国式的现代化进入新的发展时期。

我回国后主要从事和推动应用人类学研究，我一直认为一门学科发展，除学术价值外，更需要展示其应用价值，需要帮助政府、企业、社区或个人解决实际问题。应用人类学在中国的起源可以追溯到20世纪初，人类学传入中国后，就被用于研究和解决中国的实际问题。如费孝通1939年发表Peasant Life in China（《江村经济》），他的导师马林诺夫斯基在序言中指出，费孝通博士的这本书将是人类学实地调查和理论发展上的一个里程碑。费孝通根据他在苏州开弦弓村的实地考察，发现当地农民贫困问题主要原因是“人多地少”，提出恢复农村副业，以农民合作组织形式发展乡村经济。费孝通还提出乡土工业组织合作原则：农家积极参与，所有权属于农民，工业所得到收益最广地分配给农民。这些理念对30年后——20世纪70年代在西方人类学界诞生的发展人类学有较大的影响，发展人类学强调发展的目的是改善当地人的生活和基础设施，强调当地社区参与、赋权、可持续发展。另一位人类学家、华西人类学派的代表人李安宅于1944发表《边疆的社会工作》，该书基于他在西南边疆的实地调查，是他参与边疆研究和边疆服务的理论提升与经验总结。书中提出：“边疆地区的特点乃是实地研究的乐园，尤其是应用人类学（边疆社会工作）的正式对象。”①

本书收录了18篇文章，涉及文化旅游、饮食文化与食品安全和人类学学科发展，是我回国后从事应用人类学研究的总结。抛砖引玉，希望能为从事应用人类学研究的年轻学者提供一些视角和研究方法，促进应用人类学在中国的发展。同我刚回国时相比，今天应用人类学更有市场和发展潜力。我国的“一带一路”倡议，人类命运共同体理念，乡村振兴战略，党的二十大提出的全面建设社会主义现代化强国和以中国式现代化全面推进中华民族伟大复兴的任务，坚持“创新、协调、绿色、开放、共享”的发展理念，推进文化自信自强与铸牢中华民族

① 汪洪亮：《应用人类学视野中的民国边疆服务运动——以李安宅的相关论述为中心》，载《思想战线》2010年第5期。

共同体意识和促进民族交往交流交融的实践，都给应用人类学提供了发展机会。人类学者应该抓住机遇，多做应用研究，服务于国家建设和人民对美好生活的向往，以“强人类之学、强国家之学、强生命之学”的定位，形成“迈向人类未来的人类学”的思想体系与理论结构，[①] 使人类学走向繁荣。

① 参见全国政协委员、新大陆科技集团 CEO 王晶在第 20 届人类学高级论坛暨成立 20 周年上的主题发言。载彭兆荣、魏成生、李卓苑、韦小鹏主编：《迈向人类未来的人类学》，13—15 页。

目　录

第三编　人类学学科发展研究

第一编

发展与旅游研究

发展人类学视野中的民族文化生态旅游开发*

发展人类学是应用人类学的一个分支，研究人类社会发展的问题，如贫穷、环境恶化、饥饿等，并应用人类学知识去解决这些问题。本文主要介绍西方发展人类学的简史、研究领域、理论和方法，从发展人类学的角度，分析云南泸沽湖民族文化生态旅游的开发及发展规划，总结好的发展经验，指出发展中出现的问题，提出解决对策，为政府和企业决策提供理论依据，并推广到其他民族文化生态旅游开发地区。

发展人类学的历程

第二次世界大战结束后到20世纪60年代，世界殖民体系完全崩溃。为在新独立的新型民族国家推广西方现代资本主义发展模式，以美国为首的西方国家向经济落后的国家提供直接的经济援助项目，如杜鲁门“四点计划”，这些项目把经济增长作为社会发展的目标，但在实践中并未取得预期的效果，反而引发了许多社会、经济和文化问题，如通货膨胀、分配不公、两极分化、文化冲突等（杨小柳，2007）。到20世纪70年代，一些发展机构，如美国国际发展署和联合国发展计划部等，开始重视受援国的社会文化因素，转向人类学家，利用人类学家的专长和知识修订发展计划，把社会问题而不仅仅是经济增长指标包括进他们的政策和规划里。这些发展机构对人类学家的需求正好填补了西方20世纪70年代高校对人类学家需求减少的空缺。同时期，发展人类学研究机构也建立起来，如建于1976年的美国的发展人类学研究所，英国的海外发展研究所，丹麦的发展

* 本文原以《发展人类学视野中的民族文化生态旅游开发——以云南泸沽湖为例》为题发表于《广西民族研究》2009年第3期，中国人民大学报刊复印资料《旅游管理》2010年第1期全文转载，《新华文摘》2010年第3期论点摘编。

研究中心，法国的海外科学和技术研究办公室和肯尼亚的发展研究所等。以发展人类学为题的论文或书籍也相继出版，这些都是发展人类学诞生的标志（Little，2005）。

在这一时期，国际上的发展项目出现了四个新的投向：其一，城市基础设施建设项目。其二，社会方面的发展项目，如健康、教育、医疗、住房等。其三，乡村发展项目。其四，新的发展意识：发展要适应于当地的自身资源或技术水平（杨小柳，2007）。到 20 世纪 80 年代，可持续性发展概念出现并得到普及，“自然环境成为发展项目必须关注的内容。”在 20 世纪 90 年代初期，妇女与发展问题成为发展项目关注的重点。20 世纪 90 年代中期以后，国际发展项目直接投向最贫困群体，并让其参与社会经济发展项目的设计、传递、决策过程。目前，国际上对发展项目达成几点共识：一是关注农村地区的发展。二是以人为本，关注就业和收入的提高，而不是单纯的资本积累。三是关注妇女在发展中的特殊需求和地位。四是可持续发展，防止以发展经济为代价的生态环境破坏。五是提倡农村地区最贫困人群对发展过程的全面参与（杨小柳，2007）。

发展人类学随着国际发展计划而壮大。发展牵涉方方面面，如住房、卫生设施、身体健康、饮水、教育、农业、旅游业、环境保护、就业、政治权力、消除贫困、可持续性发展、食品保障等，为发展人类学提供了很大的舞台。发展人类学由“传统”社会向“现代”社会过渡时，成为连接文化和发展的桥梁。每年有众多新的学术著作出版，更多的人类学家投身于发展领域，使发展人类学更好地融入人类学学科中（Horowitz，1998）。

作为应用人类学的一个分支，发展人类学立足于服务发展项目，实地解决或缓解发展项目中因文化引起的社会、政治和经济问题，探索利用本土文化提高发展项目实施效果的可能性；它把发展视为一种文化、经济和政治的过程，关注和分析在这一过程中出现的经济和权力不平等关系（杨小柳，2007）。格瑞洛（Grillo）在 1997 年把发展人类学的研究主题归纳为：一是人类学家在发展中处于何种地位。二是人类学的“异文化”研究到底能为发展研究带来什么贡献。三是反对在发展实践和研究中把第三世界国家的普通人民及其知识边缘化。四是倡导自下而上的参与式发展，促使赋权模式的实施。五是讥讽现有的发展实践和目标。六是批判发展和发展过程。七是寻找有效处理发展的人类学研究中权力关系的另类途径（Grillo，1997）。

在理论上，经济学家和其他社会科学家提出的各种发展理论，如现代化理论，认为用西方科学技术和教育可以改变非西方社会以促其社会和经济的发展；从属关系理论，认为国际资本很容易剥削边缘社会，必须消除同全球资本主义体系建立的市场关系，这些边缘社会才能发展；马克思主义理论，认为少数资产阶级贵族从发展中夺取了大部分利益；平民主义理论，提倡地方知识与实践和以其为基础的项目，为发展人类学家解释发展或发展不足提供了理论基础。近二十年来，人类学对家庭、家庭内部关系和对公共财产制度的研究也为发展人类学提供了研究理论和方法（Little，2005）。

在实际研究中，发展人类学强调理论、方法、实践的有机结合。发展人类学常用的两个概念，参与和赋权，既是理论，也是方法。一些地方发展项目采用了这两种理论和方法，结果表明当社区和社区成员参与发展项目的计划和决策过程、被授权管理和控制他们自己的资源和未来时，平等发展最有可能实现（Little，2005）。这也是发展人类学的发展趋势之一，另一趋势是加强同其他学科合作，学习其他学科新的发展理论，不仅进行当地社区研究，还研究对发展计划影响更大的政治和经济组织势力（Appadurai，1996；Friedman，2002）。

发展人类学与旅游业可持续发展

旅游业的可持续性是发展人类学研究的重点之一。二战后，旅游业在世界上蓬勃发展，逐渐成为世界最大的产业，旅游成为许多发展中的国家和地区消除贫困、发展经济的重要手段，如云南省在中国首先提出建设文化大省，把旅游业发展成云南支柱产业的目标。2006 年，云南省共接待国内游客 7721.3 万人次，国外游客 394.44 万人次，旅游总收入为人民币 499.78 亿元。①

人类学对旅游业巨大影响的研究始于 20 世纪 60 年代。1963 年，人类学者 Nuñez 发表了论文《旅游，传统与涵化：一个墨西哥村庄的周末主义》，成为最早的旅游人类学著作。在二十世纪七八十年代，随着发展人类学的兴起，旅游业对当地经济、社会及文化的影响是人类学研究的主流。其中，20 世纪 70 年代的研究主题是旅游对发展中国家的社会文化影响；而 20 世纪 80 年代的研究主题是旅游对西方发达社会的影响、旅游发展背景下的文化适应问题和东道主社会的社

① 云南省统计局 .2007，地方年度统计公报，http：//www.stats.gov.cn/tjgb/ndtjgb/dfndtjgb/t20070410_ 402398421.htm。

会文化建设以及环境保护问题；进入20世纪90年代后，国外发展人类学者开始关注旅游的可持续发展问题，社会文化的变迁和可持续发展成为研究的重点（彭兆荣，2008）。美国人类学家Nash的专著《旅游人类学》（1996）综述了人类学对旅游研究三大主要视角：一是把旅游看作文化涵化和发展的一种形式，引起当地社会文化的变迁。二是把旅游作为实现游客自身行为转化的一种形式。三是把旅游看作是一种“上层建筑”，其产生依赖于其他更为根本的社会因素。这三种视角将旅游研究与人类学视野紧密结合起来，是90年代学术界对旅游人类学研究的系统归纳（彭兆荣，2008）。

人类学在评估大规模旅游对社会文化结构的影响时，常常认为旅游业会带来负面影响。人类学和其他社会科学一道挑战旅游业会带来经济效益的假说，认为是经济学家们把“旅游当作发展的最好策略”（Stronza，2001）。早在20世纪70年代，社会科学家们就认为旅游业并不是解决第三世界国家经济问题的良药（deKadt，1979）；旅游业带来新的社会问题（Opperman，1998）；旅游业中断了当地的农业生产，使当地社会依赖外面的世界（Oliver-Smith，1989）；旅游业给环境带来负面影响（Honey，1999）；从事旅游业的私人企业把利润转移到发达国家（Crick，1989）；旅游业导致当地社区阶层分化越来越大（Stronza，2001）；旅游业引起的传统文化的消失让越来越多的当地人不满（Erisman，1983）；旅游业甚至被描绘是帝国主义的一种形式（Nash，1996），新殖民主义的先锋（Stronza，2001）。

近年来，许多人类学和其他社会科学家赞同或支持发展文化旅游或生态旅游，以替代大规模旅游，他们认为尽管这两种旅游方式也产生了一些问题，但相对来说，他们是破坏性较小、可持续性较高的旅游发展形式。文化旅游特别强调利用文化因素来吸引游客，这些因素可以是物质的，如博物馆、历史遗址、传统建筑和手工艺品等；也可以是非物质的，如宗教活动、文艺表演、传统节日等，吸引游客去体验和探索自己不熟悉的其他民族不同的生活方式、社会习俗、宗教传统、文化遗产等文化内涵。实际上，文化旅游越来越同所谓“奇异”和“原始”文化的生活方式联系在一起，诱使人们去参观访问这些社会（MacDonald，2004）。文化旅游每年增长率为10%到15%，占旅游市场的五分之一。① 联合国

① WTO. 2001. *Cultural Heritage and Tourism Development. Madrid*: WTO. http://pub.unwto.org:81/WebRoot/ Store/Shops/Infoshop/Products/1240/1240 - 1. pdf.

教科文组织一份报告指出，文化旅游有正面的经济和文化影响，它建构和强化身份，帮助树立形象，帮助保护文化和历史传统。以文化为工具，它促进人们的和谐和理解。它支持文化，并使旅游业得到复兴（MacDonald，2004）。但也有学者认为文化旅游并不是医治大规模旅游的弊病的万能药，许多大规模旅游的负面影响也出现在文化旅游发展地区。除此外，为吸引游客，使文化商品化，这给文化旅游带来新问题，如文化真实的问题（MacDonald，2004）。

生态旅游被国际生态旅游协会定义为到保护环境并改善当地人福利的自然地区去负责任地旅游。① 这些自然地区吸引人的是动物和生物群（Hawkins，1995），也可包括一个地区的自然史和原住民文化（Ziffer，1989）。因此，生态旅游不仅仅是让人放松休息的旅游，它也促使游客去了解和欣赏旅游地的生态系统和原住民族的文化。保护与发展是生态旅游的主题，理想的生态旅游具有规模小并由当地人经营的特征。所以，许多人把生态旅游看成是既有利于当地经济和保护当地自然资源的一种发展战略。②

多数文化或生态旅游地是在不发达的、边远、贫困农村地区，这些地区往往单靠自然环境资源或文化资源，无法支撑旅游经济，文化和生态旅游协调发展才能为当地社区带来收入，提供经济发展的机会，云南的泸沽湖摩梭人文化生态旅游（彭德远，2007）、南美洲秘鲁塔基雷岛旅游（Ypeij & Zorn，2007）属于该类旅游。发展人类学特别强调开发该类旅游项目不能剥削当地居民（Burnie，1994），可持续性发展和当地人参与是文化生态旅游长期发展的关键。在利润程度、所得分配和企业的控制方面，文化生态旅游都不同于大规模旅游，文化生态旅游是否能成功取决于它是否被当地社区接受并参与文化生态旅游的开发和管理。文化生态旅游开发的原则是当地人、经理和“专家”（如生态学家、人类学家和考古学家）要通力合作，他们间合作的最重要的基础是相互信任和交流沟通（Wallace & Russell，2004）。有学者提出在旅游业开发中采用社区整合方法（Community Integration），它包括三个重要变量：社区意识、社区团结和社区内部及与外部的权力或控制关系（Mitchell & Reid，2001），更加强调社区集体参与和

① *The International Ecotourism Society*. 1990. Definition and Principles. http：//www. ecotourism. org/web modules/webarticlesnet/templates/eco_template. aspx? articleid =95&zoneid =2.

② World Ecotourism Summit-Final Report，2002，*The World Ecotourism Summit-FinalReport*. Madrid，Spain：World Ecotourism Organization and the United Nations Environment Programme. https：//www. doc88. com/p -9078922785337. html.

维护社区多数人的利益。

欧洲自然与国家公园联盟在2002年颁布了“保护区旅游可持续发展的欧洲宪章”,① 为从事旅游业的政府机构、商业组织和经营人员制定标准，提供指导方针，以保证旅游业的持续发展，它常被发展人类学家引用。该欧洲宪章列出十项促进旅游业可持续发展的方针：

1. 管理好各种影响因素；
2. 为保护作贡献；
3. 保护自然资源；
4. 支持地方经济；
5. 吸纳当地社区参与；
6. 发展质量合格的旅游项目；
7. 欢迎新市场；
8. 制造新的工作形式；
9. 鼓励环境友好的行为；
10. 为其他行业提供榜样模式。

云南泸沽湖文化生态旅游开发及发展

泸沽湖位于藏彝走廊内云南与四川交界处，湖域面积50.4平方千米，湖面海拔2690米，平均水深40.13米，最大能见度12米，周围深林密布，山水相映，景色迷人，享有“中国西南的最后一片净土”的美誉。更出名的是居住在泸沽湖周边的摩梭人特殊的“走婚”风俗和母系继承制度，以及达巴教和藏传佛教的交融，形成独特的民族文化，吸引众多的国内外游客前来欣赏美丽的山水，领略风情文化，也引起学术界的关注，形成摩梭人研究热，涌现出来一批摩梭研究者，包括20世纪30年代的洛克（美国）、顾彼德（俄国）、周汝城和李霖灿，20世纪50—80年代的宋恩常、刘尧汉、严汝娴、詹承绪、王成权、宋兆麟、李近春和刘龙初，20世纪80年代以来的邓启耀、翁乃群、施传刚、蔡华、石高峰和周华山等（岳坤，2003）。

---

① Europarc Federation. 2002. *The European Charter for Sustainable Tourism in Protected Areas*. http：//www. europarc. org/European-charter. org/full_text. pdf.

泸沽湖周边居住着纳西族摩梭人、普米族、彝族、汉族，湖岸沿线有落水、里格、浪放等10余个民族村落。泸沽湖旅游业开始于20世纪80年代末，曾任落水村村主任达8年的格则次若回忆说："开放的时候，大约是1989年开始，有一些散客来，政府动员我们搞旅游业，但是旅游咋个赚钱，我们不知道嘛。客人来了，我们招待，住家里，吃在家里，坐自家的猪槽船，招待人家是应该的嘛，谁也不会收钱。当时，我对政府叫搞的旅游，怎么也搞不懂"（苏建华，2008）。落水村第一家家庭旅馆是1989年时任宁蒗县旅游局局长的曹学文鼓动家里开办的，只有20个床位。这事在当地百姓和领导层中引起了不小的风波，百姓中普遍害怕外来的陌生人住在摩梭人家，因风俗习惯不同而引起矛盾；怕有游客因不懂规矩而冒犯禁忌，不尊重老人，或因话不同、礼不同而引起有伤风化的事（苏建华，2008）。但当得知他们家的年收入4万元时，全村人惊讶不已，大家也才猛然醒悟旅游业可以赚钱，纷纷效仿，开设家庭旅馆，泸沽湖的旅游业也起步了。泸沽湖的旅游业从起步到今天，经历了以下两个发展阶段。①

（一）1989—2004年民间自发自主发展时期

据报道，1990年，泸沽湖正式对国内游客开放，1992年对国外游客开放，泸沽湖进入旅游高速发展的时期，游客逐渐增加，但没有制定任何规章制度，情况混乱，处于无序发展状态。其中1991—1993年的矛盾最为激烈，为争夺游客，村民间经常发生争吵，游客"被宰"也时有发生（苏建华，2008）。为控制恶性竞争，1993年，泸沽湖落水村使划船、牵马、晚上的表演集体化，成立了划船队和牵马队，全村每家都出一人参加划船或牵马队，两队的工作每周互换，划船队负责晚上的演出，收入由全队成员平分。

1995年清明节，落水村的游客人数首次超过旅馆的床位数，导致村民开始修建更大的旅馆。1998年，第一家四层楼高的宾馆建好开业。1999年，村里有50多家旅馆接待游客，有1300多张床位。2004年，落水上村居民先后在靠落水下村的湖边修建旅馆后，落水村的接待能力倍增。到2005年，全村接待游客的床位达3500张（Walsh，2005）。落水村家庭旅馆急速发展，旅馆修建离湖越来

① 2009年后，大资本开始进入泸沽湖，泸沽湖的旅游发展进入第三阶段：1989—2004年为民间自发自主发展时期；2004—2009年为政府主导下的发展时期；2009年后为大资本主导的发展时期，参见本书第二篇《云南泸沽湖地区旅游发展与摩梭民族餐的开发》一文。

越近，污水横流，这些不仅影响了环境资源和文化的保护传承，也影响了旅游业的健康可持续发展。

（二）2004 年至 2009 年政府主导下的发展时期

2004 年 10 月 27 日，省政府在泸沽湖召开专题保护现场办公会，决定实施泸沽湖环境整治“八大工程”建设，要求 3 年完成。2006 年 2 月 24 日，省政府在丽江召开了滇西北旅游现场办公会议，会议明确提出了“要努力把泸沽湖建成文化内涵丰富、自然景观优美、生态环境良好、特色鲜明的国内外著名旅游胜地”，并决定实施“八路一桥”、女儿国旅游小镇、泸沽湖支线机场等一批旨在改善旅游基础设施条件和提升旅游品牌形象的重大建设项目。2008 年 1 月 3 日，丽江市委二届四次全会作出了“决战泸沽湖”的重大战略决策（苏建华，2008）。

2005 年初，泸沽湖环湖道路工程、里格民族文化生态旅游示范村项目工程、泸沽湖综合规划编制、落水摩梭民俗观光村恢复项目工程、泸沽湖旅游区污水处理系统工程、泸沽湖旅游区垃圾处理场、国家“863”泸沽湖高原湖泊污染控制技术工程和湖滨带生态恢复工程八大项目相继启动，2008 年 1 月 24 日，丽江市委、市政府在泸沽湖景区召开环境整治总结表彰会，标志着“八大工程”建设结束（和世民、王鹏，2008）。由上海投资商开发的高星级酒店——泸沽湖银湖岛度假村已开工建设，计划在 2008 年上半年完成一期工程并投入使用（苏建华，2008）。

与第一时期民间自发自主发展相比，政府主导下的发展可谓大手笔，可概括为“大旅游、大产业、大宏图、大保护、大规划、大勇气、大品牌、大营销、大声势、大招商、大发展、大思路”（苏建华，2008）。三年投资 8000 多万元，征用土地 236 亩，拆除各种违章和不协调建筑 78 户 3. 15 万平方米，景区基础设施和村落面貌有了明显改观，取得明显的社会与经济效益。与 2003 年（接待游客 25 万人次，门票收入 510 万元，旅游综合收入 7500 万元）相比，2007 年共接待游客 50 多万人次，旅游门票收入 1500 万元，旅游综合收入近 1. 8 亿元（苏建华，2008）。

经过近 20 年的发展，云南泸沽湖的旅游设施得到完善，沿湖村落几乎家家有旅馆，每天可接待游客 3000 余人次。主要旅游项目有划船、骑马、跳舞和参观摩梭人民居，落水村的摩梭博物馆和湖中的扎美寺也是游人喜欢的参观之地。

与文化旅游有关的规章制度也得到完善，除丽江泸沽湖省级旅游区管理委员会颁布有关规章制度外，每村都有自己的村规，如落水村村民讨论通过的村规："落水村民小组村规民约""泸沽湖旅游饭店协会反不正当竞争公约""泸沽湖旅游景区酒店协会章程"。村规民约明确提出村民有义务保护摩梭母系文化和秀丽的山水，正确处理旅游业与农业的关系，严禁买卖承包的土地，出租承包土地必须向村民小组申报批准。对旅游服务、饭店的价格和安全工作都有明确规定，以防止出现20世纪90年代初那种恶性竞争。

目前，旅游业已成为沿湖村寨的主体经济，旅游已融入它们的社会生活中，摩梭文化已成为一品牌商品，用来招揽和款待游客。以湖边最大的村——落水村为例，全村居民以家庭为单位参与旅游活动，它保证了一种很好的公平性与参与性（李灿金，罗明军，2003）。全村570人中，摩梭人270人，普米族220人和汉族80人。外来经商和打工的人口有700多人，超过村里原住人口，许多人也穿上摩梭人的服装，招徕生意。2008年4月，我们在落水村做田野调查，在采访村里的摩梭人时，询问他们对非摩梭人从事摩梭文化旅游业的态度，他们中有人认为村里原住普米族和汉族人，世世代代与他们居住在一起，已经是摩梭人，并指出许多普米族人采纳摩梭人走婚的习俗和母系大家庭制。至于经商的外地人，许多摩梭人与常年租他们房屋做生意的外地人建立起良好的关系，如同一家人，而经商的外地人也为村里的摩梭人提供优惠价格。

文化生态旅游把不同族群联结在一起。在落水村，对当地居民和外来商人，我们通过随机访谈和问卷的方式，了解他们对文化生态旅游的认识以及对游客交流方式和满意程度。在我们的访谈中，他们毫不忌讳谈论旅游业给他们带来经济上的好处，摩梭人也不隐瞒旅游业的发展给他们的传统文化带来了冲击，如外来的个人主义思想在年轻人中影响较大，给尊老爱幼的母系大家庭制度带来危机。

通过问卷和访谈调查，我们发现最受欢迎的与游客互动方式依次为交谈、邀请游客到家做客、一起参加娱乐活动和建立密切的个人关系，多数村民满意与游客打交道的经历。这和我们所观察到的一致：当地居民普遍喜欢和游客交谈，有问必答；也喜欢邀请游客到祖母房参观和饮茶。在田野调查期间，我们参加了一场婚礼和葬礼，都有游客参加并拍照，主人没有禁止。

讨论与结语

纵观云南泸沽湖文化生态旅游的发展过程，它基本符合欧洲自然与国家公园联盟定的10条旅游可持续发展的标准。它的管理是通过省、市、县和乡各级政府相关部门和驻地机构共同努力完成，各级政府多次在泸沽湖召开现场会，解决各种管理问题。对自然环境的保护是通过八大环境整治项目来完成；对文化的保护是通过成立“泸沽湖摩梭文化研究会”“摩梭文化博物馆”等机构，制定保护性规划，编辑研究文献和专辑来实施完成。主管部门提出“应该像爱护自己眼睛一样，保护好泸沽湖旅游赖以发展的一切自然生态文化资源”和“把保护放在第一位”的口号（余丽君，2008）。当地经济从旅游贸易：旅游商品经销店、家庭旅馆、餐馆、茶馆、咖啡厅等和旅游活动：骑马、划船、跳舞等中获益，经济得到发展，生活水平得以提高。

云南泸沽湖文化生态旅游经历了自发、自主和政府主导的两个发展阶段。在第一个阶段，当地居民从观望到踊跃参与文化生态旅游开发，开发出多种适合当地条件的旅游项目，如骑马、划船、摩梭家访、民族歌舞等，并接纳外来人在泸沽湖租借铺面，开辟市场。在政府主导发展的第二阶段，各级政府坚持解放思想、创新工作思路和方法，引入创意经济的理念，打造更高层次的“泸沽湖摩梭女儿国”品牌形象，以“摩梭人母系文化为母体”，以规划建设中的“泸沽湖女儿国旅游镇为载体”，以“体验泸沽湖”为定位的创意泸沽湖旅游精品；以“人文泸沽湖”为原点构建文化产业链条；以“互动泸沽湖”连接创意产业和第三产业（余丽君，2008）。具体措施包括：实施里格民族文化生态示范点项目、开发泸沽湖银湖岛度假村、完成落水摩梭民俗观光村恢复工程项目、完成《泸沽湖风景区综合规划》和泸沽湖女儿国旅游小镇等7个专业规划、出版发行《摩梭文化研究论文集》和《西部女儿国》MTV专辑等作品宣传泸沽湖的文化与自然生态环境。泸沽湖文化生态旅游的发展带动了当地及周边村寨的农业、畜牧业、传统手工业等行业的发展，为其他行业作出了发展榜样。

尽管政府主导下的泸沽湖文化生态旅游发展已经取得巨大成绩，但如果用发展人类学的理论和方法来解读它的发展过程，特别是有关泸沽湖女儿国旅游小镇的规划和吸引外来资金开发银湖岛度假村，可以发现在以下四个方面发展不足，有改进空间。

（一）发展意识

发展人类学强调发展目的是帮助贫困地区的人们摆脱贫困，提高生活水平，有学者批判了二战以来西方国家在第三世界推行的经济发展模式，指出该模式继承了古典进化论思想，将发展视为进化，认为发展促使“传统”社会向“现代”社会过渡；视技术进步为发展的关键部分和动力；推动市场经济的扩张和理性经纪人的培养；视传统文化为发展的障碍和对象（Crewe & Harrison，1989）。该模式使当地普通居民、当地传统文化和知识边缘化和矮化。发展人类学倡导自下而上的参与发展模式和在发展领域中研究本土知识，强调发展要适应于当地的自身资源或技术水平（杨小柳，2007）。而以“决战泸沽湖，打造女儿国”为口号的现行泸沽湖保护开发战略决策是自上而下的发展模式，立足“大旅游、大产业、大宏图”，“科学规划”，“科学开发”，不够重视当地人的知识，特别是生态环境和生物多样性方面的知识。在学术界，特别是发展经济学领域以及部分政府官员中，古典进化论思想还在流行，信奉“用市场经济打开山寨的大门”，无法平等对待当地普通居民，违背我国政府各民族平等的政策，难以在制定发展规划时，虚心征求当地居民的意见，听取当地普通居民的呼声。

（二）社区参与

国际社会在对发展中国家长期的援助工作中认识到，扶贫援助必须要让当地社区积极参与（艾菊红，2007），而许多发展中的国家和地区把旅游业当作脱贫致富的重要手段。社区参与不仅仅指当地人参与旅游经营活动或给当地人提供就业机会，国外学者墨菲（Murphy）早在1985年写成《旅游：社区方法》一书，阐述旅游业对社区的影响和社区如何参与旅游业。他认为旅游业是个社区产业，该产业把社区作为一种资源出售，并在此过程中影响了每个人的生活，故当地社区居民有权参与旅游规划和决策制定过程，他们的想法和对旅游的态度反映在规划中，从而减少他们对旅游规划的反感情绪，避免冲突，使规划能顺利实施（Murphy，1985）。在旅游规划设计过程中，如何鼓励社区居民踊跃参与规划及开发过程是该旅游项目可持续性发展的首位重要因素。国际上在对旅游业可持续发展的辩论中，已逐渐认识到吸纳当地人参与旅游开发过程的必要性（Ypeij & Zorn，2007）。目前，云南泸沽湖文化生态旅游发展规划由政府主导，决策过程自上而下，当地社区参与不足。在泸沽湖落水村的调查中，我们发现当地居民不了解泸沽湖女儿国旅游小镇建成后会对他们的社会、经济和文化造成影响，对将要来临的竞争缺乏准备；对银湖岛度假村的开发充满怨言，但却无可奈何。有位正利用银行贷款建摩梭家庭旅馆的当地居民告诉我们，如果没生意，到时就让银行把旅馆拿走，但政府的银行不会让他家睡在大街上。

（三）权力问题

赋权是人类学研究发展的重要理论与方法，“如何处理发展中的权力问题主导了人类学发展研究的方向”（杨小柳，2007）。它与社区参与概念相连接，真正的社区参与实践至少要具备下列特征：①详细透明的决策过程。②高比例的社区居民参与率。③高程度的有意义的当地参与。④公平和有效的程序。⑤高程度的当地所有权和管理权（Mitchell，2003）。以钱伯斯（Chambers）为主的一些发展人类学家采纳西方现代政治学权力观点，提出权力可以通过某些制度设计而实现让渡、转移和增减（杨小柳，2007）。而“决战泸沽湖，打造女儿国”决策没有涉及如何让当地居民获权参与旅游规划及管理的问题。在泸沽湖推行积极的社区参与和授权当地居民管理和控制自己的资源，这会使泸沽湖文化生态旅游的发展开辟新路线，有助于避免在泸沽湖出现在丽江、大理等旅游景点发生的居民“置换”问题，即当地居民搬离了古城，被大量外地的经商务工者替代（和少英，2008）。

（四）利益相关者

文化生态旅游的开发及发展是一个复杂的运作过程，牵涉多方利益关系。利益相关者理论是20世纪60年代在英美西方国家兴起的一种管理理论，其核心思想是任何企业的发展都离不开各种利益相关者的投入或参与，企业应追求利益相关者的整体利益，而不仅仅是某个主体的利益（张靖云，2007）。20世纪90年代，国外旅游研究者在探讨社区及社区居民参与旅游项目、分享旅游收益、分担旅游负面影响和旅游地之间的合作与竞争时，将利益相关者理论引入旅游领域，并用于旅游规划与管理研究（王维艳、林锦屏、沈琼，2007）。在旅游项目开发中，利益相关者的关系由矛盾、不和和冲突走向妥协是确保发展项目成功的关键。泸沽湖生态文化旅游的亮点是泸沽湖和摩梭文化，泸沽湖周边的居民和摩梭人，作为利益相关者，应分享发展带来的利益。政府在规划的制定和执行中，办事要透明，要让当地居民看到自己的利益得到保护，因整体规划而遭受的损失应得到及时补偿。我们在调查时得知，20世纪90年代以来，泸沽湖旅管会与当地社区之间，因旅游经济利益，发生多起矛盾和冲突，影响官民关系。

云南泸沽湖文化生态旅游的发展已有二十多年的历史，取得了显著的成绩，但在某些方面还存在发展不足的问题。政府主导的云南泸沽湖文化生态旅游开发的优势是基础设施建设和生态环境保护得到保障，旅游业发展的力度和速度得到加强；不足之处是缺少真正有意义和有效的社区参与旅游规划和管理，社区无权控制和支配旅游资源，这将对云南泸沽湖文化生态旅游的持续发展和当地和谐社会的建设产生影响。党的十六届四中全会《决定》明确指出，要适应我国社会的深刻变化，把和谐社会建设摆在重要位置。党的十七大又把文化建设列为与经济建设、政治建设和社会建设同等重要的四大建设任务之一，明确提出建设“和谐文化”的重任。第十一届全国人民代表大会通过的政府工作报告把“加强民族文化遗产保护”“加快文化产业基地和区域性特色文化产业群的建设”定为政府今后的工作重点。改变落后的发展意识、推动社区和社区居民积极参与旅游项目的规划和管理、协调利益相关者的利益和关系，是实现建设“和谐生活”、“和谐文化”、“加强民族文化遗产保护”、确保民族文化生态旅游可持续发展的关键步骤和方法。

2008 年 9 月 19 日，国家领导人提出发展必须是以人为本、全面协调可持续的科学发展；科学发展观的根本出发点和落脚点是进一步实现好、维护好、发展好最广大人民的根本利益；进一步动员广大人民群众投身科学发展的伟大实践。必须紧紧依靠人民群众，做到谋划发展思路向人民群众问计，查找发展中的问题听人民群众意见，改进发展措施向人民群众请教，落实发展任务靠人民群众努力，衡量发展成效由人民群众评判，最大限度地把全社会的发展积极性引导到科学发展上来。①发展人类学致力于改变落后的发展意识、推动社区和社区居民积极参与旅游项目的规划和管理、协调利益相关者的利益和关系。

参考文献

艾菊红：《文化生态旅游的事情参与和传统文化保护与发展——云南三个傣族文化生态旅游村的比较研究》，载《民族研究》2007 年第 4 期。

曹红枝：《基于利益相关者理论的民俗旅游开发讨论》，载《改革与战略》2007 年第 9 期。

和少英：《云南民族文化保护与传承的若干问题》，中国云南国际文化交流

① 胡锦涛在全党深入学习实践科学发展观活动动员大会暨省部级主要领导干部专题研讨班开班式上的讲话，https：//baike. baidu. com/item/胡锦涛在全党深入学习实践科学发展活动/16251896？fr = Aladdin。

中心与卡内基国际和平基金会举办的“少数民族区域公平和可持续的发展：中国云南的经验”研讨会论文，昆明 2008 年 5 月 23 日。

和世民、王鹏：《泸沽湖环境保护整治圆满完成》，载《丽江日报》2008 年 1 月 28 日。

李灿金、罗明军：《泸沽湖旅游开发现状及发展潜力》，载《中南民族大学学报（人文社会科学版）》2023 年第 4 期。

彭德远：《文化、生态和经济的和谐发展研究——泸沽湖旅游业的发展选择》，《经济问题探索》2007 年第 8 期。

彭兆荣：《旅游人类学》，载《西方人文社科前沿评述：人类学》，中国人民大学出版社 2008 年版。

苏建华：《九万里风鹏正举——丽江泸沽湖旅游业发展回顾与前瞻》，载《云南经济日报》2008 年 1 月 22 日。

王维艳、林锦屏、沈琼：《跨界民族文化景区核心利益相关者的共生整合机制—以泸沽湖景区为例》，载《地理研究》2007 年第 26 期。

杨小柳：《发展研究：人类学的历程》，载《社会学研究》2007 年第 4 期。

余丽君：《决战泸沽湖，打造女儿国——关于贯彻落实泸沽湖保护开发战略的认识和思考》，载《丽江日报》2008 年 1 月 28 日。

岳坤：《旅游与传统文化的现代生存——以泸沽湖畔落水下村为例》，载《民俗研究》2003 年第 4 期。

张靖云：《利益相关者理论研究综述》，载《齐鲁珠坛》2007 年第 5 期。

Appadurai, Arjun. 1996. *Modernity at Large: Cultural Dimensions of Globalization*. Minneapolis, MN: University of Minnesota Press.

Burnie, David. 1994. Ecotourists to Paradise: A New Breed of Tourists Could Help Developing Countries Preserve Their Natural Riches instead of Destroying Them in a Dash for Economic Growth. *New Scientists* 142 (1921).

Crewe, E. & E. Harrison. 1989. *Whose Development? An Ethnography of Aid*. London & New York: Zed Book.

Crick, M. 1989. Representation of International Tourism in the Social Sciences: Sun, Sex, Sight, Saving, and Servility. *Annual Review of Anthropology* 18.

deKadt, E. 1979. *Tourism: Passport to Development?* New York: Oxford University Press.

Erisman, H. M. 1983. Tourism and Cultural Dependency in the West Indies. *Annals of Tourism Research*10 (3).

Escobar, Arturo. 1991. Anthropology and the Development Encounter: The Making and Marketing of Development Anthropology. *American Ethnologist* 18 (4).

Friedman, Jonathan. 2002, *Globalization, the State, and Violence*. Walnut Creek, CA: AltaMira.

Grillo, R. D. 1997. Discourses of Development: The View from Anthropology. In *Discourse of Development: Anthropological Perspectives*, edited by Ralph D. Grillo& Roderick L. Stirrat, Oxford & New York: Berg.

Hawkins, Donald E. 1995. Ecotourism: Opportunities for Developing Countries. In *Global Tourism: The Next Decade*, edited by W. T. Theobald. Oxford: Butterworth Heinemann.

Honey, Martha 1999. *Ecotourism and Sustainable Development: Who Owns Paradise*? Washington, DC: Island Press.

Horowitz, Michael M. 1998. Introduction: Development and the Anthropological Encounter in the 21st Century. *Development Anthropologist* 16 (1 –2).

Little, Peter D. 2005. Anthropology and Development. In *Applied Anthropology: Domains of Application, edited by SatishKedia* and John van Willigen. Westport, CT: Praeger.

MacCannell, D. 1999, *The Tourist: A New Theory of Leisure Class*. New York: Schocken.

MacDonald, Gillian Mary. 2004. Unpacking Cultural Tourism. M. A. Thesis. Simon Fraser University.

Mansperger, M. 1995. Tourism and Culture Change in Small Scale Societies. *Human Organization* 54 (1).

Mitchell, Ross E. 2003. Community-based Tourism: Moving from Rhetoric to Practice. *E-Review of Tourism Research* 1 (1).

Mitchell, Ross E. &Donald G. Reid. 2001. Community Integration: Island Tourism in Peru. *Annals of Tourism Research* 28 (1).

Murphy, Peter E. 1985. *Tourism: A Community Approach*. New York: Methuen.

Nash, Dennison. 1996. *Anthropology of Tourism*. Kidlington, Oxford; Tarrytown,

N. Y.: Pergamon.

Oliver-Smith, Anthony. 1989. Tourist Development and Struggle for Local Resources Control. *Human Organization* 48 (4).

Olsen, Barbara. 1997. Environmentally Sustainable Development and Tourism: Lessons from Negril, Jamaica. *Human Organization* 56 (3).

Opperman, M. 1998, *Sex Tourism and Prostitutions: Aspects of Leisure, Recreation, and Work*. New York: Cognizant Community Corporation.

Pettman, Jan Jindy. 1997. Body Politics: International Sex Tourism. *Third World Quarterly-Journal of Emerging Areas* 18 (1).

Stronza, Amanda. 2001. Anthropology of Tourism: Forging New Ground for Ecotourism and Other Alternatives. *Annual Review of Anthropology* 30.

Wallace, Gillian & Andrew Russell. 2004. Eco-Cultural Tourism as a Means for the Sustainable Development of Culturally Marginal and Environmentally Sensitive Regions. *Tourist Studies* 4 (3).

Walsh, Eileen Rose. 2005. From Nu Guo to Nu'er Guo—Negotiating Desire in the Land of The Mosuo. *Modern China* 31 (4).

Ypeij, Annelou & Elayne Zorn. 2007. Taquile: A Peruvian Tourist Island Struggling for Control. *European Review of Latin American and Carribean Studies* 82.

Ziffer, Karen A. 1989. *Ecotourism: the Uneasy Alliance*. London: Conservation International.

文化旅游的发展与利益相关者的关系互动*

从20世纪50年代开始，旅游业在世界上蓬勃发展，逐渐成为世界最大的产业，出门旅游成为一种时尚。文化旅游是随旅游业的发展而壮大，越来越多的人喜欢外出去探索或体验其他民族的生活方式，见证不同的风俗习惯、宗教传统和文化遗产。2001年，据世界旅游组织统计，文化旅游占整个旅游市场的五分之一，每年增长率为10%—15%，成为促进旅游业发展的催化剂。旅游对全球特别是发展中国家的经济、政治、环境、资源、社会文化等产生巨大影响，旅游也逐渐成为考察社会文化变迁的重要指标。

中国的群众旅游业起步于20世纪80年代，随着中国的国力增长、人民收入的提高而迅速发展，而以独特的文化为核心的文化旅游也越来越受国内游客的青睐，各地纷纷打造文化旅游景点，推出各种文化旅游节以招揽游客，国家旅游局从1992年就开始组织策划主题旅游年活动。云南省内居住有26个民族，拥有丰富的民族文化和自然资源，文化旅游相当发达。云南首先提出建设文化大省，把旅游业发展成云南省支柱产业的目标。2007年，云南省共接待国内游客7721.3万人次，国外游客394.44万人次，旅游总收入人民币499.78亿元。

云南泸沽湖畔落水村的自然与人文环境

泸沽湖位于藏彝走廊内云南与四川交界处，湖域面积50.4平方千米，湖面海拔2690米，平均水深40.13米，最大能见度12米，周围森林密布，山水相映，景色迷人，享有“中国西南的最后一片净土”的美誉。

泸沽湖周边居住着纳西族摩梭人、普米族、彝族、汉族、纳西族，湖岸沿线

* 本文原以《文化旅游的发展与利益相关者的关系互动——以云南泸沽湖畔落水村为例》为题发表于《广西民族大学学报》（哲学社会科学版）2008年第5期。

有落水、里格、浪放等 10 余个民族村落。落水村是最早开发旅游业的自然村落，当地村民有摩梭人、普米族和汉族，外来工作的有彝族、白族、藏族等。落水村是泸沽湖畔一个依山傍水的自然村，距离宁蒗县城 75 公里，离乡政府所在地永宁镇约 21 公里，距丽江市 200 公里。全村分上、下两部分，靠山而建的称为上村，傍湖而修的是下村，连接县城与泸沽湖的公路为分界线。全村共有 78 户人家，人口 570 人，其中，纳西族摩梭人 270 人，普米族人 220 人，汉族人 80 人。全村总面积 1430 公顷，耕地 1167 亩，人均耕地 2.1 亩。主要农作物为玉米、马铃薯等，因海拔高（2700 米）、土质不好、水利条件差，常常发生干旱和泥石流，农业产量很低（岳坤，2003）。

因靠湖边，落水下村多为新建家庭旅馆，面向泸沽湖一侧多为商铺，出租给外地人经营礼品、餐厅、副食品和酒吧等生意。落水上村多为传统木楞房，基本是旧房，但每户上村居民在 2003—2004 年间，在下村旁新建旅馆，投入旅游业，接待游客，形成一个落水新村。由此可见，在整个落水村，旅游业已逐渐成为其主体经济。

落水村旅游业与利益相关者的关系互动

文化旅游把落水村的不同族群联结在一起，成为旅游地利益相关者群体中的成员。在落水村，当地居民和外来商人，在很大程度上拥有共同利益和认同，可以被划分为同一类利益相关者群体，超越他们各自的族群背景。而游客，按定义是指那些来到一个地方而并不想永久停留的人。游客的流浪性是自我强加的，其时间长短是有意设定的，同他通常定居的生活完全区别开（Vanlangendonck，2005）。基于这一特征，游客，无论是国内还是国外游客，可以分类为同一利益相关者群体。本文将讨论这两群体以及当地政府组织及非政府组织（丽江泸沽湖省级旅游区管理委员会和丽江泸沽湖旅游开发有限公司）之间的关系。

对当地居民和外来商人，我们通过随机访谈和问卷的方式，了解他们对文化旅游的认识以及对游客交流方式的满意程度。问卷分三部分：第一部分是年龄、族群、教育、职业、对文化旅游的认识等背景问题；第二部分是主人喜欢以何种方式与游客接触并交流问题；第三部分是游客的满意程度问题。收回 36 份合格问卷，填写问卷人中，摩梭人 21 人，汉族 8 人，普米族 6 人。用 SPSS 统计软件进行分析，结果表明，最受欢迎的与游客互动方式为交谈，占88.9%；其次为邀请游客到家做客，占72.3%；一起参加娱乐活动和建立密切的个人关系都超过半数，分别占69.4%和55.6%；不太受欢迎的互动方式是与游客交换礼物，占36.1%和一起吃饭，占47.2%。

总的说来，被采访者对与游客打交道的经历还是满意，36人中，只有2人表示不满意，仅占5.6%。其他满意或非常满意的方面：游客参与民族文化表演，占80.6%；与游客交流，占72.1%；游客理解民族文化，占61.1%；游客尊重民族文化，占55.6%。对游客的衣着、行为举止和所提问题的满意程度多为普通，分别占47.2%、47.2%和44.5%。满意程度最低的是游客的消费水平，不满意或非常不满意或普通占55.6%。

多数游客是随旅行团来落水村，下午到，住一晚，第二天上午离开。活动安排很紧，让我们很难作问卷调查，只好随机询问他们对来泸沽湖旅游、对落水村的旅游设施是否满意，对摩梭人的文化是否更了解、对当地的服务是否满意。多数人的回答是欣赏泸沽湖的美丽景色，对旅游设施和服务还较满意；因时间太短，安排太紧，对摩梭文化了解不多，有许多人甚至没有机会同摩梭人接触聊天。

我们的调查表明，落水村的居民把旅游业纳入日常生活中，充分认识泸沽湖自然景观和摩梭人文化传统对旅游业的重要性，懂得如何接待游客、满足游客的需要，重视村里的环境卫生和泸沽湖的生态保护。摩梭博物馆的建立和泸沽湖摩梭文化研究会的成立，说明当地的摩梭人已经认识到保护和传承摩梭文化的重要性和紧迫性。摩梭文化包容性强，藏传佛教和游客带来的消费文化影响越来越大，需要从形式到内容上保护摩梭传统文化得到当地精英认识的共识。

在旅游地利益相关者中，当地人（包括居民与商人）同当地政府组织及非政府组织（如丽江泸沽湖省级旅游区管理委员会和丽江泸沽湖旅游开发有限公司）的关系较为复杂。他们需要政府机构来维持秩序、保护泸沽湖生态环境、处理垃圾和污染、投资基础设施建设、宣传打造泸沽湖摩梭人风情文化旅游等公益事业。在这些方面，他们的利益与政府机构的利益相符合，比较配合政府的工作。但对政府计划招商引资30亿在竹地建泸沽湖女儿国旅游小镇，并把落水村建成摩梭民俗观光保护村持怀疑态度。落水村的宾馆和家庭旅馆现在的接待能力为每天3000人次，女儿国旅游小镇的接待规模为每天5000人次。而现在，除旺季外，每天来泸沽湖旅游的游客约1000人次，建好后的女儿国旅游小镇势必与落水村争客源。地方政府、开发商和当地居民的关系在女儿国旅游小镇开发的价值取向是否一致将促进今后的合作与冲突，应引起各级政府关注。

讨论与结论

20世纪60年代，利益相关者理论在英美西方国家兴起，它是一种管理理论，其核心思想是：任何企业的发展都离不开各种利益相关者的投入或参与，企业应追求利益相关者的整体利益，而不仅仅是某个主体的利益（张靖云，2007）。1980年后，该理论逐渐被用到旅游研究中。1987年，马西和亨晓（Marsh & Henshall）发表文章，讨论关于游客和居民期望及相互影响在旅游发展规划中的价值。1990年，克欧（Keogh）撰文讨论旅游发展规划中的社区参与问题。1999年，“利益相关者”的概念被收入世界旅游组织制定的《全球旅游伦理规范》中，引起旅游学者进行深入研究和思考（周玲，2004）。

按世界旅游组织制定的《全球旅游伦理规范》和旅游行业行为规范中的定义，旅游地利益相关者包括旅游发生地和旅游目的地的政府组织及非政府组织、旅游开发商、旅游及相关企业、旅游企业员工、旅游地居民、旅游媒体、旅游者等（曹红枝，2007），本文重点讨论落水村旅游业发展所牵涉的利益相关者，即当地居民（包括当地人和外来商人）、游客和地方政府组织。

在落水村文化旅游近20年的发展中，当地居民、游客和地方政府组织的关系常常起变化。当地居民之间，早期出现恶性竞争，相互关系紧张，争吵打架时有发生。现在，村里每家都开有旅馆，都参加村里集体组织的划船、骑马、跳舞等活动，这些活动的收入全部平分。尽管游客住宿上还有竞争，但都在村里制定的规章制度控制下。经过20年的磨炼，落水村居民间的关系日趋稳定。

落水村居民与游客的关系，总的说来比较正常。我们所做的问卷调查显示，绝大多数居民满意自己与游客交往的经历，摩梭人愿意向游客讲解自己的文化，让游客到家参观，举行传统活动（如葬礼）时，也不避开游客，甚至对游客开放。游客方面，因来泸沽湖旅游的目的和预期不同，加上团队游客时间安排较紧，对旅行的满意程度相差较大。

政府和政府组织与当地居民的关系随泸沽湖旅游的发展、相关利益的变化而波动，从发展初期的和谐关系（村民自主开发旅游，政府无所作为）到2004年政府整顿时，因拆迁违章建筑，同所牵涉的村民产生冲突关系。村民们肯定政府在环境保护和道路建设等方面的工作，但对某些工程，如污水处理工程的质量有抱怨。政府在制定“创意泸沽湖、打造女儿国”的规划时，首先强调要实现泸沽湖生态文化旅游的可持续发展，必须保护好泸沽湖的自然生态资源和摩梭文化；强调科学规划、科学开发、科学管理；引入创意经济概念，利用母系文化特征，建泸沽湖创意经济的立体产业链条；强调要解放思想，按照“政府主导、创意招商、市场运作、整体开发”的思路“招大商、大招商、引良资”（余丽君，2008）。

利用政府掌握的资源，政府主导的发展模式会推动泸沽湖旅游业的快速发展。按利益相关者理论，政府在制定发展规划时，不仅要照顾投资商的利益，也应照顾旅游地居民的利益。泸沽湖生态文化旅游的亮点是泸沽湖和摩梭文化，泸沽湖周边的居民和摩梭人，作为利益相关者，应分享发展旅游带来的利益。

要实现利益的合理分配，政府应该让摩梭人社区参与制定旅游发展规划。旅游规划的主要目标是把社区和地区的社会经济生活与旅游整合到一起，社区是影响旅游发展越来越重要的因素。在规划过程中，没有社区居民的直接支持和参与，可持续的旅游将不能成功实现（中国行业咨询网2006）。①

党的十六届四中全会《决定》曾明确指出，要适应我国社会的深刻变化，把和谐社会建设摆在重要位置。党的十七大又把文化建设列为与经济建设、政治建设和社会建设同等重要的四大建设任务之一，明确提出建设“和谐文化”的重任。第十一届全国人民代表大会通过的政府工作报告把“加强民族文化遗产保护”“加快文化产业基地和区域性特色文化产业群的建设”定为政府今后的工作重点。利益相关的社区参与泸沽湖生态文化旅游项目的策划和实施，是实现在这一地区建设“和谐生活”“和谐文化”“加强民族文化遗产保护”的关键步骤。

① 中国行业咨询网．2006．社区参与旅游发展研究脉络．http：//www.3see.com/free-report/reports/2006/11/07/6958.html。

参考文献

曹红枝：《基于利益相关者理论的民俗旅游开发讨论》，载《改革与战略》2007 年第 9 期。

和世民、王鹏：《泸沽湖环境保护整治圆满完成》，载《丽江日报》2008 年 1 月 28 日。

苏建华：《九万里风鹏正举——丽江泸沽湖旅游业发展回顾与前瞻》，载《丽江日报》2008 年 1 月 22 日。

余丽君：《创意泸沽湖，打造女儿国——关于实现泸沽湖生态文化旅游可持续发展的思考》，2008 年内部文件。

岳坤：《旅游与传统文化的现代生存——以泸沽湖畔落水下村为例》，《民俗研究》2002 年第 4 期。

张靖云：《利益相关者理论研究综述》，载《齐鲁珠坛》2007 年第 5 期。

周玲：《旅游规划与管理中利益相关者研究进展》，载《旅游学刊》2004 年第 6 期。

Keogh B. 1990. Public Participation in Community Tourism Planning. *Annals of Tourism Research* 17.

Marsh NR. & Henshall B D. 1987. Planning Better Tourism: the Strategic Importance of Tourist—Resident Expectations and Interactions. *Tourism Recreation Recreation*12 (2).

Vanlangendonck, Marc. 2008. Tourism as Ethnic Relations in Crete (Greece) — An Ethnographic Outline, http://www. xpeditions. be/publication/crete/crete. html, accessed April 27, 2008.

Walsh, Eileen Rose. 2005. From Nu Guo to Nu'er Guo—Negotiating Desire in the Land of he Mosuo. *Modern China* 31 (4).

多民族地区旅游发展与各民族交流交往交融*

二战后，旅游业在世界上蓬勃发展，逐渐成为世界最大的产业，旅游成为许多发展中国家和地区消除贫困、发展经济的重要手段，如云南省在中国首先提出建设文化大省、把旅游业发展成云南支柱产业的目标。2010 年，云南省共接待国内游客 1.38 亿人次，海外游客 662.81 万人次，旅游总收入人民币 1006.83 亿元，比 2009 年增长 24.2%。①旅游对全球、特别是发展中国家的经济、政治、环境、资源、社会文化等产生巨大影响，旅游业逐渐成为考察社会文化变迁的重要指标。

人类学对旅游业巨大影响的研究始于 20 世纪 60 年代，重点关注旅游业对当地经济、社会及文化的影响、旅游发展背景下的文化适应问题，东道主社会的社会文化建设以及环境保护问题和旅游的可持续发展等问题。近年来，旅游与族群认同成为研究热点，涌现出许多论著，如巴列斯特罗和拉米雷斯（Ballesteros & Ramirez，2007）、莱特（Light，2001）、斯庄扎（Stronza，2008）、维玉（Wherry，2006）、杨慧（2003）和孙九霞（2010）等人的论著。但有关旅游对族群关系影响的研究，国内外学术界发表的论著不多，主要集中在一些案例分析上，如甘伯（Gamper，1981）和贾米森（Jamison，1999）的论文，往往只是对客观现象的简单描述，缺少理论框架的支持（孙九霞、陈浩，2011）。本文拟补此不足，采用美国学者米尔顿·戈登（Milton M. Gordon，1964）的测量族群关系的变量体系（文化、社会交往、相互通婚、族群认同、偏见、歧视和权力分配），以及赫伯特·伊（Herbert S. Yee，2003）根据戈登变量体系设计的测试新疆乌鲁木齐维

* 本文原以《多民族地区旅游发展对当地族群关系的影响——以川滇泸沽湖地区为例》为题发表于《旅游学刊》2012 年第 5 期。

① 云南省 2010 年国民经济和社会发展统计公报 . http：//cn. chinagate. cn/reports/2011-04/22/content_22418884_4. htm，2023 年 2 月 27 日。

吾尔族和汉族关系的新体系（融合程度、族群认同、相互信任或不信任、对政府政策和措施的态度），来研究四川和云南交界处的泸沽湖地区旅游发展对当地族群关系的影响。

研究方法

本研究以多学科综合研究为指导，以人类学实地调查为基础，理论与实践相结合。从2009年8月到2011年8月，研究团队共赴泸沽湖地区进行实地田野调查8次，收集有关泸沽湖文化旅游开发的历史、现况和未来的规划、门票收入等方面的官方资料，并同村里的干部和有声望的村民进行了访谈，了解泸沽湖旅游开发的经过，搜集了川滇泸沽湖地区生态文化旅游发展的资料。研究人员还分别住进旅游开展较好的村子，如云南的落水、里格、小落水，四川的泸沽湖镇、博瓦、五指落等村，现场观察文化旅游设施、水处理设施、旅游商品购物店、农业生产等，参与和观察民族文化旅游活动，如划船、牵马和跳舞等。在沿湖旅游点，寻找18岁以上当地人和常住生意人进行了深度访谈。主要搜集了他们对民族文化旅游及影响的认识、对民族文化活动的看法、参与民族文化旅游方式及利益分配情况、接触前后对彼此文化的了解、对彼此行为的接受程度、对彼此价值观的认可、对文化旅游开发与族群关系互动等方面资料。除使用开放式问题进行一对一访谈外，我们还采用了问卷调查。

设计问卷时，根据我们实地观察和访谈所获得的信息，选择族群融合程度、族群认同和族群间相互信任或不信任，作为测量族群关系问卷的变量体系，并围绕其设计了15个问题，以收集旅游开发后，族群间相互交往、通婚、族群认同和偏见等信息。问卷没有涉及语言和宗教变量的问题，因为我们在实地调查中发现除老人外，当地大多数人能用汉话交流，当地人认为宗教不是影响族群关系的因素，藏传佛教在泸沽湖地区影响和势力最大，各个族群都不排斥藏传佛教，没有发生过因宗教引起的族群冲突。

2010年3月，我们研究团队在云南片区的落水和四川片区的博树，测试旅游发展与族群关系互动问卷，主要测试问卷的准确性、可靠性、可读性和所需时间，在两地居民中做了21份问卷。返回昆明后，通过分析，对问卷做了修改。2010年8月，研究团队再次进入泸沽湖地区。在丽江市泸沽湖摩梭文化研究会的协助下，对沿湖开展旅游活动的村寨进行了为期一个月的调查，涉及的村寨有云南的落水、竹地、里格、小落水、三家村，四川的纳西古寨、凹夸、阿凹、赵家湾、戈萨、阿六、扎瓦洛、五指落和洛娃。我们在每个村采用非概率抽样的方式，共做问卷390份，去掉有漏答题的问卷，有效问卷371份。

对搜集到的资料和信息进行分析。我们首先去了解资料，知道自己现在正分析的是什么资料、有何特征、分析的目的是什么、为何选择这些资料、这些资料有何代表性或独特性、谁会对这些资料感兴趣和他们想从中知道什么。这些问题帮助我们在搜集到的众多资料中，找到关注重点。用SPSS来分析问卷，同访谈等数据交叉核对材料的准确性和有效性，并从理论上分析所得数据。

泸沽湖地区旅游发展与参与情况

泸沽湖位于横断山北部山脉金沙江与雅砻江分水岭地带的川、滇交界的小凉山腹地，东经100°45′—100°51′，北纬27°40′—27°45′，湖面海拔2690.8米；泸沽湖流域面积247.6平方千米（其中云南占43.2%），湖面面积50.1平方千米（其中52.5%属云南），最大水深105.3米，平均水深38.4米，湖泊容量22.2 × 10^8立方千米（董云仙、谭志卫、王俊松，2011）。泸沽湖东南面长满水草的大片湿地称为草海，广阔的水域称为亮海。

1989年，曹学文鼓动家里开办家庭旅馆，当时只有20个床位。这事在当地引起了不小的风波，摩梭人普遍害怕因风俗习惯不同而与住家游客产生矛盾。但当得知曹学文家当年收入4万元时，全村人惊讶不已，猛然醒悟旅游可以赚钱，纷纷效仿，开设家庭旅馆，泸沽湖的旅游业迈出第一步。1992年开始，泸沽湖正式对国外游客开放。初期，因为没有任何规章制度，处于无序竞争状态。特别是1991年至1993年间，暴露的问题最多、最为激烈。为争夺游客，当地村民经常发生争吵，甚至打架，每天，抢客的村民从村庄一直坐到山丫口（石高峰，2008）。为控制恶性竞争，1993年，泸沽湖落水村使划船、牵马和晚上摩梭歌舞表演集体化，成立了划船队和牵马队，全村每家都出一人参加划船队或牵马队，两队的工作每周互换，划船队负责晚上的演出，收入由全队成员平分。

四川省泸沽湖景区属凉山州盐源县管辖，同云南泸沽湖景区相比，四川泸沽湖景区旅游业起步较晚。博树村位于泸沽湖旅游开发核心区，与云南省宁蒗县落水村隔水相望。全村131户，1038人，摩梭人口占95%。1996年才建成第一家旅馆——“王妃园”。1998年，博树村村委会学习云南落水村的经验，组建划船队、骑马队和跳舞队，按户出人和分红。2004年，为避免大家庭分解，旅游项目分配制度改为按人头分配。

在四川景区，2003年政府开始介入并主导旅游开发，成立凉山州泸沽湖旅游景区管理局，树立“仔细规划、为子孙后代负责、量力而行、逐步开放”的发展理念，把基础建设、道路和环境保护当作首要任务，确定要把沿湖16个自然村逐步改造，到达“一村一特”的发展战略。盐源县政府先后投资修建了泸沽湖假日酒店、土司府、王妃府、摩梭博物馆和游客接待中心。此外，县政府在泸沽湖景区大力实施“十个一”工程：拍摄一套形象宣传片、打造一台摩梭精品剧目、新建一条风情街、打造一个湿地公园、建造一座温泉浴场、打造一个摩梭古村落、打造一个纳西古村落、建设一条旅游环线、新建一个水上游乐中心、打造一场大型民俗体验活动，努力打造“摩梭家园”品牌（马莉，2011）。

与云南景区不同，四川景区村民自发开展旅游业时，很难从银行贷到款。据我们调查的几家旅馆主人说，当时最多只能贷到5万元。所以四川沿湖边的村落，不是每家都开有旅馆接待游客。旅游开发最好的博树村，我们在2010年3月进驻该村调查时，该村只有15家旅馆。因资金困难，其中一些旅馆很简陋，只有不带卫生间的普间房，没有标间房。有几家正与外地人合作，进行重新装修或在原址上重建新旅馆。

泸沽湖旅游发展对当地族群关系的影响

泸沽湖周边千百年来居住着纳西族摩梭人、普米族、藏族、汉族、纳西族、傈僳族、蒙古族、彝族、壮族、白族、苗族等民族，主体民族为摩梭人，湖岸沿线有落水、里格、浪放等10余个民族村落。历史上，纳西族、藏族、汉族和彝族的关系为当地最重要的社会关系，影响当地的社会与经济。

摩梭人与藏族间的关系，主要表现在文化和政治方面。在文化方面，摩梭人深受藏文化特别是藏传佛教的影响。泸沽湖地区位于藏文化圈的南端，藏传佛教在元代首先传入泸沽湖地区，逐渐与摩梭土司政治相结合，至清代形成宗教色彩浓厚的摩梭土司政治，体现政教合一的特点。而在民间，藏传佛教也成为摩梭百姓的普遍信仰，摩梭人生、老、病、死及其他事情，都要请喇嘛念经，藏传佛教成为摩梭人社会精神文化的重要组成部分。在政治方面，纳西族土司自元代以来，在泸沽湖地区一直享有绝对权威，生活在该地区的藏族民众长期受其统治，承担粮税义务。纳西族土司对藏族采用不同于纳西族的管理方式，充分尊重藏族民众的习惯。故在清代，纳西族摩梭人与藏族民众和平共处，关系较为稳定（杨丽娥，2003）。

民国时期，川、滇、康三地的军阀争夺泸沽湖地区的控制权，给当地人带来战争灾难，影响了摩梭人与汉族的关系（杨丽娥，2003）。

自清朝中后期，凉山腹地黑彝势力膨胀，进入泸沽湖地区，并对当地居民进行掠夺、骚扰和入侵。到民国时期，掠夺骚扰更甚，纳日人口和土地损失严重，纳日土司迅速衰落。

为了解泸沽湖地区旅游开发对族群关系的影响，我们研究团队在云南的落水、竹地、里格、小落水、三家村，四川的纳西古寨、凹夸、阿凹、赵家湾、戈萨、阿六、扎瓦洛、五指落和洛娃，做访谈和问卷调查，共收回有效问卷371份。从表1可以看出，被调查者以摩梭人居多，占65%；20—39岁年龄段的人最多，占58.5%；没上过学者比例很高，占43.9%，高中以上仅有28名，占7.6%；多数人的工作与旅游服务相关，占76%。除背景问题外，问卷的15个问题，可以放入3个变量体系中来分析，即融合程度、族群认同、相互信任或不信任。

表1　人口信息（总人数371人）

问题	回答	人数	所占比例
性别	男	241	65%
	女	130	35%
民族	纳西族（摩梭人）	241	65%
	汉族	72	19.4%
	普米族	9	2.4%
	纳西族	30	8.1%
	彝族	11	3%
	其他	8	2.1%

续表

问题	回答	人数	所占比例
户籍	当地人	352	94.9%
	外来人	19	5.1%
年龄特征	<20 岁	20	5.4%
	20—39 岁	217	58.5%
	40—59 岁	104	28%
	>60 岁	30	8.1%
文化程度	没上过学	163	43.9%
	小学	88	23.7%
	初中	92	24.8%
	高中及中专	20	5.4%
	大学或以上	8	2.2%
工作	参与旅游服务	282	76%
	不参与旅游服务	70	18.9%
	为景区餐饮提供农副产品	11	3%
	其他工作	8	2.2%

数据来源：2010 年 8 月调查中的问卷统计结果。

（一）融合程度

族群间的融合程度是迄今为止测试族群关系的最好指标，来自不同族群的人们能相互交流到何种程度？他们有共同的语言吗？他们相互交朋友吗？两个族群间通婚常见吗？（Yee，2003）从表 2 可以看出，拥有其他民族的朋友很普遍，大多数被访者表示他们有很多其他民族的朋友，有本地的，也有外来游客，他们经常或频繁交往，包括电话联系（共占 56.4%）。

绝大多数人在旅游开发后，没有同其他民族的人发生冲突（占 92.5%）、愿意同其他民族的人一起工作（占 96.2%）、愿意同其他民族的人家做邻居（占 96.2%）、甚至愿意参加其他民族朋友的葬礼（占 91.1%）、也愿意子女同其他民族通婚或走婚（占78.5%）。正面答案率如此高让人惊讶，但同我们所观察到的基本符合。我们在落水村参加过一个葬礼和一个婚礼，的确有其他民族的朋友参加。婚礼本身即跨民族，新娘是摩梭人，而新郎却是纳西族人，所以才按新郎家的要求举行婚礼。可见民族间的融合程度很高。

表2　融合程度（总人数371人）

问题和回答占总人数的比例	你有多少其他民族的朋友?
没有	4.9
有几个	18.6
很多	76.5
在过去的一个月内，你同你的其他民族的朋友交往过多少次?	
从来没有	11.1
很少（每周1—3次）	32.6
经常（每周5—6次）	22.4
频繁（每天）	34
旅游开发后，你是否同其他民族的人发生过冲突?	
没有	92.5
有	7.5
你乐意与其他民族的人一起工作或做生意吗?	
非常愿意	24.5
愿意	71.7
难说	3
不愿意	0.8
你愿意与其他民族的人家做邻居吗?	
非常愿意	24.5
愿意	71.7
难说	3
不愿意	0.8

续表

问题和回答占总人数的比例	你有多少其他民族的朋友?
你是否愿意参加其他民族朋友的葬礼?	
非常愿意	12.7
愿意	78.4
难说	4
不愿意	4.3
非常不愿意	0.5
作为父亲(母亲)你是否接受你的子女与其他民族的人走婚或结婚?	
非常愿意	7.3
愿意	71.2
难说	16.7
不愿意	4.6
非常不愿意	0.3

数据来源:2010 年 8 月调查中的问卷统计结果。

(二)族群认同

族群认同是体现一个民族凝聚力的重要标志,一个民族能生存下来是因为有人认为他们属于该民族,认同感强的民族比认同感弱的民族更难同化或被整合进主流文化中(Yee,2003),族群认同影响族群关系。在 371 位问卷回答者中,摩梭人 241,汉族 72,纳西族 30,彝族 11,普米族 9,其他民族(白族、藏族等)8 人。从表 3 中可以看出,大多数人(84.4%)作为本民族人感到自豪。多数人(69%)能认识到泸沽湖地区文化生态旅游发展,除摩梭人外,还应考虑其他民族的需求,甚至认可其他民族的人利用摩梭人的名义从事旅游活动(57.6%)。这说明在旅游大力发展后,泸沽湖地区的居民们能认识到本民族的需求,也能看到其他民族的存在,希望都能从旅游发展中获益。过半数的被访者认为旅游开发后,泸沽湖周边不同民族间的关系是变好了,并相信旅游发展会促进各民族间的交往。这些都说明旅游开发后,当地人的族群意识得到加强,旅游开发促进了族群间相互理解和包容。

泸沽湖地区的旅游业发展把摩梭人和摩梭文化推向全国及世界，每年吸引众多海内外游客。旅游者的频繁光顾，产生的经济效益使许多摩梭人认识到自己文化价值的独特性。在泸沽湖开展摩梭文化生态旅游前，几十年的社会变动使摩梭人传统的文化特色几乎消失殆尽，服装趋于汉化，传统民族歌舞销声匿迹，宗教甚至最体现摩梭人文化特质的“交阿注”也难以幸免。而如今，趁民族旅游之大潮，摩梭人不遗余力地再现自己的文化（杨慧，2003），对自己的文化和族群身份充满了自豪，对出现的一些迎合游客需要的“庸俗文化”和“伪文化”很反感。在我们的访谈中，常常听到摩梭人抱怨有些人打着摩梭文化牌子的旗号玷污摩梭文化、损害摩梭人的形象。这说明旅游开发强化了摩梭人的族群认同感和文化保护意识。

表3　族群认同（总数371人）

问题和回答	占总人数的比例
你有多少其他民族的朋友?	
泸沽湖旅游发展后，作为______人，你是否感到更自豪?	
是	84.4
无特别感觉	14.3
否	1.3
泸沽湖摩梭文化生态旅游发展，必须考虑其他民族的需求	
完全同意	17.3
同意	69
难说	8.1
不同意	4.6
完全不同意	1.1
你认为旅游发展后，泸沽湖周边不同民族间的关系是	
变好	51.8
无变化	25.9
难说/不清楚	18.6
变坏	3.8
你相信旅游发展会促进不同民族间交往吗?	
非常相信	17
相信	62.5

续表

问题和回答	占总人数的比例
难说/不清楚	14.6
不相信	5.9
非常不相信	0
你对泸沽湖地区其他民族利用摩梭人的名义从事旅游活动有何看法?	
完全不应该	7
不应该	27.2
无所谓	12.9
可以	44.7
完全可以	8.1

数据来源：2010 年 8 月调查中的问卷统计结果。

（三）相互信任或不信任

民族或族群间的偏见是相互理解的最大障碍。我们通过询问讲卫生来间接了解被访者对其他民族是否有偏见。从表 4 中可以看到，约半数（53.4%）被访者认为在卫生实践上，各民族一样，但也有近 1/3 的被访者认为本民族的人更讲卫生。

表 4　相互信任或不信任（总数 371 人）

问题和回答	占总人数的比例
你认为你本民族的人比其他民族的人更讲卫生吗?	
更卫生	29.1
更不卫生	1.9
一样	53.4
难说/不清楚	15.6
其他民族中的多数人是诚实和可靠的	
完全同意	12.4
同意	65
难说	19.7
不同意	3
完全不同意	0

数据来源：2010 年 8 月调查中的问卷统计结果。

在同一地区，不同民族生活在一起，相互信任是和谐共生的基础。表 4 显示，多少人（77.4%）同意其他民族的多数人是诚实可靠的说法。联系到表 2 中，多数人回答愿意同其他民族的人一道工作，愿意与其他民族的人家做邻居。这说明泸沽湖地区民风依然纯朴，愿意相信他人。然而，还有 20% 多的被访者持不同意见，这同我们访谈和观察的结果相符合。我们发现泸沽湖地区旅游的发展使民族传统文化受到冲击，当地民风民俗正在发生变化。当地民族的一些热情好客、忠诚朴实、吃苦耐劳、互助互让、重义轻利的朴素美好的价值观发生了明显的变化（杨文顺，2007），这影响了当地族群间的交往，对当地族群关系带来消极的影响。

讨论与结语

在旅游与族群关系上，有学者认为旅游促进不同民族和文化间的交流，促使相互理解、欣赏、尊重和包容，减少民族偏见和冲突。世界旅游组织也指出，“旅游引起的不同文化间的相互认识和个人之间的友谊是推动国际理解和世界所有民族间和平的强有力的力量”（MacDonald，2004），也有学者认为旅游发展会给族群关系带来一定的负面影响（杨文顺，2007）。

从我们的问卷调查和访谈中，我们发现泸沽湖地区文化旅游的发展的确给周边的族群关系带来了变化。旅游的发展促进了该地区族群间的交流和融合，旅游业已经成为泸沽湖地区的支柱产业，区域内各村寨通过直接参与（开旅馆、餐馆、礼品店、旅游活动等）或间接参与（为景区提供农产品或劳动力等）获益。旅游发展把不同族群连接起来，从交朋友到通婚，不同族群间相互频繁交流来往，从而促使其相互了解和理解。在访谈中，许多摩梭人告诉我们，同旅游开发之前相比，他们现在同彝族人接触更多，关系比以前要好，对彝族人及其文化了解也更多。

但旅游开发并没有完全消除当地族群间存在的偏见和歧视。旅游开发导致泸沽湖地区经济发展不平衡，贫富差距的增大反而产生新的族群间和村落间的歧视和冲突。例如，云南的落水和里格，人均年收入超过万元，而蒗放和三夸，人均年收入只有 800 元，一些彝族村寨，人均年收入仅有 500 元左右（Zhao & Jia，2008）。我们在旅游发展滞后的村落里，常常听到村民们抱怨因旅游开发致富村落的村民歧视他们，这会影响族群关系健康发展。此外，旅游发展使泸沽湖地区经济结构发生巨变，原有的自给自足的传统农业经济格局被打破，市场经济得到发展。市场经济的唯利原则导致竞争，竞争会激发矛盾与摩擦，影响族群内部和族群间的关系。

泸沽湖地区旅游业发展强化摩梭人族群意识。在社会科学领域中，族群认同的概念使用范围日益扩大，它包括“社会认同、文化认同和民族认同”。“共同的文化渊源、共同的历史记忆和遭遇是族群认同的基础要素”；其他要素包括语言、宗教、地域、习俗等文化特征；家庭、亲属、宗族的认同也影响族群认同（周大鸣，2001）。有学者试图解释旅游对族群和文化认同的影响（Chambers，2000；Gmelch，2004；Stronza，2008）；有学者力图说明通过“游客凝视”（the tourist gaze），族群认同如何被表现、被认识和被再造（MacCannell，1984；Urry，1990）；有学者认为旅游会给当地居民带来新的自豪感，使传统文化复兴，族群认同重新构建（Hiwasaki，2000；Chow，2005；Wall & Xie，2005；Yang & Wall，2009）；有学者声称旅游能通过推销少数民族文化、艺术、表演和节日，帮助少数民族维护或强化民族认同（Jamison，1999；Li，2003；Picard，2008；Zeitler，2009）。

我们的研究显示，文化旅游本身就是一种族群认同形式，它是以文化的差异或某种文化的独特性来吸引游客，获得社会或文化认同。摩梭人的身份和风土人情是泸沽湖地区文化旅游的招牌，当地的其他民族，如普米和汉族，也穿摩梭服装，从事划船、牵马和跳舞表演等文化旅游活动，外来的商贩也常着摩梭服装招揽客人。摩梭文化的经济价值使当地其他民族逐渐接纳摩梭文化，如云南落水村的普米族已在相当程度上摩梭化，信奉同一宗教、说摩梭话、采纳摩梭人的婚姻和家庭制度，并与摩梭人走婚。而村里的摩梭人在族群认同上也很包容，承认所有的与摩梭人有血缘关系的（无论是来自母亲或父亲方面、无论是第二代或第三代）都是摩梭人，在谈论村里的普米族时，也常说他们是摩梭人。而村里的普米族人也常同游客说自己是摩梭人，印证了情境论（Circumstantialists）或工具论（Instrumentalists）的观点，该派理论强调族群认同的多重性和随情境（工具利益）变化的特征。

族群意识的增加会强化族群内部的认同和对族群间的差异的认识，引导族群成员关心、注重和维护自己族群的利益。同时，旺盛的族群意识会促使少数民族在现行利益格局中争夺利益，要求改变现行的各民族间的利益分配和关系格局，产生利益摩擦，这会对现行的民族关系格局带来严峻挑战（周平，2002）。

综上所述，泸沽湖地区旅游的发展给当地社会、经济和文化带来巨大冲击，也给泸沽湖周边的族群关系带来影响。旅游的发展促进了该地区族群间的交流和融合，强化了当地居民（特别是摩梭人）的族群认同，摩梭人与摩梭文化已成为品牌商标。但旅游开发并没有完全消除当地人与人之间存在的偏见和歧视，旅游发展对传统文化的冲击、族群意识的加强、市场经济的竞争和贫富差距的增大都影响当地族群关系，甚至会引起冲突，破坏团结和社会稳定，产生新的社会问题。

如何协调多民族地区旅游开发和民族关系？文化旅游的开发及发展牵涉多方利益，包括旅游发生地和旅游目的地的政府组织及非政府组织、旅游开发商、旅游及相关企业、旅游企业员工、旅游地居民、旅游媒体、旅游者等。在旅游项目开发中，利益相关者的关系由矛盾、不和和冲突走向妥协是确保发展项目成功的关键。泸沽湖生态文化旅游的亮点是泸沽湖和摩梭文化，泸沽湖周边的摩梭人和其他民族居民，作为利益相关者，应分享发展带来的利益。政府在规划的制定和执行中，办事要透明，要让各个族群看到自己的利益获得保护，因整体规划而遭受的损失应得到及时补偿。我们在调查时得知，20 世纪 90 年代以来，云南泸沽湖旅管会与当地摩梭人社区之间，因旅游经济利益，发生多起矛盾和冲突，影响官民关系和族群关系。我们认为，政府在引导泸沽湖摩梭文化旅游发展时，应大力鼓励当地摩梭人和其他族群社区居民踊跃参与规划及开发过程，并拥有决策的权力，他们的想法和对旅游的态度应反映在规划中，从而减少他们对旅游规划的反感情绪，避免冲突，使规划能顺利实施，多民族地区的文化旅游得到可持续性发展。

泸沽湖周边各族群经济发展水平差异较大，旅游快速发展后，各族群内部和族群之间贫富差距逐渐增大。我们主张当地政府应大力推动和宣传“包容性增长”的理念，倡导机会平等的经济增长，即在经济增长创造机会的同时，能让包括弱势群体在内的所有人都共享这些机会（Zhao & Jia，2008）。包容性增长要求经济增长的成果必须为大众共享。而要做到这一点，弱势群体的能力必须不断得到提升，他们的权利必须得到保障和改善，只有这样，他们才能持续地参与到经济增长之中，并且共享经济增长的成果。当地政府在大力推动摩梭文化旅游发展的同时，也应兼顾泸沽湖周边其他民族村落文化旅游的开发和宣传，这不仅能推动各族群的经济共同增长，缩小贫富差距，维护泸沽湖地区千百年来形成的族群多元性的特征，同时，也给游客提供更多的参观点，体验多个族群的风情，保护泸沽湖地区文化的多样性，增强泸沽湖景区的吸引力。另外，当地其他人数较少的族群的旅游与传统文化的发展会促进当地各民族间的交流，互相了解、认识和尊重各自的风土人情、传统文化及价值观念，达到经济共同发展、文化共同繁荣境界。

参考文献

曹建平：《旅游发展中的反思——泸沽湖落水村的现状分析与思考》，摩梭网，2009 年，http：//www. mosuo. org. cn/content. asp?guid =242。

陈刚：《发展人类学视野中的文化生态旅游开—以云南泸沽湖为例》，载《广西民族研究》2009 年第 3 期。

董云仙、谭志卫、王俊松：《泸沽湖生态系统问题分析》，载《环境科学导刊》2011 年第 1 期。

马莉：《盐源：旅游兴县好歌如画的品牌实践》，载《凉山日报》2011 年 1 月 28 日。

苏建华：《九万里风鹏正举—丽江泸沽湖旅游业发展回顾与前瞻》，载《云南经济报》2008 年 1 月 22 日。

石高峰：《泸沽湖：16 年旅游开发的是与非》，载《中国民族文学网》，2008 年，http：//iel. cass. cn/ mzwxbk/mzwh/200807/t20080725_ 2764587. shtml。

孙九霞：《旅游对目的地社区族群认同的影响—基于不同旅游作用的案例分析》，载《中山大学学报》（社会科学版）2010 年第 1 期。

孙九霞、陈浩：《旅游对目的地社区族群关系的影响—以海南三亚回族为例》，载《思想战线》2011 年第 6 期。

杨慧：《民族旅游与族群认同、传统文化复兴与重建—云南民族旅游开发中的“族群”及其应用泛化的检讨》，载《思想战线》2003 年第 1 期。

杨丽娥：《川滇交界泸沽湖地区纳日土司研究》，载林超民主编：《新凤集—民族史研究论文集》云南大学出版社 2003 年版。

杨文顺：《旅游业的发展对丽江民族关系的影响》，载《西南边疆民族》2007 年第 1 期。

周大鸣：《论族群与族群关系》，载《广西民族学院学报》（哲学社会科学版）2001 年第 3 期。

周平：《关注西部大开发中的民族关系变动》，载《今日民族》2002 年第

10 期。

Ballesteros, E R. & M H Ramirez. 2007. Identity and Community—Reflections on the Development of Mining Heritage Tourism in Southern Spain. *Tourism Management* 28 (3).

Chambers, E. 2000. *Native Tours: The Anthropology of Travel and Tourism.* Prospect Heights, IL: Waveland Press.

Chow, C. 2005. Cultural Diversity and Tourism Development in Yunnan Province, China. *Geography* 90 (3).

Gamper, J A. 1981. Tourism in Austria: a Case Study of the Influence of Tourism on Ethnic Relations. *Annals of Tourism Research* 3.

Gmelch, S. 2004. *Tourists and Tourism: A Reader.* Long Grove, IL: Waveland Press.

Gordon, M M. 1964. *Assimilation in American life.* Oxford: Oxford University Press.

Hiwasaki, L. 2000. Ethnic Tourism in Hokkaido and the Shaping of Ainu identity. *Pacific Affairs* 73 (3).

Jamison D. (1999). Tourism and Ethnicity: the brotherhood of coconuts. *Annals of Tourism Research* 26.

Li, J. 2003. Playing upon Fantasy: Women, Ethnic Tourism and the Politics of Identity Construction in Contemporary Xishuangbanna, China. *Tourism Recreation Research* 28 (2).

Light, D. 2001. 'Facing the Future': Tourism and Identity-Building in Post—Socialist Romania. *Political Geography* 20 (8).

MacCannell, D. 1984. Reconstructed Ethnicity: Tourism and Cultural Identity in Third World Communities. *Annals of Tourism Research* 11 (3).

MacDonald, G M. 2004. *Unpacking Cultural Tourism.* Burnaby, BC, Canada, Simon Fraser University.

Picard, M. 2008. Balinese Identity as Tourist Attraction: From 'Cultural Tourism' (*pariwisatabudaya*) to 'Bali Erect' (*ajeg Bali*). *Tourist Studies* 8 (2).

Stronza, A. 2008. Through a New Mirror: Reflections on Tourism and Identity in the Amazon. *Human Organization* 67 (3).

Wall，G. & Xie P. F. 2005. Authenticating Ethnic Tourism：Li Dancers' Perspectives. *Asia Pacific Journal of Tourism Research* 10（1）.

Wherry，F F. 2006. The Nation—State，Identity Management，and Indigenous Crafts：Constructing Markets and Opportunities in Northwest Costa Rica. *Ethnic and Racial Studies* 29（1）.

Urry J. 1990. *The Tourist Gaze*. London：Sage.

Yang，L.，& Wall G. 2009. Minorities and Tourism：Community Perspectives from Yunnan，China. *Journal of Tourism and Cultural Change* 7（2）.

Yee，H S. 2003. Ethnic Relations in Xinjiang：a Survey of Uygur-Han Relations in Urumqi. *Journal of Contemporary China* 12（36）.

Zeitler，E. 2009. Creating America's 'Czech Capital'：Ethnic Identity and Heritage Tourism in Wilber，Nebraska. *Journal of Heritage Tourism* 4（1）.

Zhao Jingzhu & Jia Hongyu. 2008. Strategies for the Sustainable Development of Lugu Lake Region. *International Journal of Sustainable Development & World Ecology* 15（1）.

文化生态旅游开发与少数民族社会文化变迁*

自改革开放以来，中国经济体制、社会结构和生活方式等方面发生了巨大变化，使中国社会逐步由传统社会向现代社会转型，并对中国文化的观念、模式、结构产生了深刻影响。本文主要探讨居住在川滇交界泸沽湖地区文化生态旅游的开发对摩梭社会文化的影响。泸沽湖地区摩梭社会转型与文化的变迁离不开旅游的开发和发展，而旅游的发展完全依赖于泸沽湖地区独特的自然和文化景观。旅游业的发展使传统的摩梭人社会发生了转型，自给自足的小农经济转型到市场经济。本文首先介绍泸沽湖地区自然和文化环境和旅游业发展，然后从物质文化，如房屋结构、饮食方式等和非物质文化，如家庭、婚姻、性别角色、宗教信仰、价值观等方面，审评旅游发展导致的社会转型给摩梭文化带来的变化。本文所用资料是2008—2011年间，研究团队8次深入泸沽湖地区进行田野调查，通过参与式观察、访谈和问卷调查所收集。

泸沽湖地区自然环境

泸沽湖位于横断山北部山脉金沙江与雅砻江分水岭地带的川、滇交界的小凉山腹地，雨季时湖水沿东面出口外流，旱季则无水外流，是一个半封闭性湖泊，湖面呈马蹄状，其出口位于雅砻江水系的前所河支流，属于雅砻江水系。泸沽湖是川滇两省分界线，其西南26.6平方千米的湖面水域属于云南省丽江宁蒗彝族自治县，东北部24.1平方千米则属于四川凉山州盐源县（万晔，1998）。

泸沽湖区内主要分布地层为二叠系宣威组黄绿色砂岩、粉砂岩夹泥岩及煤

* 本文原以《从社会转型到文化转型：泸沽湖地区摩梭社会文化变迁》为题发表于《民族论坛》2012年第11期。

层，面积92.5平方千米，主要环湖滨东部及北部区域分布；其次为二叠系峨眉山组玄武岩，主要分布于湖滨西北侧，面积24.6平方千米；三叠纪青天堡组砂岩夹粉砂岩泥岩分布于湖滨西南；三叠系北崖组灰岩夹页岩分布于流域西南，面积22.4平方千米；三叠系盐塘组灰岩夹碎屑岩分布于流域最北侧，面积21平方千米。这些主要地层占到湖泊流域面积的89%以上。

从地质构造上看，泸沽湖位于鲜水河断裂带、安宁河断裂带、小江断裂带和金沙江、红河断裂带所围限的川、滇菱形块体的中部；深部构造上正好处于地壳厚度剧烈变化的天水—滇西重力梯级带上，自全新世以来这些构造带地壳运动非常活跃，地形隆升强烈。泸沽湖东南23千米左右为近南北向的甲米断裂，近50年内甲米断裂带经常发生强烈地震，最近发震时间是2012年6月24日，云南省宁蒗县和四川省盐源县交界处（北纬27.7，东经100.7）发生MS5.7级地震，震中距离泸沽湖较近。泸沽湖西侧40千米左右为金沙江断裂带，1996年2月3日，沿金沙江断裂带的丽江大具发生MS7.0级地震，震中距泸沽湖湖面64.8千米。

泸沽湖属西南季风区，表现为低纬度高山气候特征，干湿季节明显，常年平均温度12.8℃，雨量充沛，年均降雨量1000毫米。湖周群山环抱，寒流很难到达盆地内，加之湖面广阔的水域及水体对气候的调节作用，形成了夏无酷暑、冬无严寒的独特气候特征，日照充足，早晚温差较大。湖区较少出现极端恶劣天气，罕有结冰现象出现。泸沽湖流域与宁蒗、盐源县城毗邻，纬度与地势相近，年平均气温均在13℃左右，年降雨量均在800—900毫米。

泸沽湖域内随着海拔的升高，气温逐渐递减，形成垂直递变的气候，相应出现典型的山地植物垂直带分异结构。因此，不同区域的植被也存在垂直分布的差异。湿地植被广泛分布在海拔2600—2700米的亮海和草海地区。以茭笋群落、水葱群落、香蒲群落、芦苇群落、狐尾藻群落、波叶海菜花群落和杉叶藻群落等为主。中山阔叶林分布在海拔2700—2800米的沟谷或谷坡地区。该区域坡度陡，以阴坡或半阴坡为适宜境，以壳斗科（Fagaceae）植物为主。中山针叶林生长在海拔2700—3000米的阳坡或半阴坡。在自然条件下，亚高山针叶林可形成纯林，林分结构比较简单，以松科（Pinaceae）、杜鹃花科（Ericaceae）、禾本科（Gramineae）等植物为主。亚高山阔叶林生长在海拔2800—3200米的阴坡、半阴坡，或半阳坡的中部或下部，呈小块分布。以桦木科（Betulaceae）、蔷薇科（Rosaceae）、槭树科（Rosaceae）等植物为主。亚高山针叶林生长在海拔3000—3300米坡度稍缓的阴坡、半阴坡，喜温凉湿润环境，以松科、杜鹃花科、蔷薇科、禾本科等植物为主。亚高山灌丛生长在海拔2800—3500米的山坡或坡脊。灌丛适应能力较强，生长密集，常能形成单优势种灌丛。以杜鹃花科、蔷薇科、壳斗科、禾本科、豆科（Leguminosae）、菊科（Compositae）等植物为主。高山草甸生长在海拔3500—3700米山坡阳处的缓坡、阶地。植物种类丰富，有季相变化，以蓼科（Tateshina）、禾本科等植物为主。高山流石滩稀疏植被生长在海拔3700米以上的区域。以菊科、禾本科等植物为主。①

泸沽湖地区文化环境

泸沽湖地区自然环境的最大特征是山清水秀，山水相映，景色迷人，享有“中国西南的最后一片净土”的美誉，而更出名的是泸沽湖摩梭人特殊的“走婚”风俗和“母系”继承制度和达巴教和藏传佛教交融形成的独特民族文化。

泸沽湖周边居住着纳西族摩梭人、普米族、彝族、汉族，湖岸沿线有落水、里格、浪放等十余个民族村落。除泸沽湖沿岸外，摩梭人还分布在云南的永宁、拉伯、翠玉、红桥、红旗、大兴、宁利、新营盘、西布河等乡镇；此外，丽江、永胜、华坪、维西等县有摩梭人散居；四川省的盐源县和木里县，盐边、冕宁和西昌也有零散摩梭人居住。到20世纪90年代初，真正称为摩梭人的，大约有4万人。

摩梭人是古氐羌人的后裔。据《后汉书·西羌传》载，爰剑孙卬（即忍之父）因秦献公灭狄獂戎，“欲复穆公之迹，兵临渭首，灭狄獂戎。忍季文卬畏秦之威，将其种人附落而南，出赐支河曲西数千里，与众羌绝远，不复交通。其后子孙分别，各自为种，任随所之。或为白马种，广汉羌是也；或为参狼种，武都羌是也。”摩梭人疑为其中一支。

历史上，虽然摩梭人聚居区地理位置偏僻、山高林密、道路曲折、沟壑纵

① 云南省林业规划院编：《云南自然保护区》，中国林业出版社1989版。

横，但摩梭人并不是被一成不变地封闭于这里，他们亦是不断与外界接触交往。外来文化中，藏传佛教对摩梭人的影响非常突出。摩梭人衣食住行等生活的各个领域都吸纳了藏文化的因素。汉文化对摩梭人的影响起源于汉族人在两汉时期开始进入泸沽湖地区，但人数非常少，直到清代才出现汉族人迁入高峰期，主要从事采矿、商业贸易和农业生产，给泸沽湖地区带来先进的生产技术和物种，推进了泸沽湖地区农业、矿业和商业的发展。迁入泸沽湖的汉族人多居住在垦牧条件较好的盆地及矮山河谷地区，人口繁衍较快，部分汉族人从纳日土司处取得对土地的占有权，逐渐在土司境内安家落户，并形成村落，修建学校，倡导儒学，播化封建王道，力图改变泸沽湖地区摩梭人的风俗，对摩梭人上层有较大影响（杨丽娥，2003）。

千百年来，正是文化的灵活性，使他们在应对外来文化中调适自身文化，从而形成今天迥异于外界的摩梭母系文化。摩梭人崇母敬母，以母系家屋“依度”为根本，面对外界各种文化冲击灵活调适历经千年而不衰，被誉为“人类母系文化的最后一片领地”，母系大家庭的家庭成员关系融洽，泸沽湖畔的落水村也于1994年被联合国教科文组织授予“和谐社区”。摩梭传统母系大家庭“依度”成员都是母亲或祖母的后代，家庭内的成员都是母系血缘，财产由女儿继承。由于采取“走婚”的形式，家庭内只有男性“舅舅”而无“父亲”。母系大家庭一般有十几到二十几人不等，由一位能干、公正、威望高的女性担任家长（摩梭称达布），负责管理安排大家庭的生产生活劳动，家里的男子则按照“男主外女主内”的性别分工主持外部交往，他们所有成员都统一在母系家屋周围，以母系家屋“依度”的兴旺为己任。每个母系大家庭都有自己的家名，如汝亨、格则、彩塔等，家名是一个母系大家庭区别于其他母系大家庭的标志，可以看到母系氏族的影子。母系大家庭“女儿是根本没有就断根”，他们崇母敬母，整个摩梭社会充满了女性色彩，圣山被叫作女神（格姆）山，泸沽湖被称为“谢纳米”，即母湖或母亲湖。

在婚姻方面，摩梭人实行走婚，称为“seesee”意即走走，男不娶女不嫁，成年男子通过走访到配偶住处以“暮合晨离”方式实现婚姻生活，他们白天在自己的大家庭从事生产劳动，夜晚则到女方“花楼”。走婚中的男女互相称为“阿肖、阿夏”，走婚关系称为“阿注”关系，因而走婚也被外界叫“阿注婚”。

双方仅仅是情感的联系，没有财产、门第观念作为羁绊，所生子女为女性大家庭所有，双方结合自由、分手简单，从一定意义上还保留一些“远古历史的影子”，被学者称为“人类远古家庭婚姻的活化石”（严汝娴、宋兆麟，1983），“初期对偶婚”（詹承绪等，2006）。

摩梭人独特的家庭观、婚姻观不仅传承千年，而且适应现代文明，既满足人们的物质需要，又满足人们的情感需求，对于当代社会只重自我，矛盾重重的社会婚姻家庭具有超强的诱惑力。摩梭文化对于求新逐异、求美求享受的现代人来说是最具特色的文化旅游资源，和泸沽湖优美的山水组合在一起构成迷人的人文和自然奇景，为广大的游客带来绝美的旅游享受，也引起学术界的关注，形成摩梭人研究热，涌现出来一批摩梭文化研究者，包括20世纪30年代的洛克（美国）、顾彼德（俄国）、周汝城和李霖灿，50—80年代的宋恩常、刘尧汉、严汝娴、詹承绪、王成权、宋兆麟、李近春和刘龙初，20世纪80年代以来的邓启耀、翁乃群、施传刚、蔡华、石高峰和周华山等（岳坤，2003）。

摩梭人信仰本土达巴教和藏传佛教。“达巴教是本民族的传统宗教，对本民族的社会生活，特别是精神生活方面的影响，比居于统治地位的藏传佛教渊源更长，更为深广”，特别的是“两者互相渗透、互相影响、互相协作，在很多重大场合他们是同时出场、相互配合”（詹承绪等，2006）。

达，意砍；巴，意痕迹。达巴的意思，是念经驱鬼时，就像刀砍在木板上一刀连一刀，刀迹清楚，祭神驱鬼时经文一篇连一篇，一环扣一环。其祭师称为达巴，由于没有文字只能口耳相传。过去，每个“斯日”（在尔之下、家庭之上的血缘组织）都有自己的达巴，活跃于重大祭祀、年节活动、生子后的拜太阳、成年礼、丧葬以及祛病消灾等活动中。达巴教宣扬万物有灵，灵魂不灭，把自然崇拜、鬼魂崇拜和祖先崇拜等结合起来，是摩梭人传统文化的精髓。他们赋予大自然以超自然的力量，自然界的风雨雷电、生老病死都被达巴赋予合理解释，以口耳相传的形式记录了古代摩梭人生产生活、意识习俗，反映了先民的世界观、自然观、道德观。

藏传佛教很早就流入摩梭地区，自元代土司推行“政教合一”的制度后，得以发扬光大。如今，经历过千百年的岁月与摩梭传统文化融为一体，家家有经堂、户户彩幡飘，村边垭口玛尼堆香烟袅袅，到处都是摇经筒的老人戴手链的青年。从刚出生的娃娃到耄耋老人全民信仰藏传佛教。如今，寺庙众多，其中影响较大的当数永宁黄教寺庙扎美寺和者波白教喇嘛庙萨迦寺，以及位于泸沽湖湖心岛的里务必寺。扎美寺位于川滇藏接壤处的交通要道永宁镇，是摩梭地区最大的喇嘛寺，距今已经有500多年的历史。者波萨迦寺位于格姆山麓，是泸沽湖地区藏传佛教发源地，寺庙建于清朝中叶距今已有600多年的历史，后毁于战乱，1983年重新修复寺庙。

泸沽湖地区摩梭文化生态旅游发展历程

2008年，泸沽湖管委会分别委托南开大学经济与社会发展研究院承担“泸沽湖旅游文化市场战略与营运模式”项目研究，清华大学城市规划设计研究院、北京天地都市建筑设计公司承担《泸沽湖女儿国镇修建规划》编制工作，广东天一文化有限公司承担《泸沽湖创意产业开发方案》项目研究，在泸沽湖旅游开发建设过程中引入创意产业开发理念，通过对泸沽湖旅游市场、产品的定位，“再造女儿国”，提出了泸沽湖“个、十、百、千、万”的旅游产品营销模式，即一个创意泸沽湖、十个创意产品品牌、一百个战略合作伙伴、世界一千个影响地区、全球一百万高端消费人群。积极搭建招商引资工作平台，推进泸沽湖旅游深入发展。

2005年年初，泸沽湖环湖道路工程、里格民族文化生态旅游示范村项目工程、泸沽湖综合规划编制、落水摩梭民俗观光村恢复项目工程、泸沽湖旅游区污水处理系统工程、泸沽湖旅游区垃圾处理场、国家“863”泸沽湖高原湖泊污染控制技术工程和湖滨带生态恢复工程八大项目相继启动，2008年1月24日，丽江市委、市政府在泸沽湖景区召开环境整治总结表彰会，标志着“八大工程”建设结束（和世民、王鹏，2008）。2009年，女儿国项目正式启动建设，女儿国项目建设用地规模为175公顷，总投资约36亿元，计划分三期实施，与泸沽湖支线机场建设同步完成。2009年，经过1年的时间，银湖岛度假村总统别墅区2号、3号、4号、5号、6号别墅楼完工，28间套房、标房，40个床位已投入试营运阶段；累计完成投资近1.5亿元。①

经过近30年的发展，云南省泸沽湖的沿岸的旅游设施得到完善，落水、里格和三家村几乎家家有旅馆，每天可接待游客3000余人次。主要旅游项目有划船、骑马、跳舞和参观摩梭人民居，落水村的摩梭博物馆和湖中的扎美寺也是游人喜欢参观之地，而小落水重点发展摩梭民族饮食业，成为游客到摩梭人家体验民族餐的中心。随着环湖公路2011年7月28日全面建成通车，泸沽湖南面临湖的蒗放、山垮村也开始大兴土木修建旅馆、餐厅等旅游服务设施，掀起新一轮投资热潮。

四川省泸沽湖景区属凉山州盐源县管辖，总面积314平方千米，包括泸沽湖近2/3的水域面积，还独有1000平方千米草海（湿地），珍禽水鸟繁多，水生动植物丰富，风景独特靓丽（肖雪，2008）。同云南省的泸沽湖景区相比，四川省的泸沽湖景区旅游业起步较晚。博树村位于泸沽湖旅游开发核心区，与云南省宁蒗县落水村隔水相望。全村131户1038人，摩梭人口占95%。1996年才建成第一家旅馆——“王妃园”；1998年，博树村村委会学习云南落水的经验，组建划船队、骑马队和跳舞队，按户出人和分红；2004年，为避免大家庭分解，旅游项目分配制度改为按人头分配。与落水不同，博树村民自发开展旅游业时，很难从银行贷到款。据我们调查的几家旅馆主人说，当时最多只能贷到5万元。所以博树不同于落水，不是每家都开有旅馆接待游客。2010年3月，我们在该村做调查时看到，该村只有15家旅馆，因资金问题，其中一些旅馆很简陋，只有不带卫生间的普间房，没有标间房。有几家与外地人合作，正进行重新装修或在原址上重建新旅馆。

在四川省的景区，2003年政府开始介入并主导旅游开发，成立凉山州泸沽湖旅游景区管理局，树立“仔细规划、为子孙后代负责、量力而行、逐步开放”的发展理念，把基础建设、道路和环境保护当作首要任务，确定要把沿湖16个自然村逐步改造，到达“一村一特”的发展战略。

景区所在的盐源县委、县政府紧紧抓住凉山旅游规划发展和四川省打造香格

① 《丽江泸沽湖省级旅游区管理委员会：2009年度工作总结及2010年工作计划》，http：//www.ynf.gov.cn/canton_ model38/newsview.aspx?id=1137977。

里拉生态旅游区的契机，举全县之力打造以泸沽湖摩梭文化旅游为龙头的旅游产业，集全民之智推进“旅游兴县”战略，强力推进了旅游产业的跨越发展。“十一五”期间，盐源县委、县政府进一步完善“政府主导、企业主体、市场运作、民众参与”的旅游发展模式，投入巨资，先后完成了“三路一馆、两镇两村一线”［两盐路（盐源、盐边）、草海路、鸟觉路、泸沽湖假日酒店，泸沽湖镇、平川镇、格萨村、木垮村，金河至泸沽湖沿线］、泸沽湖左右环湖路、摩梭古村落、“两府一馆一中心”（土司府、王妃府，摩梭博物馆，游客接待中心）、草海桥、泸沽湖景区生态停车场、污水处理厂、金河至泸沽湖沿线及景区旅游星级厕所等重大基础设施建设，使泸沽湖旅游基础设施实现了跨越式提升。2008 年，四川省泸沽湖景区成功创建国家 4A 级旅游景区。① 目前，泸沽湖景区创国家 5A 级旅游景区已启动前期工作，此外，盐源县政府在泸沽湖景区大力实施“十个一”工程（拍摄一套形象宣传片、打造一台摩梭精品剧目、新建一条风情街、打造一个湿地公园、建造一座温泉浴场、打造一个摩梭古村落、打造一个纳西古村落、建设一条旅游环线、新建一个水上游乐中心、打造一台大型民俗体验活动），努力打造“摩梭家园”品牌。②

在四川省各级政府的努力下，泸沽湖四川景区的基础设施得到极大改善，特别是公路建设好于云南景区。从四川西昌至泸沽湖的三级公路和从攀枝花至泸沽湖的二级公路已开通；从四川稻城至泸沽湖的旅游二级公路正在建设中，总投资 15 亿元；另外还投资 2 亿元对景区外部交通进行改造维护，同时修建了景区景点的 3 条柏油游路和 1 条石板游路。从四川成都、西昌、攀枝花、重庆等客源市场进入泸沽湖的游客呈持续大幅增长的势头。

摩梭人聚居区社会转型与文化变迁

在旅游开发前，泸沽湖地区像中国每一个传统农业社区一样，实行种植和养

① 盐源：旅游兴县好歌如画的品牌实践，四川新闻网－凉山日报，2011 年 1 月 28 日，http：//ls. newssc. org/system/20110 128/001165626. html。

② 盐源县倾力打造两大“精品旅游”品牌推进旅游产业又好又快发展，盐源县人民政府公众信息网，2010 年 8 月 23 日，http：//www. yanyuan. gov. cn/plus/view. php? aid = 1210。

殖相结合的传统农业生产。摩梭人从事农业生产的方式，和汉族几乎没有区别。在漫长的历史中，在这个传统农业结构之上，还有一个马帮运输业——整个村庄的男人们结成一个或者数个马队，由马锅头带队，沿着茶马古道从泸沽湖走到丽江、拉萨甚至印度等地，把茶叶和其他土货运出去，把盐巴和生活用品驮回来。传统经济的基本逻辑是自给自足，仅仅有农业当然是不够的，在中国东南沿海很早就发展出农业和家庭手工业（如纺织）和商业相结合的模式，而在这里则是种养业加马帮运输。

马帮运输在50年前被汽车和公路替代了。今天，在泸沽湖畔摩梭村庄里，在尚存的传统农耕经济的基础上添加了一个新的经济结构层次——属于第三产业的旅游业。泸沽湖周边地区在最近的20年时间内所经历的最大变化，就是从一个默默无闻、与世隔绝的少数民族聚居地，迅速地变成云南省最著名的旅游地之一，旅游业已成为泸沽湖地区的主体经济，旅游已融入当地的社会生活中，摩梭文化已成为一品牌商品，用来招揽和款待游客，旅游开发导致摩梭社会发生转型。

著名功能派人类学家马林诺夫斯基认为：在一个社会中，所有文化特质都是满足人的需要服务的，一种特质的功能，就在于满足该群体成员的基本需要或次生需要（庄孔韶，2003）。旅游业的发展以满足旅游需要为前提，民族文化为了迎合旅游者的旅游需求也随之发生变迁，催生了满足游客需要的旅游文化，民族旅游地的生产也变得以适应游客的旅游需求为主要生产方式。

以云南省泸沽湖畔的落水村为例，自泸沽湖地区的旅游业开始发展起，凭借其特殊的地理位置和古朴的摩梭文化成为旅游的主要接待地，村民的生产方式由过去传统的以农牧为主转变为家庭旅游接待，传统的以农耕为主的自然经济短时间内发生快速变化。伴随着1989年宁蒗县旅游局局长汝亨·龙布（曹学文）带领外甥们（汝亨·丹史泽和妹妹茨拉措）开办的“摩梭之家”家庭旅馆开办的成功，让摩梭人彻底改变了传统的耻于交换的观念，而逐步在自己的祖屋开设家庭旅馆，为游客提供食住等服务。经过20多年的发展，村子里的摩梭人已经形成了家家有旅馆，户户忙旅游的现状。村里为适应旅游发展的需要，以73户母系大家庭为根本，以集体参与的形式规范旅游，由每户派出一个人参与村里的划船、歌舞篝火晚会和骑马旅游项目。村民们在从事集体旅游服务的同时，有些人购买了用于旅游交通的面包车、小轿车等，有些人利用自己房屋开起了旅游服务商店，有些人开起了餐馆和烧烤摊，以灵活多变的形式适应旅游业的需要，村民90%以上的收入来自旅游服务，落水村也一跃成为丽江的十大富裕村之一。

摩梭社会的转型给其传统文化带来巨大影响。在物质文化方面，传统的摩梭院落结构以四合一天井组成，以摩梭木楞房构建的祖屋（“依梅”或“日咪”）、经堂（喀拉耶）、花楼（尼扎意）、门楼形成方形结构。木楞房是用两端有子母口的方木或原木垒成墙壁，一般由长约1.5—2米，宽约0.25—0.3米，厚约0.015—0.03米的木板覆盖屋顶，当地称滑板，上压石块以防止模板滑落。传统的祖母屋为一层，室内较为宽敞由“依梅”（正室）、独潘（后室）、格潘（上室）、木潘（下室）和门口的小隔间构成“回字形”布局结构。

为了迎合旅游业的需要，湖边许多村落，临湖房屋都修成高大的三层或以上楼房，建筑材料也由传统的木头改成钢筋水泥结构，祖母房也由原来的两道门改为一道，高门槛低门楣也改成方便进出的高门低槛，祖母屋旁修建的格潘（上室）和木潘（下室）已经不再保留，因个别家庭没有了上火塘，因此废弃不用。室内多重新装上能摆放电视的柜子，房顶基本都改成了瓦片，有个别的人家装上几块采光好的透明瓦，也有的在火塘的上方装上了能吸烟排烟的罩子，屋里宽大亮堂、温馨舒适。传统的木楞房没有窗户，排烟、采光极差，但院内一般都新设了厨房、餐厅、卫生间，楼内过去的花楼转变为客房，完全按城市标准间摆设，浴盆、马桶、沙发、电视、床头灯一应俱全。传统的门楼左右两边的猪厩、羊圈等，都被摩梭人移到了院外，并在院内种植了花草，院内看起来整洁卫生。经堂虽不再是院内最高建筑，但经堂内雕梁画栋装饰更加华丽，绝对是大家庭最繁华之处，现在的摩梭经堂兼具了向游客展示的功能。

传统的饮食方式发生了变化。旅游开发前，摩梭人的生产方式是典型的自给自足的自然经济，村民们吃的是地里种的苞谷、土豆、秕子，家养的猪鸡牛羊，采来的青刺果压出的油是他们的最爱，湖里的游鱼、山上跑的兽长的野菜，就是摩梭人饭桌上的佳肴。家屋成员围在熊熊燃烧的火塘旁，老祖母给他们平均分配饭菜。旅游兴起后，原来的生产根本满足不了游客的需要，他们就大批从外地购入各种各样的生产生活资料。现在，家家都有用于专门接待游客的餐厅，饮食也由原来有什么吃什么变得跟着游客口味走：大米、白面、鸡鸭、鱼肉……只有那些老人仍然喜爱酥油茶、糌粑、猪膘肉等传统饮食。对于游客喜欢的猪膘肉，过去每家在农历十月制作的一两头也改成现在的十几头了，村里也有了专门加工苏里玛酒的小作坊。招待客人的金边白瓜子和自制的花花糖已经换成了从外边买来的五香瓜子和花花绿绿包装的都市糖果。

在非物质文化方面，摩梭人的家庭、婚姻方式发生了变化。摩梭人的家庭形态有三种：①母系家庭。②母系父系并存式家庭，又称双系家庭或混合式家庭。③父系家庭。围绕着这三种家庭形态，就有三种婚姻形式来为它服务：①母系家庭的家庭成员采取的是“走婚”，也叫“阿注婚”。②并存式婚姻，家庭成员既有走婚也有固定同居。③父系家庭的婚姻形式，一般是结婚后的固定同居。从各种资料和我们的调查可以看出，摩梭家庭和婚姻的第二种形式是第一种形式的灵活变通，是为了母系家庭延续所采取的形式。父系家庭在摩梭社会所占比例很小。

伴随着旅游的不断深入，居住在湖边的摩梭人的传统婚姻家庭形式正进行着不断的调整。近几年旅游业的深入使摩梭人对自己传统的家庭婚姻形式产生了更深层次的认识，加深了他们对自己文化传统的热爱。以云南景区落水村为例，村委会认可的家庭总数为 73 户，其中母系家庭有 48 户占 65.8%，明显有增多的趋势。落水村 99 个成年男女中，未过婚姻生活的有 25 人，进行走婚的有 48 人，占成年男女的 48.5%，占过婚姻生活的男女的 62.3%。调查中发现摩梭人婚姻家庭关系呈现一些变化：①明显发现青年男女中正流行着“异居专偶婚”①，且走婚地域也随着现代交往的增多呈扩散趋势，过去，他们的走婚对象一般在本村。②摩梭母系家庭有小型化的趋势。落水村的彩塔多吉告诉我们，村里的小家庭愈来愈多，原来有 73 家传统的大家庭参与旅游服务，如划船、骑马、歌舞等，分享旅游收益，现在村里另外分出了 40 多个小家庭，多次强烈要求村委会调整收益分配机制，被村委会拒绝。③外来婚姻增多。摩梭文化研究会会长曹建萍告诉我们，村里有 10 多个上门入赘的姑爷，也有娶外地媳妇的。她给我们讲述了大狼和海伦的故事、多杰与外地女作家走婚的故事、本地小伙娶昆明女的故事、

① 异居专偶婚是摩梭婚姻家庭适应现代化的新形式，配偶双方仍各居自己家庭，通过走访实现婚姻生活，但受主流社会价值观念影响，配偶固定、感情专一。

上海和东北小伙入赘本村的故事……④生育观。曹建萍老师告诉我们，摩梭人口增长缓慢，有一个重要原因就是家里的姐妹只要一个有了子女，其他的姐妹就恐怕增加大家庭的人口造成分家和不团结，就往往不再生育，尽管摩梭传统对娃娃非常喜爱，对生育非常重视，国家也允许育龄妇女生育2—3个子女。⑤思想观念的变迁。走婚的对象选择方式更多样也更慎重，外来男尊女卑的观念在发生着影响——个别男青年以与外来女游客走婚为荣，而女青年则需从一而终。调查人员住在泸沽湖畔的湖思酒吧，就多次见到外地女游客和本村男青年在一起唱歌喝酒，但绝没有本村女子和外地男游客在一起。⑥择偶观念的变迁。多次访谈中我们了解到，摩梭青年现在的择偶更趋务实。选择的女青年更漂亮，男青年要勤快有能耐。并且，男女双方都倾向于感情专一，婚姻表现形式也趋于固定的“异居专偶婚”。

性别角色的变迁。摩梭传统“重女不轻男”，家庭角色是“舅掌礼仪母掌财”，也就是我们传统上的“男主外女主内”，女人承担着家庭内的种植养殖，田地的犁田到收获，从种麻制衣榨油制酒采集烹煮洗涮等，到子女的生养教育等，事无巨细无不浸润着女性的心血，长期的磨练铸就了摩梭妇女吃苦耐劳、坚忍不拔、豁达大度、谦恭平和的心态。我们接触到的摩梭女性无不是如此，就连假期返乡的女大学生也是如此，勤恳劳作，绝无现代大学生娇生惯养的通病。在家里，虽然他们是家屋的守护者，但在外面则绝对是男子的天下，集体公共事务的决策，集体性的宗教庆典，丧葬礼仪等这些绝对是男子的特权。男子舅舅们不仅在外面有绝对的话语权，在母系家屋内他们的地位也是高高在上，他们在家庭的实际决策中往往非常重要，外甥们最“怕”的也是舅舅。摩梭男子又是最幸福的，他们家务不用管，生产无压力，又有着崇高的地位。所以，我们在摩梭村寨白天经常见到摩梭男子坐在湖边村头闲聊、打台球、打牌的情景，晚上经常见到他们在烧烤摊喝酒、歌舞厅唱歌的场面。正如周华山所云，摩梭男子是最幸福的（周华山，2001）。

现代旅游的到来，旅游服务已经成了落水村民的主要收入来源，成了最主要的生产方式，旅游也以潜移默化的形式改变着摩梭人的传统角色，围绕着旅游服务进行着逐步的变化。我们在落水村调查期间，接触到几十位家庭旅馆的当家人都是女性，在划船、跳舞、骑马等旅游活动中女性也都占了相当比例，女性在旅游服务中展示了更突出的才干。在许多村里召开的重大决策性会议中，我们也开始逐步见到了女性的身影。女子不再仅仅是家庭内的形象，她们也开始经商走出家门，外出务工的走向屋外，外出读书的走向世界。

高大伟岸的摩梭男子在旅游季节到来之时，他们更是凭借其性别优势成为家庭旅游服务的实际决策和执行者，家庭旅馆的筹建、风格设计、游客招揽、客货运输、日用品采购都能见到他们的身影。家屋的建设他们承担着更多的责任，外甥们的抚养教育他们是主心骨，集体的旅游事务靠他们的群策群力。过去，他们只承担家庭祖屋的责任，对自己走婚的对象他们仅仅是情感上的伴侣。今天，特别是在旅游发展中的落水村，我们看到他们的婚姻形式已经趋向于“异居专偶婚”，他们的责任也变为不仅仅是舅舅而且是丈夫和父亲。他们不再像过去“害羞”谈自己的伴侣，也不存在不知父的情况，双方正常来往，互帮互助，孩子也是经常双方走动，父亲有时还承担大额教育支出，而且个别家庭由于父亲居住位置方便儿女上学，儿女就住在父亲家。

宗教信仰的变迁。摩梭人传统信仰达巴教和藏传佛教，达巴教由来已久和女神崇拜、祖先崇拜结合在一起，影响和指导着摩梭人的行事准则，由于“达巴”没有文字，也缺乏系统的教义，藏传佛教的推广普及很快影响超过达巴。现在，处处可以见到双方调适后的影子，如母屋内既有摩梭本土的下火塘和冉巴拉又有宗教意味的上火塘和“司托”（佛教神龛）；藏传佛教与女神崇拜并行不悖；宗教活动中既有达巴也有喇嘛。这与人类学对宗教的传播研究结论相吻合，即任何一个民族接受任何宗教都会按本民族文化之需，对该宗教的信仰进行改造，最后完成与自己文化合拍而融为一体。藏传佛教正是因为进行调适吸收了本土文化中的达巴教、女神崇拜而得以延续。

调查中我们获知摩梭人全民信仰藏传佛教，村里的玛尼堆旁香炉内冉冉的松毛青烟和手摇转经筒的老人显示了宗教的魅力。但伴随着旅游快速兴起并主导摩梭人的生产方式，佛教的影响也悄无声息地发生变迁。祖屋的上火塘和“司托”（神龛）已经从部分家庭消失，年轻人在经堂内唱流行歌，一日三次的经堂烧香磕头都是老人，神圣的经堂为了展示给游客不再是禁区，寺庙等宗教殿堂也成了人们旅游的主要景点，景区为渲染气氛到处悬挂经幡等。

价值取向的变化。自给自足的自然经济养成了摩梭人耻于交换的心理，他们认为不买不卖才是最富有的，对于游客的到来，他们热情接待而羞于收钱。接踵而来的游客和市场化的到来逐步改变了他们根深蒂固的理念，原旅游局局长落水村人汝亨・龙布，领导自己的外甥们率先办起了泸沽湖畔的第一家家庭旅馆，开始了旅游服务和接待。巨大的经济效益，很快转变了大家的观念。大家不但集家庭的财力物力纷纷效仿，并学会了到银行贷款建起了楼，使用电视、电话、热水器，家里还建盖了卫生间，一切为了满足游客的需要。最能干的最有本事的人是最会挣钱的，甚至于个别村民为了经济利益和外来商人合伙开起了所谓的发廊、摩梭走婚表演、经堂抽签等。彭兆荣等旅游人类学家认为，欠发达地区和那里的东道主事实上是很难主导自己的旅游发展的，真正起主导作用的是那些发达地区的游客和他们所持有的资本（彭兆荣，2008）。

旅游的发展使财富得到增长，但过去团结友爱、互相帮助的民风却变了，每家每户现都忙于挣钱，顾不上关心他人。亲戚朋友间的关系，也因旅游业中的竞争变了味道。摩梭人晚上全家围坐在火塘边聊天的传统活动，现已被看电视、招待游客或外出娱乐所替代。

结 语

“社会转型”一词，来自英文“social transformation”，是传统社会走向现代社会的一种社会转型与成长过程。“社会转型”的含义，在我国社会学学者的论述中，主要有三方面的理解：①体制转型，即从计划经济体制向市场经济体制的转变。②社会结构变动，在社会转型时期，人们的行为方式、生活方式、价值体系都会发生明显的变化。③社会形态变迁，即指中国社会从传统社会向现代社会、从农业社会向工业社会、从封闭性社会向开放性社会的社会变迁和发展（蔡婷，2011）。纵观川滇泸沽湖摩梭人社会，在过去 20 多年间，因旅游开发和发展，经历了上述 3 种转型，从传统社会向现代社会转变。

生产方式的变化，导致生活方式改变，其深层影响是文化形态的变化。摩梭社会转型，其文化发生了相应变迁，作为摩梭人社会文化基石的传统大家庭、婚姻方式、宗教和价值观均发生了改变。这一转变符合社会存在决定社会意识、经济基础决定上层建筑的马克思主义基本原理。摩梭人社会转型是政府大力推动的旅游开发的结果，最初的主要推手是政府，利用其掌握的资源，推动泸沽湖旅游业的快速发展。

摩梭社会文化变迁也符合人类学对文化基本特征的认识，即文化总是在变化、文化是适应性的。摩梭大家庭的分裂，是摩梭人在被动地卷入市场经济中，在旅游开发市场，与利益相关者博弈后，为谋求自身最大利益，对其社会文化做出的调适。

蒙古族学者孟驰北在其《草原文化与人类历史》一书中指出，每一个社会都要建构适合它需要的文化内蕴，对社会文化内蕴起决定作用的是社会生产样式。从远古到现在，大致上可区分出原始狩猎生产样式、原始采集生产样式、牧业生产样式、农业生产样式、商业生产样式、工业生产样式。与这几种生产样式相关联，人类历史长河出现过六种文化形态：原始狩猎文化、原始采集文化、牧业文化、农业文化、商业文化、工业文化（孟驰北，1999）。摩梭文化是否朝商业文化或工业文化转变，有待进一步考察。

参考文献

蔡婷：《文化转型与社会转型的辩证关系》，载《学理论》2011 年第 17 期。

和世民、王鹏：《泸沽湖环境保护整治圆满完成》，载《丽江日报》2008 年 1 月 22 日。

孟驰北：《草原文化与人类历史》，国际文化出版公司 1999 年版。

彭兆荣：《旅游人类学》，载招子明、陈刚主编：《西方人文社科前沿评述：人类学》中国人民大学出版社 2008 年版。

石高峰：《泸沽湖：16 年旅游开发的是与非》，载“中国民族文学网”，2008 年。

苏建华：《九万里风鹏正举—丽江泸沽湖旅游业发展回顾与前瞻》，载《云南经济报》2008 年 1 月 22 日。

万晔：《泸沽湖自然生态结构系统研究》，载《地理学与国土研究》1998 年第 14 卷第 1 期。

肖雪：《四川泸沽湖景区民俗旅游资源开发研究》，载《安徽农业科学》2008 年第 19 期。

严汝娴、宋兆麟：《永宁纳西族的母系制》，云南人民出版社 1983 年版。

杨丽娥：《川滇交界泸沽湖地区纳日土司研究》，载林超民主编：《新凤集——民族史研究论文集》云南大学出版社 2003 年版。

岳坤：《旅游与传统文化的现代生存——以泸沽湖畔落水下村为例》，载《民俗研究》2003 年第 4 期。

詹承绪、王承权、李近春、刘龙初：《永宁纳西族的阿注婚姻和母系家庭》，上海人民出版社。

周华山：《无父无夫的国度》，光明日报出版社 2001 年版。

庄孔韶：《人类学通论》，山西教育出版社 2003 年版。

旅游开发驱动的社会变迁和文化遗产保护利用*

社会变迁（social change）在社会学里指人类社会结构内机制发生的任何改变，以文化符号、行为规则、社会组织和价值体系改变为特征（Form &Wilterdink，2020）。社会变迁也是人类学研究永恒的主题，从 19 世纪人类学创建初期进化论代表人爱德华·伯内特·泰勒（Edward Burnett Tylor），到 20 世纪初历史特殊论（Historical Particularism）代表人弗朗兹·博厄斯（Franz Baos），二战后新进化论代表人莱斯利·怀特（Leslie White）和朱利安·斯图尔德（Julian Steward），结构和功能派人类学代表人布罗尼斯拉夫·马林诺夫斯基（Bronislaw Malinowski），马克思主义人类学者艾瑞克·沃尔夫（Eric Wolf），世界体系理论（World System Theory）代表人伊曼纽尔·沃勒斯坦（Immanuel Wallerstein）和安德烈·弗兰克（Andre Frank）等人，均从各自的理论视角探讨过社会变迁问题。许多人类学者认为人类社会和政治生活环境总是在变化，而新的文化意义不断被创造（Kapferer，1997），使人类社会处于不断的社会变迁中。

文化适应（Cultural Adaptation）是指特定的文化系统在社会选择的推动下，积累文化创新，使其在所处的环境中获得更大的生存和发展能力的过程，是通过对文化的改变来克服自然或社会环境变化的能力（周大鸣，2019）。“适应”（Adaptation）一词来源于进化生物学，泛指基因或行为因环境变化而发展，以便能生存和繁殖。人类学最初使用“适应”一词来指对一种社会体制的维持，尽管出现新的社会经济或环境情况。斯图尔德（Julian Steward）用“文化适应”来描述人类社会通过生计活动来与自然环境进行协调；威廉·德尼凡（William Denevan）等人把它定义为“对自然或内部刺激引起变化的反应过程”，扩大了人类适应压力的范围（Reyes-García ct al，2019）；怀特（Leslie White）则提出人类文

* 本文原以《社会变迁与文化适应：以西双版纳傣族织锦技艺传承与保护为例》为题发表于《原生态民族文化学刊》2022 年第 1 期，作者：陈刚，范婕。

化就是适应的超有机体系，它包括技术、社会和意识形态三个基本方向的适应（White，1959）。

西双版纳傣族织锦是傣族人创造的传统手工艺品，在千百年的历史长河中形成了独特的工艺，成品精美，技艺精湛，风格鲜明，不仅表现出傣族人古老的民族风尚，也向世人展示着他们丰富的精神世界，是西双版纳傣族文化的象征。傣族织锦技艺是云南非物质文化遗产的重要项目，2008 年被列入第二批国家级非物质文化遗产保护名录，它属于 Leslie White 提出的人类文化适应技术方面的范畴。本文以此为窗口，探讨在当今旅游发展推动傣族人经历巨大社会变迁背景下，傣族织锦技艺是如何传承与保护，为研究文化适应的特征提供新的思路。

本文研究采用人类学的田野调查的方法，包括参与式观察、访谈和资料搜集及分析方法，结合社会学的问卷调查方法，以定性研究为主、定量研究为辅的综合研究方式。研究点选在西双版纳曼乱点村，该村位于西双版纳自治州景洪市嘎洒镇曼迈村民委员会，共有 195 户 785 人，劳动力人口 469 人，土地面积 2053 亩，其中耕地面积 1188 亩，主要种植水稻、玉米、蔬菜和橡胶等作物。① 该村曾是傣族历史上有名的织锦御用村，专门承担西双版纳傣族土司织锦织造。田野调查时间是 2019 年 7 月和 2020 年 1 月，研究人员居住在村里，观察村民的风俗习惯、信仰崇拜、经济活动等生活活动，参与观察传承人培训过程，以当事人的角度观察和理解傣族织锦的传承及其行动的意义，观察当今傣族织锦手工艺传承的模式及发展现状，了解当地社会文化现象对傣族织锦技艺传承与保护的作用。研究人员深度访谈 30 人，包括傣族 28 人，汉族 2 人，年龄涵盖 15—70 岁，男女比例为 1:4。访谈人群为傣族织锦技艺传承人、手工艺人、村民、外来经商者、寺庙佛爷。根据访谈对象身份不同及需求不同，访谈内容存在差异，目的是多方面了解该村近年来经历的社会变迁和目前傣锦手工艺的传承保护情况。问卷调查采用随机入户填写问卷的方式，发放了 320 份问卷，收回有效问卷 280 份。对问卷数据进行仔细分析，帮助研究人员了解傣族织锦在当地民族日常生活和生计中所充当的角色，认识当地人民对傣族织锦技艺的认同感和归属感，加深了研究人员对当前傣族织锦技艺传承和保护现状与前景的了解。

① 资料来源：嘎洒镇政府 2018 年度农业生产基本情况表。

西双版纳傣族织锦技艺的发展历程

傣族文化灿烂多彩，服饰文化也别具一格，这与傣族织锦技艺密不可分。越人在历史上以多才多艺著称，傣族人正是百越族群之后，纺织技艺十分高超，所织的布以质好色美而著称。刘文征在《滇志》中记载：“以其丝织五色锦充贡，又有白毡布。”（刘文征，1991）除史书古籍外，文物的出土也让我们对傣族织锦技艺发展的历史有了更直观的感受。在晋宁石寨山出土的西汉古滇国青铜贮贝器上，有一件鼓形的飞鸟四足贮贝器，其上有18个铜人，男女均有，一群女奴隶用原始的腰机艰苦织布，或跪或坐，还有一女性奴隶主监督及验收保管布匹的人物，描绘出整个纺织场面，非常生动地展现了两千多年前在云南境内奴隶制纺织手工业的实况。经考究，汪宁生认为贮贝器上的“人物应是唐代之金齿、黑齿等部落之祖先，亦即傣族之先民。”（汪宁生，1979）由此可见，早在两千多年前傣族先民已经掌握了纺织工艺。

与汉族和其他少数民族不同，傣族织锦最早使用的原料并非一般的棉、麻，而是选用当地特产。《南州异物志》记载说：“五色资布，似丝布，古贝木所作。此木熟时，状如鹅毛，中有核如珠珣，细过丝棉，人将用之，则治出其核，但纺不绩……欲为斑布，则染之五色，织以为布。”（万震，1987）万震在此书中描绘的南州是交州之地的泛称，包括今天的广东、广西以及越南等地。《太平广记》中也有记载：“池南有娑罗棉树，三四人连手合抱方匝……其花蕊有棉，谓之娑罗棉”（李昉，1961）。这些古籍中提到的可以织布的树，就是今天所说的攀枝花，即木棉。在唐宋时期，西双版纳傣族已掌握了用木棉果内的纤维纺线的技术，利用纺好的线用各种织机织出布匹，并用这种布缝制傣族服饰等生活用品及各类宗教用品（李纬霖，2012）。历史上，傣族用木棉纤维织出的“丝幔帐”“绒锦”“干崖锦”“百叠布”等都具有高度的艺术水平，成为珍贵的贡品交纳给中原皇朝（李何林，1984）。

中华文化在唐宋时期绚烂发展，这个时期各地贸易也频繁往来，推动傣族纺织业进入大发展时期，傣族织锦产量大为增长。在傣语中“锦”就是“起暗花的布”，傣族人民通过不断钻研改进纺织技术，傣族织锦从简单的布匹到带有图案美丽的锦。傣族织锦在历史发展过程中，由于受地理环境的影响，以及受南传上座部佛教的影响程度不同，形成了不同风格，主要的两个流派是西双版纳傣锦和德宏傣锦，这两类傣锦从艺术风格和图案纹样上来看都存在很大的差异性。西双版纳的傣族织锦材质主要是棉，因此织出的锦非常柔软。另外，西双版纳傣族织锦的颜色构成也非常具有特点，色调与德宏地区的织锦不同，并不浓重，反而带有淡雅、明快的特质，具体表现为喜爱使用灿烂、对比鲜明的色彩。每幅织锦往往用三至五种色彩，用色上较为大胆，例如红色和绿色的搭配，对比强烈。从图案纹饰来看，西双版纳傣族织锦除几何图案外，还有大量反映当地特色的具体形象，如动植物、建筑、生产生活场景，很多图案也是来自佛教故事与民间传说，在织锦上体现出一定的故事情节与内容。德宏傣锦带有较多的中原色彩，色调也相对浓重、华丽，图案多以几何图形为主（李云川，2018）。

新中国成立后，西双版纳地区傣族人民也走入新时代，成为新社会的主人，与各兄弟民族共同发展，经济水平得到很大提升，古老的纺织技术和纺织工艺也得到进一步发展。但傣族织锦不再是傣族人民唯一的服饰等生活用品的来源，成为傣族人民在农业生产之余的活动，织锦也多用于自用，少数作为商品交换或出售，一些古老的傣族织锦及织具逐渐成为博物馆的展品。我国改革开放后，综合国力的上升，交通运输业逐步发展，西双版纳旅游业也逐渐兴起，旅游度假村逐渐建立，很多国内外游客开始走进西双版纳，走进傣族人民的生活，走进傣族织锦，购买傣族织锦纪念品，傣族织锦的需求逐渐增加。

以曼乱点村为例，20 世纪 80 年代以后，曼乱点村开始经营旅游度假村，部分村民凭借突出的织锦技艺，开始以织造傣族织锦为生，她们运用传统技术和原料进行生产，保持浓厚的傣族文化传统，在旅游纪念品市场上别具一格，引人注目，吸引着众多国内外游客选购收藏。1994 年至 1995 年左右，西双版纳旅游业快速发展，傣族传统手工艺遇见机遇，傣族织锦销售织锦一度成为曼乱点村的主业，大概 60% 的村民都在织锦。但旅游热度慢慢减退，随着到西双版纳旅游的游客减少，当地傣族织锦的销售市场逐渐萎缩，曼乱点村傣族人民又以种植蔬菜和橡胶为主业。但是曼乱点村傣族织锦技艺的传承与发展仍然在西双版纳地区具有显著代表性，政府对曼乱点村傣族织锦技艺的关注依然热忱。2008 年，傣族织锦技艺被列为第二批国家级非物质文化遗产。2010 年，曼乱点村小组被列为云南省第一批文化惠民示范村和云南省少数民族传统文化抢救保护专项项目村，以及云南省傣族织锦之乡。同年，在非遗传承人的带领下，曼乱点村专业合作社成立，带领着当时 67 个社员及村寨几十户人家参与傣族民间织锦的生产与销售。他们所生产的产品不仅包括傣家人爱穿的傣装等服饰类用品，同时还开发了相关艺术装饰品。这些产品一方面进入傣族人的日常生活用品市场，另一方面作为旅游纪念品进入西双版纳各大旅游景区。除此之外，产品也打开了国际市场，不仅在东南亚部分国家深受喜爱，也逐渐走向日本、美国等国。傣锦产业初具规模，具备一定的产业基础。2011 年，曼乱点村被列为中国民间文化之乡，即傣族织锦之乡。曼乱点村傣族织锦手工艺传承及其现代化、市场化发展在西双版纳傣族织锦的发展中具有代表意义（王晨至，2019）。

西双版纳傣族织锦技艺传承现状

傣族织锦技艺传承方式主要分为血缘传承、师徒传承及教学培训。傣族织锦为当地典型家庭手工业，以血缘传承为主，近年来由于传承现状的变化，国家政策的支持，师徒传承及教学培训新方式开始慢慢在傣族织锦技艺传承中扮演新角色。笔者通过实地调研在曼乱点村进行问卷调查，共发放调查问卷 320 份，收回有效问卷 280 份，针对“您知道目前傣族织锦技艺传承的方式有哪些？（多选）”，“血缘传承”选项选择人数 280 人，占整体调查人数的 100%；“师徒传承”选项选择人数 128 人，占总体比例 45.7%；“教育培训”选择人数为 59 人，占总体比例 21%；“其他”选项选择人数 16 人，占总体比例 5.7%。

（一）血缘传承

傣族织锦为典型家庭手工业，以血缘传承为主。费孝通曾提到，在东方文化中，家与家族发挥着重要作用。实际上，手艺就是家庭生产的一部分（方李莉，2005）。在社会不断发展的过程中出现了家庭，家庭是社会结构中的一个以婚姻和血缘为纽带的基本社会单位，包括父母、子女及生活在一起的其他亲属。血缘传承方式拥有紧密的情感纽带，能够帮助傣族织锦技艺在家庭温情文化中进行传承。血缘传承模式在传统技艺传扬的过程中发挥着重要的推动作用，对于专业性、技艺性较强的非物质文化遗产的传承至关重要。家庭依靠血缘关系牢固纽带，紧密团结，确保种族延续、传宗接代的同时，也为传统手工艺文化的传承提供土壤。

血缘传承主要是家族式传承，血缘传承以情感为纽带，以兴趣为引导，在传统手工艺传承中扮演着非常重要的角色。同时，血缘传承方式能够打造系统学习模式。学习者通常从小耳濡目染，在祖辈织锦的场景中受到影响，逐渐形成自己的兴趣，在潜移默化中获得傣锦初体验。通常女孩十多岁开始学习织锦，在不断学习精进技术，最终可以独当一面。

对中国人来说，家族观念延续千年，因为血缘的关系，家里的长辈会将毕生所学倾囊相授，不存在“教会徒弟饿死师傅”这样的情况，傣族妇女基本家家户户都能织锦。另外，由于傣族社会和谐友善的社会环境，即使不同家庭存在织布技术的差异，但是技艺高超的“老咩头”（年长的傣族妇女）还是会手把手教会后代。整个学习过程极具耐心，能更好地将技艺与情感同时传承下来。

（二）师徒传承

傣族织锦技艺在2008年被列为第二批非物质文化遗产，目前共有两位国家级传承人。“师徒传承”模式是傣族织锦技艺传承的第二大方式，非遗传承人在改进技艺的同时，承担着传承技艺的任务。政府通过政策大力宣传，周边村寨对傣族织锦技术有需求的人及其他感兴趣的人都慕名来曼乱点村拜师。师徒传承的范围比较广、辐射区域大。以国家级传承人玉儿甩为例，受过玉儿甩指导的学生有成百上千，已收徒七八百人，不仅有同寨子的人来学习，探讨织锦纹样和造型，还有周边地区的傣族人前来学习，有来自景洪、勐海、勐腊的，也有北京、上海甚至国外的也有来学习，真正将民族文化传播至世界各地。还有来自浙江大学、重庆艺术学院、昆明理工大学、云南民族大学等地的感兴趣的研究人员。当地来学的学员大多数是农村的傣族妇女，玉儿甩不仅教会她们技术，并将她们织好的布收来。不仅提高了她们的经济收入，更弥补了地区传统手工艺失传的局面。

近年来，伴随着西双版纳旅游业的发展，在傣族古寨、告庄等地，游客对傣族织锦的喜好越发浓烈，时尚风气朝复古方向发展转变。审美趋势的影响，也促使傣族织锦逐渐苏醒。经过政府及媒体宣传，当地居民对本民族文化的认可也逐渐增强，也步入学习织锦的“路程”，会织锦的人数也逐渐增多。

由于政府对非遗的重视和关心，兴起的师徒传承方式，它将傣族织锦技术传播到更广更远的地方。师徒传承能够将技术实现大范围传播，不受地域、血缘限制，只要有兴趣均能学习，有助于手工艺的传播，技术的进一步发展。师徒传承的方式也给予更多感兴趣的人学习的机会，更好地传承本民族文化。在未来的发展传承之路上，师徒传承能够承担起重要的传承责任，不断进行文化的融合与技艺的创新。

（三）教学培训

近年来，作为非遗传承人，集中进行教学培训的方式也逐渐被认可。国家级传承人玉儿甩多次被邀请到其他地方传授技艺，2015 年成为云南艺术学院设计学院特聘专家，多次参加过“非遗进校园”活动，开展培训讲座。玉儿甩也在当地中学捐赠织布机，让学校的学生能够了解傣族织锦，开展傣族织锦技艺课程宣传指导活动，帮助当地中小学生更好地了解本民族文化。2019 年 11 月，西双版纳傣族传统服饰技艺创新培训班在曼乱点村傣族织锦记忆传习所开班，传承人玉儿甩、叶娟、玉叶等 40 多位妇女群众参加了培训。在培训课上开设了绕线、纺线、裁缝、各种图案织法及织锦传承与创新理论教学等课程。由西双版纳亨傣文化传播有限公司总经理张继美和傣族织锦技艺国家级传承人玉儿甩进行全方位培训，具有很强的针对性和实用性。同时为对傣族织锦技艺感兴趣的人搭建了相互交流与学习的平台，既承袭了传统傣锦文化精髓，也融入创意时尚元素，赋予傣族传统技艺新生命。

教学培训能够高效率将知识传递给学习者，同时培训人数众多，能够在短时间实现技艺与知识的传授。培训的内容经过浓缩、精简，能够有目标、有效率地学习。但是教学培训只是作为一种知识技能的快速了解，由于人数众多，不能保证每一个学员、每一个步骤和细节都能掌握。教学培训在实现快速技能传授的同时也影响学习效果和深度，在某种意义上会造成传统手工艺传承的错位。

西双版纳傣族织锦技艺生活性保护

傣族织锦技艺是国家级非物质文化遗产，对非物质文化遗产的研究，国内外学者经过多年的实践工作与经验总结，已经形成了一系列非物质文化遗产保护方式。生活性保护是近年来发展起来的“生活性保护、生产性保护、生态性保护”新方法体系论的一部分。有学者认为非物质文化遗产是人们过去生活方式的一种展示，生活性保护就是要紧扣这种属性，在现今社会中重塑非遗文化的发展环境，避免非遗文化遭遇“皮之不存，毛将焉附”的困境（方旭红、黄钟浩、郑丽虹，2012）。然而生活性保护不是让民众回到原来的生活里，也不仅仅是非物质文化遗产与人们生活的单纯叠加，它需要在文化与人的生活之间建立起一种紧密的关系，文化在丰富人们生活的同时，给予人们精神和信念的支撑，并通过与实践相结合得到不断创新和发展，最终具备强大的生命力，永远延续下去。西双版纳曼乱点村，在傣族织锦技艺的生活性保护中，乡村社区、政府、手工艺者和市场经营者各自起到不同的作用。

（一）社区的实践

曼乱点村利用自身独特的历史地理条件及文化土壤，用精湛的技艺创造出代表本村寨、本民族的文化产品，讲述着曼乱点和傣族的历史和文化。依托村村寨寨有寺庙、家家户户有经堂的环境和氛围，在乡村寺庙供奉佛祖、祈福，成为当地傣族人民日常生活的一部分，给予曼乱点村民更多的心理认同。佛塔、寺庙屋檐都是傣族织锦的重要元素，织锦也是装饰寺庙、经堂的重要物件，反作用于织锦技艺的提升。在宗教的基础上，乡村社区负责加强对当地村民历史文化的教育，进行相关文化交流活动，例如邀请非遗传承人进当地校园开展傣族织锦技艺教学活动，激发当地学生学习兴趣，提高民族自豪感和对传统的敬畏感，在传统技艺的传承中提高对本民族的归属感，使传统技艺在曼乱点村内繁衍生息。

在该村成立合作社，整合村寨中的散户，依托傣族织锦技艺传习所，织布设备，包括织布机及配件，由几家手艺好的制作者制作，收取费用。这样让设备的制作更专业、规格更统一。在织锦流程上，曼乱点村与其他服装公司及旅游纪念品店铺建立货源供应及定制关系，根据要求制作不同材质、不同纹样的织锦，将任务分配给寨子里其他制作织锦的散户，这些织锦的原料、棉线等均由承包者提供，其他农户进行简单的纺织。

傣族织锦工作在社区内进行细化和分工。首先，确定原料供应商，提供专业原料，省去各家各户挑选原材料的麻烦。其次，将织布的一系列流程规范化，镶经由专人负责，挑花由专人指导等。最后，成立对外销售和宣传团队，专人负责接收订单，开展宣传活动，逐渐打造集技术与文化为一体的社区微实践工厂。

（二）政府的力量

国家颁布多部文件给予支持，从大局角度出发，在宏观层面上提供了根本的保护，明确非遗保护工作的指导方针是“保护为主、抢救第一、合理利用、传承发展”，《国家级非物质文化遗产代表性传承人认定与管理办法》于2019年11月12日审议通过，强调要积极支持国家级非物质文化遗产代表性传承人的各项活动。从2016年开始，我国提高国家级非物质文化遗产传承人补助标准，截至

2019 年 12 月 31 日（我国台湾地区暂无数据）共 3068 名国家级非物质文化遗产传承人每人每年补助 2 万元。除此以外，在场所、经费、学习培训和公益活动等方面对传承人提供必要帮助。

地方政府的政策依托国家政策，聚焦于微观层面，对于傣族织锦的各项发展，如产品宣传、品牌打造、平台交流等等有了具体工作思路和实施措施。2008 年，西双版纳州向云南省文化厅申报的《傣族手工织锦技艺》项目，经云南省政府向文化部申报，最后确定为第二批国家级非物质文化遗产保护项目，国务院于 2008 年 6 月正式公布。西双版纳州文化馆 2010 年 5 月提交《关于保护傣族织锦技艺的若干措施和建议》，《建议》被相关部门采纳后得到一笔资助，用于传习场所、定期培训、校园宣传和记录整理等活动，帮助傣族织锦技艺更好地得到传承。

西双版纳州文化馆从 2006 年开始，每年举办文化和自然遗产日活动。曼乱点村积极引进西双版纳民族文化传播有限公司，成立了傣族织锦文化产业合作社，通过“公司 + 合作社 + 农户”的发展模式，使傣族织锦不仅声名远扬，更带来良好的经济效益。西双版纳州的宣传部门为做好非物质文化遗产项目申报、保护和利用工作，组织全市各级非物质文化遗产代表性传承人和从事非遗工作者进行调研、交流，学习技艺，抢救和保护面临失传的传统手工技艺。2020 年云南卫视拍摄并播放的《技能报国》系列专题片中有一集为《留住傣族“手上的技艺”——玉儿甩》；当年 11 月，当地政府借助湖南卫视综艺节目《向往的生活》的热度，在其拍摄地橄榄坝曼远村展示傣族织锦技艺；与此同时，当地政府联合多个部门共同举办傣族织锦技艺作品展，多次开展国家级非物质文化遗产保护名录“傣族织锦技艺”传承人培训班和“傣族织锦技艺”传承人与生产性保护培训班，每期都善始善终，收效明显，达到预期目的。通过培训，充分调动了傣族织锦民间艺人的参与性和积极性，对传承、保护“傣族织锦技艺”起到积极作用。经过多年努力，在各级文化部门的保护和帮助下，村内成立了“傣家民间织锦合作社”和傣锦文化生产研究基地。2010 年，曼乱点村小组被列为云南省第一批文化惠民示范村、云南省少数民族传统文化抢救保护专项项目村以及云南省傣族织锦之乡，2011 年被列为中国民间文化之乡——傣族织锦之乡。西双版纳现有傣族织锦传习所 2 个，傣族织锦技艺国家级非遗文化传承人 2 人，省级 4 人，州级 13 人。

（三）手工艺者的坚守

传统技艺的消失并非一种因素影响的结果，而是多种因素导致的。手工艺者在传承过程中会面临销路不畅导致资金断裂的危险，本土文化也容易受到其他地域文化的威胁，传承过程中还存在无人可传的风险。要使一门传统技艺在时代前进的浪潮中代代相传、保有旺盛的生命力，就要不断适应时代、满足社会需求。传统技艺之所以能够发展到现在，是因为它们真正做到了“飞入寻常百姓家”，与传统百姓的生活息息相关。在曼乱点村傣族织锦手工艺人身上，能够深刻体现出他们对自己的文化充满自信，拥有发扬傣族文化精神、传承傣族织锦技艺的基础条件。正是因为傣族织锦技艺已经像穿衣吃饭一样融入他们的生活，曼乱点村傣族织锦技艺才能不断传承。村寨中一位50多岁的阿姨说道：“我们织布大家还是很支持的，寨子里不会的人也来看我织，看到自己织出来的布漂亮，心里会很开心。”傣族织锦手工艺者的乐观自信及当地村民的理解，打造出傣族织锦手工艺人的集体认同感，帮助技艺传承与发展奠定了思想基础。

曼乱点村傣锦手工艺者积极参与各项教学展示活动。2019年7月，与聚匠非遗文化传播交流中心共同开展暑期非遗体验班，各位手工艺者为各位少年儿童讲述傣锦的历史，并亲自教学，将傣锦技艺的种子种进下一代傣族人的心中，在潜移默化中影响和感染下一代人傣族。

非遗传承人是当地的一张名片，其本身就承载着传承传统技艺和文化的责任，如每年在傣族织锦技艺传习所定期开班培训20—30名学生，继续学习传统技艺的同时，积极参加国内外组织的各种交流活动。国家级傣族织锦技艺传承人玉儿甩2019年9月赴日本参加文化交流展，2019年11月去黄山参加第四届中国非物质文化遗产传统技艺展。玉儿甩已收徒500余人，参训人员有来自景洪、勐海、勐腊的傣族村寨妇女和来自浙江大学、重庆艺术学院、昆明理工大学、云南民族大学的学生，以及德宏州等地的学员，取得了较好的经济效益和社会效益，为传承民族文化、带动群众增收致富发挥了积极作用。由于前来学习的学员大多数是农村傣族妇女，家境条件较差，玉儿甩坚持传授利用技艺脱贫致富的理念，在培训期间，不但倾囊传授技艺，还免费提供食宿。她为自己身为国家级非物质文化遗产传承人，在推广傣族织锦技艺的同时，能带动群众致富而感到自豪。在传承人的带动下，曼乱点村家家都有织锦机，户户都有成年女子会织傣锦。全村90%的老、中、青妇女都织傣锦，带动80余户农户常年织造和销售傣锦并形成了规模。

（四）市场的努力

确定市场定位。依据消费者喜好以及市场需求，划分织锦作品的精细程度、文化元素、大小规格及创意创新等，将其划分为高定赠礼类、旅游纪念品类及相关元素衍生品。

通过打造高定赠礼类傣族织锦产品，打造具备较高的艺术价值、文化内涵和收藏品质，满足目标群体消费者的审美观念和心理需求，这类产品着重挑选织锦在本民族发展过程中使用的传统与经典题材，挖掘纹饰、题材背后的深层含义。受众最广，所占市场份额最大的旅游纪念品类傣族织锦产品，把握游客群体特点，在传统工艺中融入时尚需求，在内涵丰富的产品中为游客打造快乐体验，秉承求异观念，把地区、民族和现代因素结合起来，不拘泥于传统纹样和现有类型，手工艺者根据自身理解与时代潮流，创新和发展出一些新的纹样和主题类型。在设计方面，注重现代审美观，既展现民族特色，又凸显文化内涵，运用大众喜闻乐见的形式展示傣族织锦，同时汲取中西方文化，为世界范围内游客打造特色鲜明、质地精美的旅游纪念品。傣族织锦文化衍生品就是指依托于傣族织锦本身的纹样和图案所衍生出来的其他产品，通过物化手段表达傣族织锦的文化内涵的特色文化产品，将其浓缩为文化符号，并通过设计、艺术创作将其转化成种类丰富的产品。例如将傣族织锦纹饰融入现代服装设计，将织锦图案与书本、饰品等结合，傣族织锦纹饰图案也能为当代设计行业提供新元素，打开新大门。

完善经营方式。将“材、产、销”进行有机划定与结合，形成生态产业链，同时在政府的支持和帮助下，企业将有效资金和技艺资源相结合，把资本融入传统技艺的开发与发展，稳定傣族织锦生产，相关产品形成标准化。发挥区域优势和实力，将当地一种或几种具有鲜明特征的产品整合在一起，在市场的作用下形成竞争机制，激发当地居民创造力，造就手工艺品的创新感。现阶段，曼乱点村把握“美丽乡村”建设试点契机，在政府投资 100 万打造“生产发展、生活宽裕、乡风文明、村容整洁、管理民主”的社会主义新农村的背景下，自主发挥优势，积极营造具有独具特色的傣锦主题美丽乡村精品，为实现“一村一品”“一村一景”“一村一韵”的美丽乡村格局而努力，打造特色品牌，将傣族织锦与曼乱点村完美结合，充分发挥传统技艺与乡土特征的天然联系，利用合作社、企业等形式优化分散在村寨的织锦技术资源布局，逐步打造傣族织锦规模化生产结构，走出曼乱点村“一村一品”新路径，适时抓住美丽乡村建设新机遇，重新展现“傣锦之乡”新面貌，让傣族织锦不仅成为一种产品，更是一种工艺生活的体验，打造曼乱点村独特一景，建设傣家诗意田园新居。

提升品牌知名度。现阶段西双版纳州关于制作少数民族相关产品较出名的公司有景洪蓝孔雀舞蹈服饰有限公司、景洪继美民族服装有限公司等，这两家公司在2018年和2019年联合西双版纳州多个非遗国家级传承人打造亨傣傣族织锦非物质文化遗产体验馆及西双版纳聚匠非遗文化传播交流中心。玉儿甩与其子岩罕丙在2017年创办西双版纳版锦傣族织锦文化产业有限公司，经营范围包括手工傣族织锦饰品、工艺品、傣餐服务等，承担傣族织锦技艺传承、发展与文化交流。品牌就是产品体验，是一种产品区别于其他产品的重要方面，通过打造传播媒介，使优秀的傣族织锦精品建立起文化品牌，曼乱点村打造“版锦”“蓝孔雀”等傣族织锦品牌，将玉儿甩及其人物情感与背景融入其间，加深品牌文化内涵，逐渐形成自己的特色。在市场中彰显一定的审美价值、文化价值和艺术价值，提升收藏价值和市场价值，讲究个性化、差异性，注重品质，在消费者群体中树立其高品质的形象，帮助文化产品提升知名度与竞争力，覆盖广阔市场。

讨论与结语

在20世纪50年代以前，西双版纳傣族社会仍然是一个封闭的封建领主制社会，交通闭塞，民族工业及现代教育设施、传播设施等几乎为空白。随后进入较快的发展变革时期，通过几十年的建设，傣族社区的公路、义务教育、广播电视得到普及，加快了傣族地区的社会经济交往及文化的传播。社会制度的改变，经济和文化的发展，使封闭的传统思想观念受到了冲击与挑战，进而影响到了傣族人民的行为方式，促使傣族社会发生前所未有的变迁，傣族传统的社会文化，包括宗教、婚姻、家庭、生活方式、人际关系、社会风俗等方面也在发生着较大的变化（郑晓云，1991）。近年来，橡胶种植（郭家骥，2012）、旅游开发（罗晓艳，2020）等，都给傣族社会的生计方式带来变化，使傣族传统种植农业向市场经济引导的生计方式转变。

社会变迁给传统傣族织锦的生存环境带来影响，以前傣族织锦最大的功能就是日常生活服装、配饰及供奉佛祖，例如筒裙、筒帕、佛幡等，不仅是傣族人民日常的生活用品，也几乎贯穿了当地民众的一生，是傣族人民各种婚丧嫁娶等仪式必备的重要物品。如今现代化的着装理念逐渐融入傣族人民的生活，开始追求经济实用，简便的服装，傣家人织锦的主要目的转变成为西双版纳旅游市场供应纪念品。从另一个角度来看，工厂机械化纺织产品逐渐占领了大部分服饰市场，以低廉的价格、丰富的款式与图案等特点俘获了大部分消费者的芳心。而传统傣族织锦面对原材料的稀缺、工艺的复杂，本就难以为继，但有限的市场依然使其售价过低，大多数手工艺者在观念与经济的双重影响下不再继续坚持。这些充满历史与回忆的“技艺”逐渐走进博物馆、走进展览间，成为傣族人深埋心间的“记忆”。

面对困境，西双版纳曼乱点村发展起来的傣族织锦技艺新的传承和保护措施，能够促进非物质文化遗产与人们生活关系紧密联系，将傣族人民与其传统文化在时空中继续发展，逐渐构建起傣族织锦技艺保护的生活空间，让生活在此区域中的傣族人民慢慢地与傣族织锦文化形成一种联系和互动，在潜移默化中使当地村民树立起文化意识，让他们一步步培养出对不同文化的比较和判断的能力，进而能够根据不同的历史环境和时代背景，对文化进行调节和适应，最终使人与文化之间建立起良好的相互作用和影响的模式。

尽管人类学者对文化的定义没有达成一致的意见，但他们对文化的特征有共识，普遍认为文化是学来的，文化是分享的，文化是象征性的，文化是适应性的，文化各部分是完整相连的。西双版纳傣族文化象征的织锦技艺，面对快速变迁的傣族社会，在传承和保护方式进行的调适，既反映了人类学文化的特征，也印证了马克思主义经济基础决定上层建筑的理论，又完成了新古典“结构—功能论”提出的作为文化资源和资本的文化遗产的“传统—现代转型”，并在城市化、工业化、市场化、全球化等外在结构和因素的影响下，被动地发生一些结构性和功能性变化，进行资源配置，推动当地经济社会发展（张继焦，2020）。

在党的十九大报告中，习近平总书记指出，坚持创造性转化、创新性发展，不断铸就中华文化新辉煌。2021 年十三届全国人大四次会议表决通过的《中华人民共和国国民经济和社会发展第十四个五年规划和 2035 年远景目标纲要》提出，繁荣发展文化事业和文化产业，提高国家文化软实力。围绕举旗帜、聚民心、育新人、兴文化、展形象的使命任务，促进满足人民文化需求和增强人民精神力量相统一。① 西双版纳傣族织锦技艺属于中华文化的一部分，在我国社会主义新时代发展起来的传承和生活性保护措施，能帮助其完成新的使命。

参考文献

方李莉：《费孝通晚年思想采：文化的传统与创造》，岳麓书社 2005 年版。

方旭红、黄钟浩、郑丽虹：《论非物质文化遗产北京：的生活化保护》，载于《合肥工业大学学报》（社会科学版）2012 年第 4 期。

郭家骥：《生计方式与民族关系变迁—以云南西双版纳州山区基诺族和坝区傣族的关系为例》，载《云南社会科学》2012 年第 5 期。

李昉：《太平广记》，汪绍楹点校，中华书局 1961 年版。

李何林：《傣族织锦》，载《云南民族学院学报》1984 年第 2 期。

李纬霖：《傣锦的社会功能及变迁—以西双版纳傣族园为例》，载于《德宏师范高等专科学校学报》，2012 年第 3 期。

李云川：《傣族织锦——几何图案织出的图腾》，云南教育出版社 2018 年版。

刘文征：《滇志》，古文继点校，云南教育出版社 1991 年版。

罗晓艳：《全域旅游视角下西双版纳旅游产业升级研究》，载《当代经济》2020 年第 3 期。

万震：《南州异物志》，陈直夫校释，出版社不详，1987 年版。

汪宁生：《晋宁石寨山青铜器图象所见古代民族考》，载《考古学报》1997 年第 4 期。

西双版纳新闻网：http：//www. bndaily. com/c/2019 - 05 - 29/100464. shtml。

中华人民共和国中央人民政府网：http：//www. gov. cn/zhuanti/2017 - 10/27/content_5234876. htm。

《西双版纳年鉴（2009）》编辑委员会：《西双版纳年鉴》，德宏民族出版社 2009 年版。

张继焦：《换一个角度看文化遗产的“传统——现代”转型：新古典“结构—功能论”》，载《西北民族研究》第 3 期。

郑晓云：《当代西双版纳傣族社会文化变迁研究》，《社会学研究》1991 年第

① 中华人民共和国中央人民政府网：http：//www. gov. cn/xinwen/2021 - 03/13/content_5592681. htm。

1 期。

周大鸣主编：《人类学概论》，高等教育出版社 2019 年版。

Form，W. & Wilterdink，N. 2020. Social Change. In *Encyclopedia Britannica*. https：//www. britannica. com/topic/social-change.

Kapferer，Bruce. 1997. Social Change. In *The Dictionary of Anthropology*，edited by Thomas Barfield. Malden，MA：Blackwell Publishers.

Reyes-García，Victoria & Maximilien Guèze，Isabel Díaz-Reviriego，RomainDuda，Álvaro Fernández-Llamazares，Sandrine Gallois，Lucentezza Napitupulu，MartíOrta-Martínez，and AiliPyhälä. 2016. The Adaptive Nature of Culture：A Cross-Cultural Analysis of the Returns of Local Environmental Knowledge in Three Indigenous Societies. *Current Anthropology*,57（6）.

White，L. 1959. *The Evolution of Culture*. New York：McGraw-Hill.

乡村振兴与民族地区传统村落旅游开发研究*

党的十九大报告中提出的解决我国“三农”问题的乡村振兴战略，2018 年 9 月，中共中央、国务院印发了《乡村振兴战略规划（2018—2022 年）》,① 要求各地区各部门结合实际，认真贯彻落实。我国西部民族地区以其优美的自然风光和独特的民族风情吸引着大量游客前往，许多省、市、县政府把发展旅游已经视为很多地区发展经济、脱贫致富的手段，通过各种方式招商引资，大搞少数民族村寨旅游，取得了不少成绩。但也存在一些问题，如面临着自然衰退、空心化、文化断裂、价值观失落等棘手问题。此外，民族地区传统村落旅游开发过程中普遍存在着各种各样的利益冲突和矛盾。如何使当地村民真正成为旅游开发过程中的主体，从而保证人人公平享有旅游发展带来的成果？这些已经成为旅游研究人员和从业者迫切需要解决的难题，本文将从发展人类学的视角来探讨这些问题。

发展人类学

发展人类学是 20 世纪 70 年代在西方兴起的应用人类学的一个分支学科，研究人类社会发展的问题，如贫穷、环境恶化、饥饿等，并应用人类学知识去解决这些问题（陈刚，2009）。20 世纪 60 年代，世界殖民体系完全崩溃。为在新独立的、新型民族国家推广西方现代资本主义发展模式，以美国为首的西方国家向经济落后的国家提供经济援助项目，把经济增长作为社会发展的目标，但在实践中并未取得预期的效果，反而引发了许多社会、经济和文化问题，如通货膨胀、分配不公、两极分化、文化冲突等（杨小柳，2007）。到 20 世纪 70 年代，一些

* 本文原发表于《贵州民族研究》2021 年第 3 期。

① 中华人民共和国中央人民政府网：http://www.gov.cn/zhengce/2018-09/26/content_5325534.htm。

国际发展机构，如联合国发展计划部，开始重视受援国的社会文化因素，转向人类学家，利用人类学家的专长和知识修订发展计划，把社会问题而不仅仅是经济增长指标包括进他们的政策和规划里。发展人类学应运而生，专业研究机构也建立起来，如建于 1976 年的美国的发展人类学研究所、英国的海外发展研究所、丹麦的发展研究中心等（Little，2005）。

20 世纪 70 年代，发展人类学关注的重点是城市基础设施建设项目、社会方面的发展项目，如健康、教育、医疗、住房等和乡村发展项目，提出发展要适应于当地的自身资源和技术水平。20 世纪 80 年代，可持续性发展概念出现并得到普及，自然环境成为发展项目必须关注的内容。20 世纪 90 年代，发展人类学关注妇女与发展问题，关注最贫困群体，提倡他们参与社会经济发展项目的设计、传递、决策过程（杨小柳，2007）。目前，发展人类学有 4 个主要观点是：①发展的目的是改善人民群众的生活条件，强调以人为本，关注就业和收入的提高，而不是单纯的资本积累。②参与，提倡当地居民对发展过程的有意义全面参与。③赋权，强调决策过程公开透明、高程度的当地所有权和管理权。④可持续发展，防止以发展经济为代价的生态环境破坏（Stronza，2001）。

发展人类学与旅游开发

旅游业的可持续性是发展人类学研究重点之一。二十世纪七八十年代，随着发展人类学的兴起，旅游业对当地经济、社会及文化的影响是人类学研究的主流。其中，20 世纪 70 年代的研究主题是旅游对发展中国家的社会文化影响，而 20 世纪 80 年代的研究主题是旅游对西方发达社会的影响、旅游发展背景下的文化适应问题和东道主社会的社会文化建设以及环境保护问题；进入 20 世纪 90 年代后，国外发展人类学者开始关注旅游的可持续发展问题，社会文化的变迁和可持续发展成为研究的重点。

人类学在评估大规模旅游对社会文化结构的影响时，常常认为旅游业会带来负面影响。人类学和其他社会科学一道挑战旅游业会带来经济效益的假说，认为是经济学家们把“旅游当作发展的最好策略”（Stronza，2001）。早在 20 世纪 70 年代，社会科学家们就认为旅游业并不是解决第三世界国家经济问题的良药（de Kadt，1979）；旅游业带来新的社会问题（Opperman，1998；Pettman，1997）；旅游业中断了当地的农业生产，使当地社会依赖外面的世界（Oliver-Smith，

1989；Mansperger，1995）；旅游业给环境带来负面影响（Honey，1999；Olsen，1997）；从事旅游业的私人企业把利润转移到发达国家（Crick，1989）；旅游业导致当地社区阶层分化越来越大（Stronza，2001），旅游业引起的传统文化的消失引起越来越多的当地人不满（Erisman，1983）。

近年来，许多人类学和其他社会科学家赞同或支持发展文化旅游或生态旅游。他们认为尽管这两种旅游方式也产生了一些问题，但相对来说，他们是破坏性较小、可持续性较高的旅游发展形式。文化旅游特别强调利用文化因素来吸引游客，这些因素可以是物质的，如博物馆、历史遗址、传统建筑和手工艺品等；也可以是非物质的，如宗教活动、文艺表演、传统节日等，吸引游客去体验和探索自己不熟悉的其他民族不同的生活方式、社会习俗、宗教传统、文化遗产等文化内涵。生态旅游被国际生态旅游协会定义为到保护环境并改善当地人福利的自然地区去负责任地旅游。这些自然地区吸引人的是动物和生物群，也可包括一个地区的自然史和原住民文化（Ziffer，1989）。因此，生态旅游不仅仅是让人放松休息的旅游，它也促使游客去了解和欣赏旅游地的生态系统和原住民族的文化。

发展人类学支持文化生态旅游开发。多数文化或生态旅游地是在不发达的、边远、贫困山区，这些地区往往单靠自然环境资源或文化资源，无法支撑旅游经济，文化和生态旅游协调发展才能为当地社区带来收入，提供经济发展的机会。发展人类学强调开发该类旅游项目不能剥削当地居民，强调在利润程度、所得分配和企业的控制方面，文化生态旅游都不同于大规模旅游，文化生态旅游是否能成功取决于它是否被当地社区接受并参与其开发，如何做到这一点？有学者提出了在文化生态旅游业开发中采用欣赏式探询法。

欣赏式探询理论体系

欣赏式探询法是美国人大卫·库珀莱德（David Cooperrider）在1980年提出。他到美国克里夫兰医学中心去研究组织发展，在访谈过程当中，他发现组织中的人和事有很多正面的力量值得研究，故提出了欣赏式探询。欣赏，即认识到他人或我们周围世界蕴藏的闪光点，肯定过去与现在的优势、成功和潜力；探询，即探索和发现的行为，对发现新的潜力与可能性保持开放。具体来讲，欣赏式探询是将人群组织或村落视为一个有机的生命体，通过系统的发现赋予并激活组织中最大的优势，从而谋求个人、组织及其外部世界的美好未来。欣赏式探询在国外组织管理、人力资源管理、项目评估中得到了广泛的应用，并从 2008 年开始，也在旅游研究和开发中得到了应用。

欣赏式探询法是由一系列活动构成的循环，包括 4 个步骤：发现是动员整个组织，使所有利益相关者都参与进来，找出各种优势和最佳实践及其相互关系，确定“我们过去与现在最为成功的要素”；梦想是仔细聆听村落居民对未来的各种设想，分享他们的希望和共同期盼的未来；设计是根植于村落过去正面的经历和对未来的梦想，组织设计村落发展规划，在成员共同期待的美好未来与过去的巅峰状态之间搭建起一座桥梁；实现是增强整个系统积极的能力，组织按照设计实现愿景，从而保持积极变革和改善绩效的动力（Cooperrider & Whitney，2005）。

欣赏式探询法提出后不久就得到了众多组织和机构的赏识，许多大型企业和其他组织很快带着不同目的而采用欣赏式探询这一方法，并取得了良好的成效。例如，在墨西哥，欣赏式探询的焦点是用于学习多样性价值调查；北美的英国航空公司，用来对全系统的改变；美国 NASA 用欣赏式探询法开发一个战略计划和建立一个包容性的文化。欣赏式探询也开始被应用于发展中国家的社区发展，在哥伦比亚以及印度，它用于组织创建和加强社区发展；在尼泊尔，用于以尼泊尔探索旅游村落生物多样性的保护、改善民生问题以及旅游发展三者之间的关系（Gyan，2012）。

欣赏式探询法与传统村落旅游开发和保护

欣赏式探询既是发展理论也是方法，它包含了人类学的发展话语理论、地方性知识和田野调查方法，适合用于我国民族地区村落旅游开发或评估，具有广阔的前景。众多实证研究表明，传统村落旅游开发过程中各利益相关者普遍存在着相关利益者的冲突和矛盾。如何调节村落生态保护、文化传承、居民生计和旅游发展之间的关系？如何形成互动协调机制？国内外学者们的研究成果有的就是碰到了实际应用环境问题，如增权理论中的“制度增权”在现实中无法实现（左冰、保继刚，2008）；有的受到了方法的制约，如“问题解决”的方法在现实当中受到居民的抵制等。与以往研究不同，欣赏式探询突破了以往问题导向模式，将焦点放在村落的优势方面，倡导以激发、动员、探询优势为导向的“积极变革”模式。

以川、滇泸沽湖地区旅游发展为例。泸沽湖位于藏彝走廊内云南与四川交界处，流域面积240.4平方千米，湖面面积50.67平方千米，湖面海拔高2692米，山水相映，景色迷人。泸沽湖周边千百年来居住着摩梭人，其“走婚”风俗和“母系”继承制度，以及达巴教和藏传佛教的交融，形成独特的民族文化。美丽的山水，独特的异族风情文化，吸引众多的国内外游客前来欣赏，成为云南旅游热点。2008年4月，笔者首次到泸沽湖做田野调查，考察当地文化生态旅游发展情况。通过发展人类学来解读泸沽湖地区文化生态旅游发展，笔者认为尽管政府主导下的泸沽湖文化生态旅游发展已经取得了巨大成绩，但依然在发展意识、社区参与、权力问题和利益相关者方面存在着不足（陈刚，2009）。2016年以来，笔者率研究团队，多次深入泸沽湖地区，采用欣赏式探询方法考察该地区的旅游发展，旨在揭示旅游如何致力于当地生态环境保护、文化传统传承和居民生计改善（尚前浪、陈刚，2018）。调查中发现，泸沽湖保护开发战略决策是自上而下的模式，制定规划时难以征求当地居民的意见，导致当地居民不了解相关情况，如泸沽湖女儿国旅游小镇，2018年6月新规划改名为“摩梭小镇”，这样的项目建成后会对他们的社会、经济和文化造成怎样的影响，经济利益的矛盾则引发了泸沽湖旅管会和当地社区之间的矛盾和冲突。

缺少真正有意义和有效的社区参与旅游规划和管理，社区无权控制和支配旅游资源，都可能会引发利益冲突，这无疑将对民族地区传统村落旅游的持续发展和当地和谐社会的建设产生影响。笔者在泸沽湖地区调查发现，如果采用欣赏式探询法，将在很大程度上有助于解决民族地区旅游发展中社区参与的有效性问题。它将人和社区视为有机生命体，并以此为出发点，通过发现、梦想、设计和实现四个阶段，采用“欣赏式面谈”方法，对农村社区民族文化、居民参与、环境保护、利益相关者等多维度进行信息调查采集和评估，发现居民和社区在旅游发展中的优势力量，厘清当地在旅游发展、生态保护和居民生计之间的关系，确定影响它们之间关系变化的主要因素，最终将有利于构建社区生态保护、居民生计和旅游发展之间的最终协调机制，从而化解矛盾，促进当地民族团结和生态文明建设（尚前浪、陈刚，2018）。

结　语

尽管欣赏式探询法的理论体系和实践模式通过了国外的许多研究和现实案例进行的论证，但欣赏式探询方法也有其自身的局限性，尤其是将其用于中国本土研究的时候。例如，欣赏式探询法在中国的语境下是否有新的改变或拓展？欣赏式探询法所适合的研究问题是什么，研究的边界又是什么？欣赏式探询法提倡的承诺、信任、合作等研究在中国是否可行？欣赏式探询法的过程需要高度的参与性和合作性，这有多少可操作性？研究的结果怎样通过一些系列标准进行评估？

欣赏式探询法强调正能量，认识并“欣赏”他人的“闪光点”，肯定他人过去与现在的优势、成功和潜力，与费孝通提出的“各美其美、美人之美、美美与共、天下大同”的理念（费孝通，2006），有异曲同工之处。费孝通理念的核心思想是一个国家和民族，乃至每一个村落或每一个人都有美好的东西，我们在各自欣赏自己美好的同时，还要发自内心地欣赏他人的美好，做到不以本民族文化的标准，去评判其他民族文化的优劣。这样，我们才能享受共同的美好，欣赏彼此的美好，自己的个性美，大家的共性美就会成为共同的美，才能推动共同发展和繁荣，实现共赢。

欣赏式探询法既是理论又是方法。作为方法，它的 4 个步骤：发现、梦想、设计和实现，可以用来推动实现“创新、协调、绿色、开放、共享”的发展理念。2015 年 10 月 29 日，习近平总书记在党的十八届五中全会第二次全体会议上的讲话鲜明提出的“创新、协调、绿色、开放、共享”的发展理念。2018 年 3 月 11 日，第十三届全国人民代表大会第一次会议通过中华人民共和国宪法修正案，增写了“贯彻新发展理念”。[①] 2021 年十三届全国人大四次会议表决通过的《中华人民共和国国民经济和社会发展第十四个五年规划和 2035 年远景目标纲要》提出，我国“十四五”时期经济社会发展必须遵循的原则：坚持党的全面领导；坚持以人民为中心；坚持新发展理念；坚持深化改革开放；坚持系统观念。[②]我党的新发展理念极大地丰富和突破了发展人类学在过去 40 多年来形成的发展理论，欣赏式探询法为实现新的发展理论找到了一条路径。

基于欣赏式探询方法，构建社区生态保护、居民生计和旅游发展之间最终协调机制，从而实现传统村落旅游的可持续发展，营造旅游目的地和谐社会经济发展气氛，正是追求绿色和共享发展的有益尝试。然而这只是解决民族地区传统村落旅游可持续发展问题的冰山一角，需要我们大家一道，在民族文化和我国社会

---

① 百度百科网．新发展理念．https：//baike. baidu. com/item/新发展理念/20398217？fr = aladdin。

② 中华人民共和国中央人民政府网．中华人民共和国国民经济和社会发展第十四个五年规划和 2035 年远景目标纲要．http：//www. gov. cn/xinwen/2021 – 03/13/content_5592681. htm。

制度背景下探索、培育并实现欣赏式探询的价值。

参考文献

陈刚：《发展人类学视野中的文化生态旅游开发——以云南泸沽湖为例》，载《广西民族研究》2009 年第 3 期。

费孝通：《美美与共与人类文明》，载《学习与研究》2006 年第 5 期。

尚前浪、陈刚：《民族地区旅游开发中推进共享发展理念路径探索》，载《西南民族大学》（人文社会科学版）第 1 期。

杨小柳：《发展研究：人类学的历程》，载《社会学研究》2007 年第 4 期。

左冰、保继刚：《从“社区参与”走向“社区增权”——西方“旅游增权”理论研究述评》，载《旅游学刊》第 4 期。

Cooperrider D L, Whitney D. 2005. *Appreciative Inquiry: A Positive Revolution to Change*. SanFrancisco, CA: Berrett-Koehler.

Crick, M. 1989. Representation of International Tourism in the Social Sciences: Sun, Sex, Sight, Saving, and Servility. *Annual Review of Anthropology* 18.

de Kadt, E. 1979. *Tourism: Passport to Development?* New York: Oxford University Press.

Erisman, H. M. 1983. Tourism and Cultural Dependency in the West Indies. *Annals of Tourism Research* 10.

Gyan PN, Surya P. 2012. Application of Appreciative Inquiry in Tourism Research in Rural Communities. *Tourism Management* 33 (4).

Honey, Martha. 1999. *Ecotourism and Sustainable Development: Who Owns Paradise?* Washington, DC: Island Press.

Little, Peter D. 2005. Anthropology and Development. In *Applied Anthropology: Domains of Application*, edited by Satish Kedia and John van Willigen. Westport, CT: Praeger.

Mac Cannell, D. 1999. *The Tourist: A New Theory of Leisure Class*. New York: Schocken.

Mansperger, M. 1995. Tourism and Culture Change in Small Scale Societies. *Human Organization* 54 (1).

Nash, Dennison . 1996. *Anthropology of Tourism*. Kidlington, Oxford; Tarrytown,

NY：Pergamon.

Oliver—Smith，Anthony. 1989. Tourist Development and Struggle for Local Resources Control. *Human Organization* 48（4）.

Olsen，Barbara. 1997. Environmentally Sustainable Development and Tourism：Lessons from Negril，Jamaica. *Human Organization* 56（3）.

Opperman，M. 1998. *Sex Tourism and Prostitutions*：*Aspects of Leisure*，*Recreation*，*and Work*. New York：Cognizant Community Corporation.

Pettman，Jan Jindy. 1997. Body Politics：International Sex Tourism. *Third World Quarterly—Journal of Emerging Areas* 18（1）.

Stronza，A. 2001. Anthropology of Tourism：Forging New Ground for Ecotourism and Other Alternatives. *AnnualReview of Anthropology* 30.

Ziffer，Karen A. 1989. *Ecotourism*：*the Uneasy Alliance*. London：Conservation International.

第二编

饮食文化与食品安全研究

人类学视角下的饮食文化变迁*

近年来，随着城镇化建设的大力推进，现代科学技术的不断改良、发明和创新，对生态文明的大力宣扬，政策环境的宽松和制度保障的加强，加之理论和研究方法的多元，对饮食人类学的研究在中国掀起一股热潮。一方面，越来越多的外来饮食文化、新思想、新观念、新技术的涌进，带给人们复杂多样的选择，加速了饮食文化在饮食结构、器物及加工、礼仪与禁忌上的变迁；另一方面，饮食也更多地作为一种身份、地位或品位的“象征符号”被强调和“消费”，饮食的市场地位凸显、商业色彩浓厚，不同饮食文化间的边界模糊，同质性加强、异质性削弱等。

现阶段有关“民族饮食”的研究较多，但涉及饮食文化变迁的较少，多数是从民俗学、饮食文化角度进行的，鲜有人类学、民族学的视野。且在已有的民族饮食文化研究中，关于苗族饮食文化及其变迁的研究极少。因此，本文主要从饮食人类学的角度，结合笔者 2015 年 3 月和 8 月两次在云南省文山州参与观察、深度访谈的实地调查个案，分析当地苗族的饮食文化变迁。另外，还将运用跨文化的比较研究方法，一方面分析苗、汉在日常互动、社会交往中不同文化的交流、碰撞与融合，另一方面也将分析同一个“饮食文化区”——西南饮食文化区内存在的差异性（赵荣光、谢定源，2000）。

文山苗族饮食文化变迁的现状

文山壮族苗族自治州，地处中国西南边陲、云贵高原东南部，下辖砚山、丘北、马关、麻栗坡等八个县市，属亚热带季风气候，干湿季节分明，降水量季节

* 本文原以《人类学视角下的饮食文化变迁——以云南省文山苗族为例》为题发表于《民族学刊》2017 年第 2 期，作者：陈刚，王烬。

性变化大；矿产资源丰富，但典型的喀斯特地貌，广布的石灰岩，导致可耕地面积较少且土壤贫瘠。文山州的苗族，作为西部地区苗族的典型，受自然地理环境和人文环境的影响，在经年累月的日常生产与社会生活中形成了自己特有的不同于湖南东部苗族、贵州中部苗族的文化，而饮食文化就是其一大典型。

饮食文化，作为民俗文化重要的组成部分和文化的主要表现内容之一，它的结构、方式、发展水平和风尚，直接反映一个民族的饮食状况，反映该民族利用自然、开发自然的特点和成就，以及一个民族的文化素养和创造才能。然而，饮食文化不是一成不变的，而是随着自然生态环境、社会政策、经济发展水平、社会生活交往等因素而不断变迁的。这种变迁，可以是器物层面的，如食材、餐饮器具、技术等；也可以是精神层面的，如饮食礼仪及其包含的族群认同等。

（一）食材结构的变迁

1. 主食的变化

文山州苗族的传统主食是“面面饭”。由于当地地表水资源缺乏，水田极少，多为旱地，且可耕地面积有限，不适宜种植水稻而适合种苞谷（玉米），所以当地的主食为苞谷做的“面面饭”。所谓“面面饭”，是因其形状细碎如面粉而得名。具体做法：一般苞谷有白色和黄色两种（白色的更“糯”），将其晒干后倒入舂碓中碾碎成颗粒状，之后用簸箕或筛子把粗皮筛出，接着再用机器磨成粉粒状。做饭的时候根据人数取适量于木甑中，放入少许清水，用中火蒸第一次。再取适量大米煮至半熟，用筲箕过滤，米汤留下，最后用甑子一起蒸熟即可食用。由于10年前吃米饭的机会较少，故这种混合吃法是近年来根据自家条件和个人口感才兴起的。

笔者调查发现，现在大多数人家都以米饭为主食，纯粹吃“面面饭”的人家很少。在文山州古木镇的一家“烧灵”仪式上，笔者尝过黄色和白色的两种“面面饭”。一位年逾古稀的老人告诉笔者，像苞谷“面面饭”，之前天天吃都吃腻了，现在天天吃米饭，“面面饭”倒成了副食，成了奢侈品，现在自家也备有一些，有谁想吃了，就做了吃。米饭主要还是大米，糯米也只在一些特定场合才吃。走访村寨时发现，山坡山梁上种得最多的还是苞谷，只在山坳处水源充足的地方种些水稻。因为吃苞谷的人较少，故主要还是用来饲养家禽或粉碎后喂养牲畜。

2. 副食的变化

当地的副食主要有两种。

第一，肉类——“剁鸡糁”。所谓“剁鸡糁”，也即“剁鸡身”。顾名思义，就是把杀好的鸡洗净后取出内脏，将骨头连肉一起剁碎，之后用大火加入生姜、小米辣等爆炒即可。

听当地苗族老人讲，以前生活条件不好，家里人口又多，一年也吃不到几顿肉，时间短的可能两三个星期吃一次，时间长也就是逢年过节了。于是只好“剁鸡糁”，炒得越辣越好，直接拌饭吃，这样就可以吃很久。即使有吃肉的机会，也是家里的老人去山上打猎，猎些野兔、野鸡、鹌鹑，自家养的鸡、鸭、猪、牛都很少。现在不一样了，只要有钱，只要想吃，顿顿吃都可以。

事实确实如此，8 月，笔者与当地人前往文山平远过节，只说是农历六月二十四，并且这个节周边各族都过，类似祭祖又有些团圆之意。到这天或者提前一两天便邀约一大家人来过节，当时坐了 5 桌，共有 50 来人。过节之时，便是吃肉最多之时。当天的肉类菜肴品种繁多，有以猪肉为主的芹菜炒肉、洋瓜炖猪蹄和排骨；有以鸡肉为主，且是当地苗家特色菜的三七根炖鸡、“嘎芋”拌生鸡血，而后者的做法是将“嘎芋”洗净、切好、用盐揉碎，再将煮熟的鸡内脏切碎混合，最后放入干的辣椒面、味精、盐、葱花等佐料拌匀即可，老人小孩皆可食用，全凭个人喜好；再是香辣鱼，先将鱼去鳞洗净去掉内脏，放入油锅中煎至半熟盛出，再放入辣椒酱炒香，之后掺水和鱼煮沸，最后放入香菜和薄荷即可。

第二，菜类——“连渣捞”。笔者亲自参与并体验了“连渣捞”的制作过程。“连渣捞”又称“菜豆腐”，但此种“豆腐”并不是用豆制品制成，而是用白苞谷。具体做法：将白苞谷舂成绿豆大小的颗粒，用清水浸泡四五个小时，接着用石磨和水推成浆，并沉淀三小时。之后加入沸水中煮十分钟，待煮出泡沫后舀出，再放入切碎的青菜或白菜煮五分钟，接着加入含有少量石膏粉的苗家自制酸汤，一边煮一边用筲箕将其按紧凑，煮五分钟后便可出锅食用。虽说“连渣捞”是一种富含绿色素、维生素的营养价值极高的绿色食品，口感清淡、味道独特，又是绝佳的辅料菜，但毕竟不能完全满足人体需要的微量元素。四川省叙永县的苗族喜欢用黄豆做成豆花，拌蘸水和饭吃，而当地苗族一般直接食用。

当地老人告诉笔者，以前的食材主要源于自然，很多菜类的食材都是从自然界中采集而来，尤其是野菜，像野焯菜、红香芹、香椿、鸡窝菜、“叉叉稞”、芭蕉秆等。正所谓靠山吃山，加上人口少，即便不种菜不种地也可养活一家人。

渐渐地人口增多，受教育的机会增多，对于食品安全与健康的要求提高，便开始因地、因时种植时令蔬菜。笔者调研时正值夏季，正是南瓜、洋瓜（又名“佛手瓜”）、黄瓜、豇豆、四季豆、黄豆等豆类以及各种菌类出产的季节。有什么吃什么，便成了乡村饮食生活最真实的写照。

不太一样的是，现在不怎么吃野菜。诚如一位老人所讲“人吃猪吃的，猪吃人吃的”。当家家户户都种菜或者上街买菜，谁还吃野菜？何况，野菜都成了招待客人最好的食材，尤其是城里人，所谓“苗家药膳”正是如此。笔者到农户家访谈，发现地上正放着洗净的、成把的、自家吃不完的小白菜、韭菜，以及刚刚采回来的野蕖菜和“救命菜”，老人说这些是拿去就近的农贸市场上卖的，买的主要还是城里人，虽然一两块钱一把，但给自己用作零花还是可以的。

3. 饮品的变化

苗家人爱好喝酒，好客、性格豪爽，主要饮品还是自家酿的苞谷酒，纯的有50来度，味道微甘而醇厚，入口有轻微的辣，后劲儿足。苗家人一般在日常饮食，如吃早饭（当地人的早饭即我们一般人说的午饭）、晚饭都会喝两口，至于节庆、婚丧等重大活动上的宴席更不必说。哪怕是出殡上山下葬途中，管事的人也会提着一壶酒一个碗，供“帮忙”的邻里乡亲在需要时饮用。酒，在这里则成了一味联结情感、增进友谊的“催化剂”。

现在，苞谷酒依然是当地苗族很重要的饮品，只是在今天的宴席上有新面孔的加入，如王老吉、乐虎饮料、椰子汁、核桃乳、可口可乐等。东方的凉茶也好，西方的饮料也罢，只要有人的地方就有需求，有需求的地方就有市场，况且文化也是以人作为载体而流动传播的，现代商业饮品的流入，何尝不是社会互动、文化调适的结果？

（二）饮食加工的变迁

1. 饮食器具的变化

同中国广大山村一样，人们大都以柴薪作为传统燃料，相应地就有柴灶，文山州的苗族也不例外。做饭工具与之相应的是甑子，一种古代流传下来的炊具，至今在文山州却依然广泛而频繁地使用。其主要功能是蒸米饭，这在四川、贵州等地也很常用。其外形像木桶，底部是用竹篾编成的内扣外拱的圆锥形，有许多小孔便于散热和蒸汽的上升，古时是置于鬲上蒸食物用，现在一般放于锅上蒸米饭。甑子的大小根据需求的不同而不同。对比笔者生活的川东北地区，甑子的使用较少，主要还是用锑锅蒸饭。现在虽也用甑子蒸饭、柴灶炒菜，但使用电饭煲、电炒锅、电磁炉的人已居主流。

过滤用具和川东北一样，都是使用筲箕，这是一种竹制的淘米、过滤菜肴或盛饭的器具。西南地区一般用竹篾编制而成，东南也有用柳条编制的，这是人们生存智慧的反映。其形似瓢，大小不一，用途广泛，各地的制作方法和形状略有不同。在四川，竹子众多，人们广泛使用竹篾编制生活用具，形式多样、种类繁多，如盛东西的筲箕、篼箕、簸箕，过滤器具筛子，运输工具箩筐、背篼，晒东西用的簟席，以及起防护作用的栅栏等，无不体现了人与自然的和谐。随着社会文化的变迁，铝制的、塑料的筲箕大量产生，竹编这门古老的技艺由于无人继承或将失传，但是只要人们还在不断使用，有些东西就不会绝迹。

另外，无论是自家吃饭还是大小宴席，当地人都惯用“碗”而不是“盘子”作为盛东西的容器。在“烧灵”仪式上，到吃饭的时候，就装一大盆汤锅牛肉。而在丧事上，则是装固定的“八大碗”菜即可，何况在10多年前，即使婚宴也都只是装一盆“烩菜”汤锅就好。

2. 食物加工方法的变化

文山州的苗族在烹饪方法上的变化并不明显，主要还是煮、炒和炖。如瓜尖，一般是用来和盐、干辣椒或蒜蓉炒或者煮着吃。洋瓜、南瓜也是，大多拿来用清水煮，不放任何佐料。以汤锅牛肉为例，在屋外架几口大锅，将牛肉切好后直接掺水煮，除少许盐巴，再无其他任何辅菜。在以前还没有佐料的时候，确实也是混着辣椒和盐吃。为什么呢？难道现在的当地人吃得“清淡”？

事实并非如此，即使平日里炒菜放有生姜、大蒜、味精，吃饭的时候不能少的便是蘸水！当地人告诉笔者，无论菜做得多么有味道，要是少了蘸水就吃不下饭，离开了蘸水再好吃的也不行，就算没有什么菜，只要有一碗蘸水都可以直接拌饭吃。蘸水通常是用干的辣椒面、盐、味精，吃的时候兑上汤汁或者白开水即可。若是煮的牛肉或者羊肉，生的薄荷是必须要有的，至于香菜和葱花，则根据个人的喜好而定。在丧葬宴席上，每桌除开要有八大碗的菜肴外，少不了的就是最重要的一碗蘸水！

在食物储存加工上，苗家人也极具智慧。油炸肉，一种储存猪肉的方式。当杀完年猪，为了将肉很好地保存起来，文山州的苗家人会将鲜肉切成半个拳头大小，放入锅中添加少许盐炸至半熟，之后连炸出的油一起放入塑料桶中密封保存，保存时间一般长达一年。随吃随取，吃的时候捞出、回锅油炸，再切片装盘即可，这种肉质口感糯而不腻，回味无穷。

文山苗族饮食文化变迁的原因分析

（一）自然生态类型

众所周知，无论是“苗族住山头，瑶族住箐头，壮族住水头，汉族住街头”，还是“苗住山顶汉住坝，半山腰上是水家”，这不仅说明民族分布的“垂直地带性”，也反映了苗族的居住环境——山地。文山州的苗族居住地区是喀斯特地貌，可耕地面积少，以旱地为主，干湿季分明，季风气候显著，渗水性强（“跑水”）。在当地政府的帮助下，人们因地制宜修建了水窖，解决了生活用水及牲畜饮水问题。特殊的自然环境决定了当地苗家的生态类型是粗放型的旱地农耕，主要种植作物为玉米和有少量的稻作，同时兼种一些时令蔬菜，饲养家禽、猪、牛等牲畜。

笔者从老一辈人那里得知，三四十年前森林资源丰富，野生动植物较多，现在则不一样，野菜稀缺不说，更难见到野兔、野鸡，即使捡个柴薪都很难。在古木镇，当地的作物是耐旱的苞谷、红薯、豌豆、胡豆，经济作物主要种生姜（小黄姜）、辣椒、花生等。黄姜种得多的有十多亩地，年产五六吨左右。黄姜难“伺候”，需要人经常除草，但考虑到食品的安全问题，当地人并没有使用甘草磷等农药除草。另外，受经济利益的驱使和舆论宣传的影响，当地种植三七的人数增加，导致市场上的三七供过于求。本来种植三七的资金、技术成本就高，这样一来价格愈发便宜，一年下来也没赚多少钱。况且，三七像小孩子一样比较稚嫩，需要人精心照顾，而且是三年一个周期的长期种。独特的自然环境条件，日益增加的消费需求，众多的产品生产者，致使文山形成一个三七国际交易市场。同时，三七也丰富了当地人的饮食生活，鲜的三七花可以用来炒肉，干的三七花可以泡水喝，而三七根则可以拿来炖鸡，味甘而微苦，具有清热、平肝、降压之效。

值得一提的是，在文山农村随处可见“瘤牛”，即哈里斯在《好吃：饮食与文化之谜》中谈到的印度瘤牛。这种牛因为力量强大、肩背上有一颗大瘤而闻名，其特点是能够在干旱、炎热和其他不利条件下，如石漠化的耕地里拉犁，并且消耗的饲料很少。在砚山、西畴等县，牛车也是重要的农用交通工具。此外，近年来，在农闲的时候，如八月休耕之时，当地人还有“斗牛”的习俗，这种大型的娱乐活动，围观者最多时达上千人，其壮观场面可想而知。

哈里斯谈到印度人不吃牛肉也不屠宰牛，直至牛们病死或老死，其原因有如下几点：牛的经济价值，奶和粪都是有价值的副产品，耗的饲料少，犁地成本低；牛的生态价值，对炎热干旱环境的适应性强，又是麦秆、谷壳、垃圾、树叶、路边杂草及其他不能消化的东西的“清道夫”；甘地等人对母牛的神圣化——保护母牛和崇拜母牛还象征着对人类母性的保护和崇敬；印度教、佛教等“不杀生”的教义所指。文山州则不一样，在丧葬祭仪上，出殡到“场”时，必须杀一头牛（通常不是自家养的）进行祭祀。杀牛及解剖牛的过程中要吹芦笙，剥皮后要用第一绺牛肉和一张牛油放在木鼓上祭祀，到丧葬的最后一天晚上还必须要吃牛肉。“烧灵”也是如此，必须要用牛祭祀，用牛肉招待众人。

另外，在八九月份潮湿多雨的季节，优越的自然环境滋生出各种菌类，较为出名的就是鸡坳和牛肝菌，也有名不见经传的如“花脚杆”“青头菌”“米汤菌”等。鸡坳的价格视其质量而定，便宜的六七十元一斤，贵的九十至上百元。在这个季节，若是运气好的话，一天可以捡到七八斤，收益相当可观，到时候外出打零工的人也会专门回家捡菌子。菌类最为家常的吃法就是用青椒爆炒，也可以煮汤。此外，还有高蛋白的蜂蛹，约六七十元一斤，在城里人的眼中也是十分营养的珍馐。

（二）社会经济因素

笔者调研的里布嘎社区，主要包括喜德冲、落水洞、团田等几个村寨。其中，团田现已划入文山城的大范围内；喜德冲则在城郊，主要分为上寨和下寨，笔者住在几乎全部为苗族的上寨，步行到城里约半个小时，下寨则在城边，居住的有壮族、彝族、汉族等；落水洞在山后的山坳里，步行需要一小时。这三个寨子无论距离远近，可以说都已“改头换面”，团田自不必说，喜德冲也全部建成砖混楼房，甚至小别墅模样，落水洞也正在进行房屋建设。之所以能过上“小康生活”，主要还是征地政策和三七种植等，其次才是劳苦大众经年累月的打拼。

从喜德冲去落水洞的路上，过去广种烟草、玉米的地方，现在已经把原貌还给大山，因为开发商征地、政府和当地协商不许再种庄稼，老百姓也无可奈何。土地的缺失，不能种庄稼，更没地儿养猪，甚至连人吃的都不种，年轻人普遍外出打工，年长的守着四壁楼房，种些蔬菜换点零花钱，有头脑的在盖了楼房后把房子租给云南本地人或者外省人，一年多少也有个收益。如下寨一个壮族老人就是如此，自家二老住楼上，房屋四周及院子大大小小租住近二十家，全是来文山打工的，房租每个月每户200元，水电另算，再在院子里种些蔬菜之类拿到街上卖，这样一来收入还算是很高的。

“自家住一层，再修几层出租”的现象已屡见不鲜，如此一来家里的液晶电视、电冰箱、电磁炉、电饭煲、音响、洗衣机、抽油烟机、饮水机等家电一应俱全。人们告诉笔者，之前家里穷，饭菜从不会有剩余，即使有，第二顿也会接着吃。现在不一样了，有了冰箱，多买的肉、剩下的饭菜都没关系。笔者在平远过节时发现，当天虽然也要吃菜豆腐，但已不再用手推石磨，而直接用机器打磨，方便又节省时间成本。话虽如此，却也少了推磨时大家互帮互助的机会和乐趣。关于柴灶，一位老人告诉笔者一个较为有意思的事情，她认为“电磁炉是懒人用的，柴灶是勤快人用的”。这不免有点“讥讽”意味，但也从侧面反映出老一辈苗家人对待传统的态度。

除了可观的家庭经济收入水平，四通八达的交通网络，也增加了人们获得食材的多样性和可能性。在离喜德冲半小时的步行路程范围内，不仅有大型的超市，还有农贸市场。市场既有各种常见水果和时令鲜蔬，更有反季节的大棚蔬菜，这充分丰富了人们的饮食结构，更不用提三七国际交易市场内的大型农贸市场了，蔬果类、家禽类、海鲜类、牲畜类、干货以及各种主食、副食，琳琅满目的食材使当地百姓的生活更加多元，同时也印证了“经济基础决定上层建筑”的哲理。

（三）多元文化交融

全面覆盖的信息、完整的社会关系网络、复杂变化的社会政策环境，加速了人口在不同地域范围内的不断流动。于是，有着不同文化、职业及民族背景的人在交往互动中自然会产生“震惊”、交流、交锋，直至融合、涵化。

以喜德冲为例，上寨虽以苗族为主，下寨则是壮族居多，但已经有外来租住的彝族人、汉族人。笔者访谈时得知，汉族、彝族的饮食习惯和苗族、壮族的生活习惯已大同小异。就笔者自己而言，之前从未吃过瓜尖，现在也开始吃了，不习惯吃蘸水现在也已经适应。就其原因来看，若不吃瓜尖，便会给自己一种心理暗示：可能他人觉得自己挑食、难伺候；若不吃蘸水，又会觉得饭菜无味，所以会选择“将就”。

另外，苗家的婚丧宴饮习俗也颇具特色。原则上，丧事每桌坐10人，喜事8人。吃饭的人来自本社区，团田本寨的人最多，还有上面的喜德冲和落水洞，算起来大约有好几百人，约有一百来桌，场面蔚为壮观。但凡吃饭者，几个人相约背着一桌的碗筷，近点的可以带上桌子和板凳，远点的随意，直接拿蛇皮袋子席地蹲着吃也可。主要菜肴现在还是以“八大碗”为主，如第一天中午的菜谱：面点是油炸小馒头。凉菜是凉拌凉粉，豌豆凉粉切块，佐料拌好后舀出时放最上面即可；凉白肉，煮熟的五花肉切片直接装盘，拌蘸水吃即可。炖菜是冬瓜炖排骨，肉片烧金针菇，红烧鸡肉。菜汤是豆腐香菇炖白菜，肥肉条煮油豆腐。待到第二天中午主要也还是以猪肉鸡肉为主，晚上则主要是以牛肉为主。以前则是一大群人围着一盆烩菜，就着蘸水和苞谷酒也能尽兴。

这件事告诉笔者，“到什么山头唱什么歌”，要尊重当地的饮食习惯，不要主观地以自己的饮食文化背景、饮食生活经验为参照对“他者”妄加判定，而是要根据所处的自然环境、人文环境进行“调适”。因为在文山州的苗家，或者广而泛之在云南，即使一大群人围着一盆菜，只要有蘸水、有酒、有好客的心和真挚的情感，就没有“不欢”的盛宴。也许一开始会觉得吃法比较“简单粗暴”，没有川菜那么讲究、精致，且“混搭”太过严重，但这就是“入乡随俗”“文化调适”的内涵和真谛。

文山苗族饮食文化变迁的意义与价值

文山州苗族饮食文化的变迁主要体现在主食、副食、饮品等食材结构和饮食器具、食材加工两个方面，由自然生态环境的变化、经济及社会生活水平的提高、不同民族多元文化的交流所引起。

美国历史学派人类学家博厄斯在其著作《种族、语言和文化》中指出，每个文化集团都有自己独一无二的历史，这种历史一部分取决于该社会集团特殊的内部发展，一部分取决于它所受到的外部影响（Boas，1982）。具体说来，就内部发展而言，正是由于苗族特殊的迁徙历史，一方面当地苗族保存着原有的山地农耕的生产方式，并采用牛耕的古老方式，种植苞谷、辣椒、水稻等传统作物；另一方面也遵循并沿袭着传统的饮食习俗，如对“面面饭”、“连渣捞”、油炸肉和苞谷酒、蘸水的喜爱。而特殊节日上的花米饭，则是受苗族同胞强烈的民族文化认同的影响。如此，才能在外部的自然生态环境发生变迁的同时而不丢失自己的民族传统和民族特色。

马林诺夫斯基认为，社区内部所引起的文化变迁是由于独立进化，不同文化接触产生的文化变迁则是由于传播（Malinowski，1965）。笔者认为文山州的苗族饮食文化的变迁主要还是由于其与外部环境如政策环境、收入水平而引起的。就居住在城郊附近的苗族而言，由于政府的征地政策和招商引资，团田、喜德冲两地居住的苗族、壮族在缺少土地或土地征用殆尽的情况下不得不另谋生计，开始经营小商铺、外出务工、出租房屋等。于是，征地补偿及务工所得的资金便用以修建新的“高档”楼房，配置家用电器，适应现代社会的电磁炉、电饭煲、电冰箱、饮水机、液晶电视等生活用品在各家出现。即便是在较为偏远的山地农村地区，也随处可见现代工业社会的踪迹。除此，大型生活住宅区所配套的超市和农贸市场在城郊的入住，也为当地苗人的饮食生活提供了便利，便利之余也潜藏着变迁，如现在的苗人已经能轻易获得品种繁多的肉类、菜类及其他食物，在饮食上有了更大的选择性。

同时，在与不同民族的长期不断地互动中，文化传播和变迁也时常发生。在现在的里布嘎社区，苗族虽然居于主体，壮族也较多，但是在今天这个开放的社会，人与人之间的流动性增强，不同民族间接触的机会和频率增多，因此民族间的影响增大。就笔者的调查来看，仅在喜德冲就有来自文山州其他地市和湖南、四川等地的彝族、汉族等外来务工者。频繁的互动，使大家在语言、饮食和生活习惯等方面接近，如汉族人学习苗话、吃苗家菜豆腐、参加苗家节日，苗家人学说汉语、去“侬族”寨子过六月二十四等。于是，不同民族间开始了互相、双向的文化传播。但这种传播并不是盲目的，而是根据一方的效用和适应性有选择地采纳对方的文化特质，优化自己的文化丛（黄淑聘、龚佩华，2013）。

当然，饮食文化作为文化的重要内容，它的变迁同时也反映了文化的变迁。文化变迁，是指由于民族社会内部的发展，或由于不同民族间的接触而引起的一个民族文化的改变。可见，促使文化变迁的原因有两种，“一种是内部的，由社会内部的变化而引起；一种是外部的，由自然环境的变化及社会文化环境的变迁如迁徙、与其他民族接触、政治制度的改变等而引起。当环境发生变化，社会成员以新的方式对此作出反应时，便开始发生变迁。”（黄淑聘、龚佩华，2013）关于文化变迁的研究，无论是早期的进化学派，还是传播学派，或者功能学派，以及美国历史学派都有相关详细的研究，笔者在此不赘述。以下是笔者在调查过程中对文山州苗族饮食文化中关于性别角色、族群边界和记忆、饮食安全与健康的几点讨论。

（一）饮食生活中的性别角色

按照汉族的传统："男主外、女主内"，大意是家务活计都是女性操劳。但在特定的情境中却不同，像一般做饭的是"家庭煮妇"，而大厨则主要是男性。同样是宴饮，在笔者的传统观念中，掌勺、支客（管事）、记账及乐师都是男性，洗菜、切菜、洗碗等大多就是女性，也就是"打下手"，而端盘、下盘的人就视力气、手脚的灵活而定。而在文山州则不一样，在当地的葬礼活动上看到烧火、洗菜、切肉、掌勺、盛菜、端盘以及支客、记账的几乎全是分工明确的男性。

当地人给笔者的回答是："为了防止男人们喝酒、打牌耽误了家务事，所以叫来厨子帮忙，而女人们则待在家里喂猪、带孩子，顶多也就吃完饭的时候来收拾收拾、洗个碗就好。"但笔者也听一个大哥说："丧事是男人来办，喜事是女人来办，具体怎样就不太清楚了。"这样的性别分工或者说角色建构到底有何种含义，是源自传统还是如苗家人所讲，有待大家探究。

（二）饮食作为族群的记忆和边界

徐新建、王明珂、徐杰舜、彭兆荣等就"食物能否成为一种族群认同的标志或族群文化边界"作了一场饮食人类学的对话，徐杰舜认为"食物可以作为一个族群或民族的边界，如中餐和西餐的区分"，王明珂认为"客观的食物不足以分辨我群与他群"，而彭兆荣则认为"这是一个语境的问题"。关于食物，不同的人群（族群）赋予其不同的"操弄或想象""夸耀或模仿""现实和表演""比较和记忆"的含义，而且不同的生态类型又隐含着难解的关于"吃什么"和"怎么吃"的问题（徐新建等，2005）。

以"花米饭"为例，在平远过节时，刚到，主人就给一行人每人盛了一碗花米饭——红米饭和黄米饭，因为这是苗家当天的主食。其做法并不复杂，红米饭是用可食用的"红膏子"染的，黄米饭则是用一种苗语叫"棒草"的植物的花朵染的。先将着色的水煮沸，再将糯米浸泡到染色，最后用与蒸米饭同样的方法将两种米饭蒸熟即可食用。可以根据自己的口味蘸着白糖吃，也可以直接吃，口感筋道而余味回甘。

众所周知，在壮族的“三月三”、布依族的“姊妹节”上，同样也会吃五色花米饭。此外，廖国一在《环北部湾地区瑶族的饮食文化变迁》一文中写道：“十万大山的瑶族在三月三祭祖时喜欢做五色饭，即用枫树叶、黄姜、兰草、禾秆灰等染糯米，祭祀祖先。五色代表瑶族五姓人，合为五色祭祀盘王。在当天，瑶族会把糯米饭染成红、黄、黑三种颜色。这三种颜色跟瑶族的服饰有一定的联系，黑色则代表瑶族女子服装的颜色，红色代表头巾上的花，黄色代表衣服上的花纹。蒸饭之前要先把糯米染色，黑色的是用捣碎的枫叶泡汁染成的，黄色则是用黄姜。泡上一两个小时之后，就用木桶装起来蒸煮。蒸熟后的糯米饭夹杂着植物的清香，颜色鲜艳，味道香甜可口，甚是诱人。”（廖国一、徐靖彬，2007）

同样，彭林绪在《土家族居住饮食文化变迁》一文中也指出，在二十世纪五六十年代，土家族喜食“两糙饭”与“合渣”，前者是玉米粉与煮得半熟的大米调匀蒸熟，或将玉米打成大米状与大米混合煮食；后者是用豆浆不滤渣加上蔬菜煮熟后用卤水点清制成，有的地方又称作“粗豆腐”（彭林绪，2000）。乍一看，前者与苗家的“面面饭”相似，后者则是苗家的“菜豆腐”。

若按照“客观的食物”可以作为一种族群边界的标志，可见单纯用“花米饭”来区分苗族、壮族、布依族或者瑶族是行不通的，同样用“菜豆腐”来区分土家族和苗族也是不可取的。但是，无论壮族、苗族，还是瑶族，“花米饭”都被当作一种“族群记忆”传承下来。随着文化交融、社会变迁、人们的想象和表演，食物被赋予的内涵发生变化，在这种“语境”中，“客观食物”背后的文化意义反而可以作为一种族群边界的标志和符号。

（三）饮食安全与健康

俗话说，“早上吃的像皇帝，中午吃的像平民，晚上吃的像乞丐”，然而现实是大多数人都是颠倒的。同现在绝大多数年轻人一样，当地人少有吃早饭的习惯，即使有也是少数，早饭一般吃米线、卷粉或者面条，此外便是只吃中饭和晚饭两餐。

以前种庄稼的人，有时由于太忙，午饭一般不会回家吃，而是装着一瓶水、一团米饭、一点辣椒或者少许菜，干完活到时间吃冷的就好。穷的时候，有野菜、野味或者芭蕉秆就是极好的了。一位老者告诉笔者自己小时候没吃的，甚至吃过泥巴，那味道至今记忆犹新，可是现在却苦了自己，当年落下的胃病现在也好不了。

不吃、吃生或营养摄入不足，这些行为是否对苗族的身高、体质有负面的影响，有学者尝试从体质人类学、民族学、行为学、心理学等社会科学角度，结合营养学、医学、微生物学、公共卫生等自然科学方面的知识，调查不同民族在食品采购、准备、烹制、食用和储存上的家庭食物处理行为，试图借助“健康信念模式”、风险信息寻求和处理模型对该民族的食品安全与健康做跨学科的定量与定性相结合的综合分析，以求给出科学的饮食建议。

参考文献

黄淑聘、龚佩华：《文化人类学理论方法研究》，广东高等教育出版社 2013 年版。

廖国一、徐靖彬：《环北部湾地区瑶族饮食文化的变迁》，载《南宁职业技术学院学报》2007 年第 4 期。

彭林绪：《土家族居住及饮食文化变迁》，载《湖北民族学院学报》（哲学社会科学版）2000 年第 1 期。

徐新建、王明珂、王秋桂等：《饮食文化与族群边界——关于饮食人类学的对话》，载《广西民族学院学报》（哲学社会科学版）2005 年第 6 期。

赵荣光、谢定源：《饮食文化概论》，中国轻工业出版社 2000 年版。

Boas, Franz. 1982. *Race, Language and Culture*. New York, Macmillan.

Harris, Marvin. 1985. *Good to Eat: Riddles of Food and Culture*. New York, Simon and Schuster.

Malinowski, Bronslaw. 1965. *The Dynamics of Culture Change*. Mass., The Murray Printing Co.

云南泸沽湖地区旅游发展与摩梭特色餐饮的开发*

藏彝走廊内居住有众多民族，拥有丰富的民族文化和自然资源，民族文化旅游相当发达。民族文化旅游是把古朴的本土习俗以及本土居民包装成旅游商品，以满足旅游者的消费需求，在“住宿、餐饮、游览、娱乐、购物、交通”的六大旅游活动要素构成中，餐饮为民族文化旅游重要吸引游客的要素之一。本文简短介绍藏彝走廊内云南泸沽湖景区生态和文化环境、摩梭文化旅游的发展历史，重点探讨当地摩梭餐饮发展历程与现况，解构旅游发展给摩梭传统饮食文化带来的变迁，从而了解旅游发展给摩梭人带来的社会、经济和文化方面的变化。

泸沽湖地区的生态环境

泸沽湖位于横断山北部山脉金沙江与雅砻江分水岭地带的川、滇交界的小凉山腹地，雨季时湖水沿东面出口外流，旱季则无水外流，是一个半封闭性湖泊，湖面呈马蹄状，其出口位于雅砻江水系的前所河支流，属于雅砻江水系。泸沽湖流域面积240.4平方千米，湖面面积50.67平方千米，为滇池水域面积的1/6，实测最大水深93.5米，平均水深40.3米，为中国第三水深淡水湖，① 湖泊储水量21亿立方米，是滇池的1.4倍（滇池总储水量15.7亿立方米）。泸沽湖分属川滇两省，其西南26.6平方千米的湖面水域属于云南省丽江市宁蒗彝族自治县，

* 本文原发表在《中国民族学》2020年第1期。

① 第一为天池，最大水深312.7米，第二为抚仙湖，最大水深155米。

东北部24.1平方千米则属于四川省凉山州盐源县。① 泸沽湖地区自然环境的最大特征是山清水秀，山水相映，景色迷人，享有“中国西南的最后一片净土”的美誉。

泸沽湖区域内主要分布地层为二叠系宣威组黄绿色砂岩、粉砂岩夹泥岩及煤层，面积92.5平方千米，主要环湖滨东部及北部区域分布；其次为二叠系峨眉山组玄武岩，主要分布于湖滨西北侧，面积24.6平方千米；三叠纪青天堡组砂岩夹粉砂岩泥岩分布于湖滨西南；三叠系北崖组灰岩夹页岩分布于流域西南，面积22.4平方千米；三叠系盐塘组灰岩夹碎屑岩分布于流域最北侧，面积21平方千米。这些主要地层占到湖泊流域面积的89%以上。泸沽湖地貌南北向表现为山体夹湖泊，而西侧为陡峭的山体，从湖面向东则多为沟谷类型地貌。泸沽湖面海拔高2692米，湖泊流域平均海拔高度3260米，属高原山地地貌。

泸沽湖属西南季风区，表现为低纬度高山气候特征，干湿季节明显，常年平均温度12.8℃，雨量充沛，年均降雨量1000毫米。湖周群山环抱，寒流很难到达盆地内，加之湖面广阔的水域及水体对气候的调节作用，形成了夏无酷暑，冬无严寒的独特气候特征，日照充足，早晚温差较大。湖区较少出现极端恶劣天气，罕有结冰现象出现。泸沽湖流域与宁蒗、盐源县城毗邻，纬度与地势相近，年平均气温均在13℃左右，年降雨量均在800—900毫米，表明这一区域内气候类型大致是一致的。

泸沽湖流域内共有16个土类，28个亚类，72个土属和168个土种，土壤随海拔高度的不同呈现明显差异，由低到高依次出现红壤、棕壤、暗棕壤的特征，并呈现垂直的植被特征。具体分布：湖泊沿岸区域主要是红壤区，海拔2800—3600米的区域为棕壤区，适宜温带阔叶林和针叶林生长的3600米以上的土壤属于暗棕壤带。②

泸沽湖域内随着海拔的升高，气温逐渐递减，形成垂直递变的气候，相应出现典型的山地植物垂直带分异结构。因此，不同区域的植被也存在垂直分布的差异。该区植被垂直带谱结构如图1所示。

---

①　云南省宁蒗彝族自治县志编纂委员会：《宁蒗县志》，云南民族出版社1993年版；万晔：《泸沽湖自然生态结构系统研究》，载《地理学与国土研究》1998年14期。

②　全国土壤普查办公室编：《中国土种志》，农业出版社1995年版。

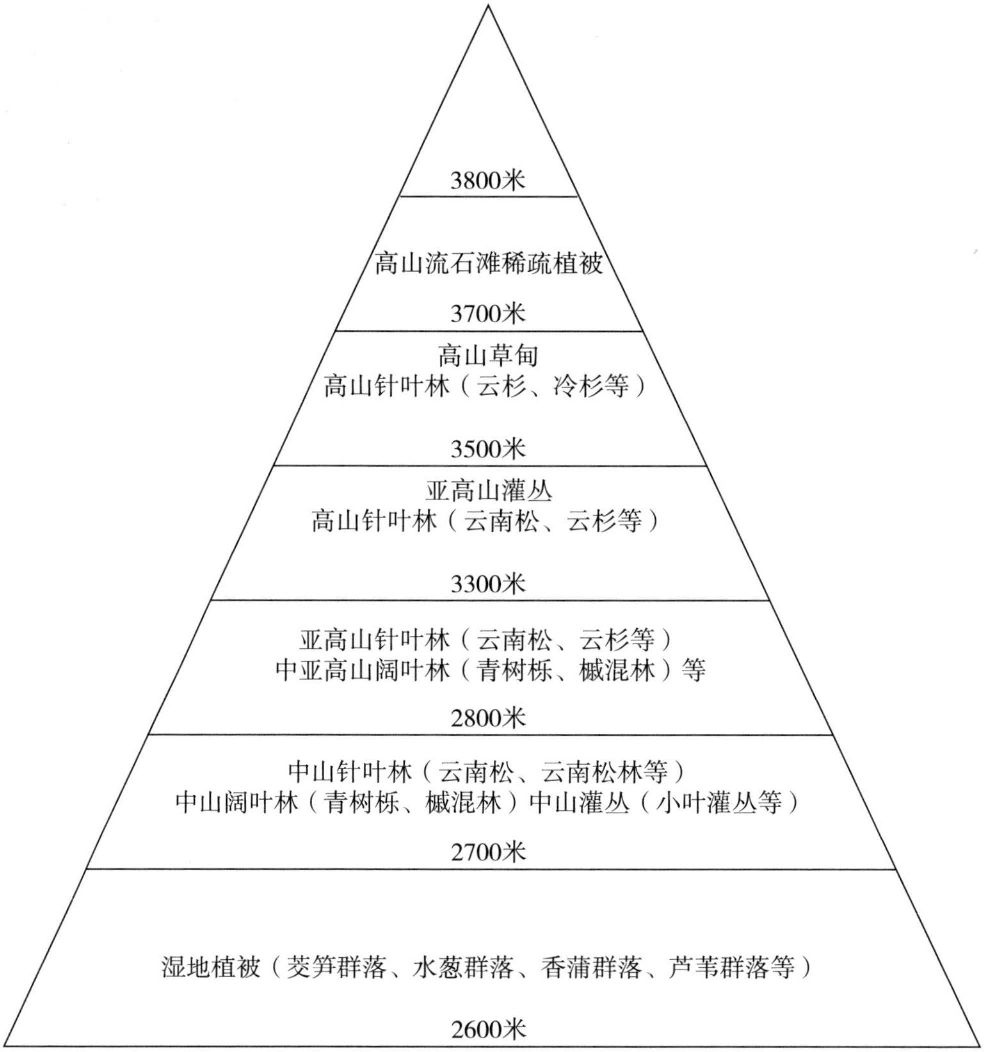

3800米

高山流石滩稀疏植被

3700米

高山草甸
高山针叶林（云杉、冷杉等）

3500米

亚高山灌丛
高山针叶林（云南松、云杉等）

3300米

亚高山针叶林（云南松、云杉等）
中亚高山阔叶林（青树栎、槭混林）等

2800米

中山针叶林（云南松、云南松林等）
中山阔叶林（青树栎、槭混林）中山灌丛（小叶灌丛等）

2700米

湿地植被（茭笋群落、水葱群落、香蒲群落、芦苇群落等）

2600米

图1　泸沽湖植被垂直分布带

泸沽湖水圈属半封闭生态环境，动物种类多样，有些还是特有物种，如高原冷水湖特有的裂腹鱼即厚唇裂腹鱼、宁蒗裂腹鱼及小口裂腹鱼。由于生活习性、繁殖规模及水生植物、浮游生物和底栖动物分布上的差异，三种裂腹鱼垂直分布和水平分布均有不同的区域。

泸沽湖水陆环境中的主要动物种类有：

• 鱼类：厚唇裂腹鱼、宁蒗裂腹鱼、小口裂腹鱼、泥鳅等，其中裂腹鱼为泸沽的原种鱼，另有鲤鱼、鲢鱼、草鱼等次生鱼；

• 禽类：红嘴鸥、野鸭、黑颈鹤、天鹅、鸬鹚、斑头雁、鸳鸯、岩鸽、画眉等；

• 兽类：青羊、猕猴、赤鹿、林麝、穿山甲、红腹松鼠、灰腹松鼠、狐等；

• 两栖动物：水獭、虎纹蛙、棘腹蛙等。①

摩梭人传统饮食文化及变迁

在成为旅游目的地之前，云南泸沽湖地区像中国每一个传统农业社区一样，实行种植和养殖相结合的传统农业生产。没有规模化种植，也没有超出家庭规模的动物养殖；所有农户都属于同一种类型：小规模家庭经营、种植几乎全部适宜当地和有需要的农作物，其中包括苞谷、马铃薯、小麦、蔬菜。泸沽湖地区因海拔高（2700 米）、土质不好、水利条件差，以及常常发生干旱和泥石流，农业产量很低（岳坤，2003）。

摩梭人的传统饮食独具特色，丰富多彩。主要有猪膘肉、灌猪脚、灌米肠、酸腌鱼、烟熏肉、烟熏鱼、牦牛肉干、椒肝、酥油茶、糌粑面、苏里玛酒、咣当酒、金边白瓜子、花花糖、印花饵饫、油炸米片、青刺果油、小红米八宝饭、苞谷饭等。

猪膘肉：形似琵琶又称琵琶肉，是摩梭人家独具特色的一种肉制品。其色泽呈古铜，味道香醇、肥而不腻，不仅是摩梭人家家必备的美味佳肴，而且是财富和吉祥的象征——摩梭人的成年礼就是 13 岁的娃娃站在猪膘和米袋上完成，也是摩梭人走亲串友节庆礼仪的佳品。在每年的农历十一月，摩梭人家家户户杀猪祭祖制作猪膘肉。由家中强壮的舅舅用削尖的细竹矛刺入猪心脏将其杀死，再将其剖腹，去尽内脏，剔除骨架，卸去四肢，后用花椒、盐巴、生姜汁、蜂蜜、酥油等做成的调料抹匀，用线缝成琵琶形状，放在祖母屋的高台上覆压重物至阴干。“么些将猪去肠肚带毛，用物压扁，名曰猪膘”（曹学佺，1993）。制作好的猪膘肉开春即可食用，但放置越久越显香醇，一般人家存放 5—10 年不等。猪膘肉的吃法非常多：可煮、可炒、可蒸。一片片 2 厘米宽 1 厘米厚的米黄色的肉片顺势摆放在透明的白瓷盘中，和青绿的山野菜、红艳的辣椒构成鲜亮的搭配。轻轻夹起一片放在口中，醇香爽口、绝不肥腻。

① 云南省林业规划院编：《云南自然保护区》，中国林业出版社 1989 年版。

苏里玛酒也叫“日儿”或“克日”，又称为摩梭啤酒，是摩梭人家家户户待客和自饮必备的酒。酒精度在10度左右，色呈淡黄，内含丰富的氨基酸、碳水化合物及维生素等多种物质。近几年，随着著名歌唱家关牧村的推介而香飘四方。酿制时将青稞、大麦、小麦、荞麦、稗子、玉米、谷子等多种原料混合拌匀，放入一口大铁锅用微火煮熟，倒入篾制大竹筐阴凉散热，用火草、黄芩等多种草药加工的酒曲揉搓均匀后，装入篾编成的发酵器具内，等散发出淡淡的酒香味时，再盛进陶制的酒坛内密封，10天左右即可启封，渗进清冽的泉水，然后用打通的弯竹管吸出酒汁，盛入坛内就可饮用。这种酒清香甜美又爽口，置放数日其味不变。饮上几口清香的苏里玛酒，沁人心脾、神清气爽，不仅让你体会到摩梭人的热情好客，更沉醉于浪漫迷人的母系文化。

咣当酒：也叫“克日”或“安儿寄”。它以大麦、小麦做原料发酵而成，酒精度40度左右。摩梭母系大家庭，一般于秋收后春耕时家家酿制，其味芳香清冽、绵延爽口，是豪爽的摩梭男子最喜爱的饮品，也是他们招待贵客的佳酿。

青刺果：青刺，蔷薇科扁核木属植物，其叶和嫩茎称为“青刺尖”，青刺种子油称为“青刺果油”，根称为“青刺根”。在摩梭人居住山区的山坡、溪边、灌木丛广为生长，并被作为绿篱植物广泛种植，其用途广泛，为摩梭人所喜爱。《滇南本草》载：“青刺尖，味苦性寒。主攻一切痈疽毒疮，有脓者出头，无脓者立消。散结核，嚼细，用酒服”（兰茂，1975）。青刺果油，摩梭人称为“青娜曼尔”，是他们以特制的木头和石槽利用杠杆原理挤压当地野生植物青刺果榨成的油。其富含营养成分不饱和脂肪酸和多种脂溶性维生素，不仅作食用，还作药用，“美味食油百病药”说的就是这种青刺果油。目前，成都瑞翔生物技术有限公司和丽江青刺果公司进行了初步的良种筛选和药材的规范化种植研究。每年的5—6月青刺果成熟季节，摩梭人就背筐携篓带着自制的工具，出没于山林中采摘收获，很有原始采集的味道（杜娟，2006）。

花花糖：是摩梭人历史悠久的传统“糖果”，摩梭人独特的待客糕点。它的制作方法是把苞谷、燕麦、黄豆、大米、苏麻等爆成米花，将麦芽加糖熬成糖稀，加上核桃仁、花生仁。根据不同颜色和味道拌匀压成饼状，然后切成块。它又香、又甜、又脆，不仅用来献祭祖先、灶神，也是招待客人和馈赠友人的佳品。

灌猪脚：摩梭人称“博克”，是摩梭人利用杀猪制作猪膘肉之时取下的猪脚，剔除骨头、留下皮肉，选精瘦肉切成片或肉丁再拌入葱、姜、蒜、花椒、盐巴灌入，将口缝合，挂在火塘上方的熏架上烟熏而成。其味道独特香味浓郁，是摩梭人难得的肉品。

酸鱼和熏鱼干：制作加工方法是选取250克以下的新鲜裂腹鱼做原料，先把鱼从背部剖开，取出内脏清洗干净，用食盐、糌粑面、大蒜、花椒等调料混合拌匀后抹在鱼上，一层一层地放在陶罐内，装满以后在坛口放一层花椒叶或核桃叶，密封一个月后便可食用。可生食，亦可炒、蒸、煮汤，酸味独特，味道鲜美，是佐餐和当地人待客的上等佳肴。熏鱼干的加工方法也是把鲜鱼剖开取出内脏，撒抹上少许食盐、花椒、蒜、辣椒调料，置于火塘上方慢慢熏烤成鱼干后，放入油锅炸酥下酒，味道香脆可口。熬汤，则汤白汁滑，鱼肉结实而有淡淡的松烟香味。

酥油茶糌粑面：是摩梭人最喜爱的早点和招待亲友的佳品。糌粑是用高原特产的青稞、燕麦炒熟磨成的面粉，盛于漆制的木盒内。早起食用时，可舀几勺倒入酥油茶碗，搅拌后用手捏成团食用。酥油茶工序较为复杂：由家庭主妇将挤来的鲜奶倒入一个高约1米的酥油桶，用搅拌器使劲搅拌，直到奶脂脱离奶渣浮于表面，用滤子捞出表层奶油，放入清水盆中揉搓成饼状。食用时，先用土茶罐煨煮浓茶，然后倒入酥油桶中，再放入小块酥油、麻籽、花生、核桃、鸡蛋等使劲搅拌，即可饮用。其富含蛋白，营养丰富，能量极高，是高原群众提神、益气、防寒、抗饥的日常必备食品。

摩梭人的母系大家庭，一般十几、二十人不等，饮食则分食共餐。就餐时，大家环火塘而坐，由家里的主妇合理分配饭菜，先长辈后晚辈，先客人后主人。反映了他们平均主义、尊老爱幼、热情好客的风俗传统。

自泸沽湖地区的旅游业开始发展起来，小落水和竹地村逐步成为摩梭饮食文化体验的主要接待地。小落水的民族餐起源于摩梭家访，最早的时候，游客家访时，他们提供酥油茶、酒，后来还提供土豆、烧鸡，最后发展成提供一桌菜。2009年，随着篝火晚会的开展，有3家人开始做民族餐，最高峰在2014年，有16家人提供民族餐，而当时全村总共才有28家人。2014年夏，小落水篝火晚会场被火烧毁，竹地村逐渐成为团队游客民族歌舞表演和民族餐的体验地。到2016年夏，竹地村已有8家民族餐厅，约占全村33户人家的1/4。与小落水的民族餐不同，竹地村在晚餐前，安排有下午茶，两者间是摩梭人家访和购物。

为了防止恶性竞争，两村对价格和菜量有规定。摩梭人办喜事有16道菜，办丧事有14道菜，故村里把民族餐定为16道菜，其中包括两个汤。各家菜相似，因为进菜渠道相同，都是从送货进村的小贩处购买。摩梭特色菜有猪膘肉、香肠、湖鱼、土鸡、土豆，其他菜随季节而变化。团体餐价格，如果从2012年到2016年，变化不大，200—300元/桌，每桌10人，如果个人拼桌，每人交30元。

主食：米饭和荞麦饼；饮料：酥油茶、咣当酒、苏里玛；菜：猪膘肉、香肠、糖拌番茄、泡菜萝卜、花生、虾片、炒玉米、炸小虾、炸小鱼、黄瓜炒鸡蛋、炒豆芽、蒜苗炒肉、炒豆腐菜、辣子炒蘑菇；汤：土鸡汤、湖鱼汤。

在同村民的访谈中，笔者了解到，为了迎合旅游业的需要，小落水的摩梭传统的饮食方式发生了变化。旅游开发前，摩梭人的生产方式是典型的自给自足的自然经济，村民们吃的是地里种的苞谷、土豆、秕子，家养的猪鸡牛羊，采来的青刺果压出的油是他们的最爱，湖里的游鱼，山上跑的兽，长的野菜就是摩梭人饭桌上的佳肴。家庭成员围在熊熊燃烧的火塘旁，煮一锅菜、一锅苞谷饭，老祖母给他们平均分配饭菜。旅游兴起后，原来的生产根本满足不了游客的需要，他们就大批从外地购入各种各样的生产生活资料，建有用于专门接待游客的餐厅，饮食也由原来有什么吃什么变成跟着游客走，大米、白面、鸡鸭、鱼肉……只有老人，仍然喜爱酥油茶、糌粑、猪膘肉等传统美食。对于游客喜欢品尝的猪膘肉，过去每家在农历十月制作的一两头也改成现在的十几头了，村里也有了专门加工苏里玛酒和咣当酒的小作坊。招待客人的金边白瓜子和自制的花花糖已经换成了从外边买来的五香瓜子和花花绿绿包装的都市糖果，炒菜取代了火塘煮菜，现代的厨房用具，如电饭煲、电磁灶、电饼铛、煤气灶代替了传统的火塘和柴灶，旅游给当地民族饮食文化带来的变化是显而易见的。

在同游客的访谈中，笔者了解到游客满意度较高。多数游客对饭菜的数量和平均每人30元的价格较满意，对能尝到猪膘肉、酥油茶、苏里玛酒也很兴奋。但也有游客反映猪膘肉太油腻；咣当酒加水过多；炸小虾和炸小鱼不新鲜，表示以后可能不会再吃民族餐。

讨论与结语

著名功能派人类学家马林诺斯基认为：在一个社会中，所有文化特质都是满足人的需要服务的，一种特质的功能，就在于满足该群体成员的基本需要或次生需要（庄孔韶，2003。）。旅游业的发展以满足旅游需要为前提，少数民族地区的民族文化，为了迎合旅游者的旅游需求也随之发生变迁，催生了满足游客需要的旅游文化。饮食文化是旅游文化重要的组成部分，为旅游的发展带来新色彩，带给游客的不仅是放松休闲，更是味觉视觉的感官体验。而游客对民族饮食的凝视与消费，引起少数民族重估与挖掘自己习以为常的饮食的价值，为饮食文化再生产掀开了帷幕（何明、张雪松，2014）。云南泸沽湖地区开发的摩梭民族餐正是摩梭文化生态旅游发展造成的摩梭饮食文化再生产的产物，呈现云南许多少数民族饮食文化再生产所共有的“使其特殊”（强化差异以吸引游客）和“使其可吃”（弱化差异以被游客接受）的两种反向的运作构成（何明、张雪松，2014）。

云南泸沽湖地区摩梭民族餐的发展显示出旅游给摩梭传统民族饮食文化带来的变迁。作为旅游文化商品的摩梭民族餐，为吸引游客消费和降低成本，简化了许多食物加工制作工艺，如用现代的电饭煲煮红米饭；批量购买外地制作的苏里玛酒；用人工养殖的食材替代野生食材；为凑足 16 道菜，采用外来食品，如炸花生和虾皮。摩梭民族餐所用的食品，也逐渐出现在摩梭人家庭饮食中。

摩梭传统民族饮食文化的变化，与旅游给摩梭人带来的社会、经济和文化方面的变化相辅相成。纵观云南泸沽湖摩梭人社会，在过去 20 多年间，因旅游开发和发展，从传统社会向现代社会转变，从自给自足的自然经济转向市场导向的旅游经济。摩梭社会转型，其文化发生了相应变迁，作为摩梭人社会文化基石的传统大家庭、婚姻方式、宗教、价值观和饮食文化均发生了改变。这一改变符合社会存在决定社会意识、经济基础决定上层建筑的马克思主义基本原理。摩梭人社会转型是政府大力推动的旅游开发的结果，最初的主要推手是政府，利用其掌握的资源，推动泸沽湖旅游业的快速发展。而云南泸沽湖地区摩梭民族餐的发展历程证实了彭兆荣等旅游人类学家的观点，即欠发达地区和那里的东道主事实上是很难主导自己的旅游发展的，真正起主导作用的是那些发达地区的游客和他们所持有的资本（彭兆荣，2008）。

参考文献

曹学佺：《蜀中广记》卷 34，上海古籍出版社 1993 年版。

杜娟：《泸沽湖摩梭人民族药物学研究》，2006 年成都中医药大学硕士论文。

何明、张雪松：《文化协商与文化重构：云南饮食文化及其旅游开发的解释》，载《西南边疆民族研究》2014 年第 15 辑。

摩梭网：http：//www. mosuo. org. cn/ content. asp？ guid =82。

兰茂：《滇南本草》卷2，云南人民出版社1975年版。

卢鹏：《梯田农耕与哈尼族饮食文化——以哈尼山寨箐口为例》，载《南宁职业技术学校学报》2011年第1期。

彭兆荣：《旅游人类学》，载招子明、陈刚主编：《西方人文社会科学前沿论丛：人类学》，中国人民大学出版社2008年版。

苏建华：《九万里风鹏正举——丽江泸沽湖旅游业发展回顾与前瞻》，载《云南经济日报》2008年1月22日。

杨丽娥：《川滇交界泸沽湖地区纳日土司研究》，林超民主编：《新凤集——民族史研究论文集》，云南大学出版社2003年版。

严汝娴、宋兆麟：《永宁纳西族的母系制》，云南人民出版社1983年版。

岳坤：《旅游与传统文化的现代生存——以泸沽湖畔落水下村为例》，载《民俗研究》2003年第4期。

詹承绪、王承权、李近春、刘龙初：《永宁纳西族的阿注婚姻和母系家庭》，上海人民出版社2006年版。

庄孔韶：《人类学通论》，山西教育出版社2003年版。

流变与坚守：西双版纳傣族饮食文化研究*

近年来，随着城市化、现代化进程的加剧，为努力深化改革、实现全面建成小康社会的宏伟目标，我国少数民族社会发生了明显的变迁：传统生计方式实现转型、经济水平逐步提高、生活方式发生转变，与之配套的服饰、饮食、建筑、交通及教育观念、婚育观念、风俗习惯等也在发生流变。反过来，少数民族生产、生活等方方面面的变化，又是民族社会转型和变迁的标志，同样也是国家方针政策的体现。

张光直先生说："到达一个文化的核心的最好方法之一，就是通过它的肠胃。"饮食，作为文化的重要表现和传承形式之一，受到人类学家的长期关注。饮食人类学，作为人类学的分支学科之一，运用文化视角来探讨人类的饮食行为和饮食文化，关于饮食的民族志研究主要围绕"食物的基本功能""食物与精神起因的关系""不同食物体系的文化特性""食物作为特殊的认知体系"等路径展开。饮食人类学的研究对象包括饮食的比较研究、食物研究、饮食习俗研究、饮食文化的符号象征意义、饮食文化变迁、饮食文化与其他文化方面的关系（李德宽、田广，2014）。

就既有文献来看，人类学对饮食文化变迁的民族志研究，涉及的民族颇多，有壮族（罗树杰，1998；廖国一，黄安辉，2007）、瑶族（廖国一，徐靖彬，2007）、苗族（许桂香，2009）、土家族（王希辉，2013）、黎族（廖玉玲，廖国一，2007）等以农耕为主的南方少数民族，也有藏族（贾鹰雷，2014）、维吾尔族（阿达莱提·塔伊尔江，2010）、哈萨克族（沙拉古丽·达吾来提拜，2009）等以游牧为生的北方少数民族。此外，还有对少数民族聚居区的汉民族饮食文化的研究（王建基、高永辉，2012）。

---

* 本文原发表于《湖北民族学院学报》（哲学社会科学版）2017 年第 4 期，作者：陈刚、王烬。

学者对民族饮食文化变迁的研究，主要也是以食物种类、饮食结构、饮食数量与品质、食物处理与加工方式的历史演变为主线，从自然地理环境、社会环境以及饮食主体的能动性，如文化交流、族际互动等角度对饮食文化变迁的内、外原因进行阐释，得出饮食文化的变迁是内、外因共同作用下长期而缓慢的结果。

傣族，我国南方稻作农耕文化的传统实践者，其饮食文化体系就具有鲜明的农耕文化特点。由于傣族主要聚居在云南省的西双版纳州和德宏州，因此学者对傣族饮食文化的民族志研究也可按地域分为两类，但并没有形成完整的研究体系。而从研究内容上看，学者的关注点则聚焦于傣族饮食的保健功能（张庆芝等，2005；秦莹等，2013）、傣族饮食的象征意义（闫莉，莫国香，2014）、傣族的饮食特征（童绍玉，2000；高徽南，2012）等。关于傣族饮食文化的“变”与“不变”，既有研究涉猎较少，且研究框架同其他少数民族饮食文化研究大同小异。

本文以西双版纳曼养利花腰傣寨为田野点，通过对笔者搜集的第一手资料的定性分析，从饮食人类学角度对当地傣族在社会变迁的大背景下饮食文化方面的“流变与坚守”的个案研究，探讨西双版纳傣族饮食文化演变的原因，希冀从中得出我国少数民族在城市化、现代化进程中传统文化变迁的普遍规律，并给出自己的拙见。

田野点概况

曼养利，隶属于嘎洒镇曼达村委会，距嘎洒机场几千米，寨门就建在214国道旁。海拔540米左右，坝区地形，典型的亚热带季风气候，年均气温22度。据笔者调查，全村共有84户，约有450人，除了来上门、打工、租住的外地汉族人和部分水傣，全村几乎都是花腰傣。

在城镇发展、多元文化互动的过程中，曼养利村民的生计方式发生转变，稻作农耕不再是主要或单一的经济来源，人们靠务工为主，村主任告诉笔者，村子约有200多名年轻人外出学习或打工，剩下的就是中国广大农村的样子“三八六一九九”队伍；生活水平也得到提高，傣家“竹楼”已成“过去”，绝大多数人家都住进傣家别墅；传统服饰也只有老人、妇女及少数儿童在坚持穿戴，但日常的穿衣打扮已与汉族无异……在“流变”的过程中，有多少传统的属于本民族的族群记忆、符号象征、民族文化内涵还继续坚守？民族饮食工艺是否有人愿意传承？衣、食、住、行、用各方面都会在变迁的社会环境里发生流变，进行解构、融合、同化或者重组，而人们相对于味觉的集体记忆却难以被“覆盖”“淹没”。萨顿在《膳食的印记》一书中谈到，“食物的记忆”是不同于一般记忆的“被沉淀于身体的记忆”，人们可以通过品尝和感受食物这种社会化的具体的身体经验唤起（彭兆荣，2013）。

傣族饮食文化的流变分析

饮食文化，指食物原料的开发利用、食品制作和食物消费过程中的科学技术、艺术及以饮食为基础的传统、习俗、思想、哲学。简言之，饮食文化就是由人们食生产和食生活方式、过程、功能等结构组合而成的全部食事的总和（赵荣光、谢定源，2006）。饮食文化内涵丰富多样，包括与饮食相关的物质层面、精神层面的所有内容。

在社会历史的发展进程中，“变迁”既是背景，也是事实；既是过程，也是结果。一般说来，器物层面的变化相较于精神文化层面更为明显且易于观察；而难以观察且变化较小的则是对民族精神核心的坚守。就饮食文化变迁而言，饮食人类学大致延续文化变迁研究的思路，可分为自然变迁和引导变迁两大类。不仅如此，它更反映了“一个民族基本生活的改善和发展的情景”（陈运飘、孙箫韵，2005）。以饮食文化为例，不仅是傣族，其他少数民族或者汉族在饮食上的变迁也大同小异，“变”主要体现在器具、食材来源或者加工方法等饮食的形式上，而这也是其他少数民族饮食文化变迁的“共性”。

（一）饮食器具的变化

饮食器具是食物的物质载体，属于饮食文化的物质文化层面，这不仅包括各种器材，如锅、碗、瓢、盆、灶、菜刀、砧板等配套设施，也涵盖整个饮食的物质系统及空间如厨房、餐厅。一户人家厨房及用餐空间的设置，不仅反映家庭经济水平，也是当地人饮食习惯的表达。

傣家厨房大多设在一楼屋檐处的敞亮地带，不似汉族厨房那般“精致”，而显得“简单粗犷”：鲜有砌砖的灶台、专门的盥洗池，甚至很少有烟囱，不像印象中的“封闭式”，而是较为开放。灶台设置较人性化：安装两口锅，一口活动设计，可以随意取放，另一口锅则固定。桌椅是傣家特色的配套藤编材质，轻巧灵便，但相对汉族的桌椅则较低矮。吃饭主要使用筷子，也会搭配仿银的勺子用于喝汤。此外，“手抓”也是一大特色，但现在仅限于吃糯米饭及少数凉菜，这与掺杂商业意义的傣味餐厅的“手抓饭”不同。

在没有电饭煲、电磁炉、电冰箱之前，柴薪是做饭的主要燃料，也兼用煤炭或煤气灶。家电普及时，柴薪的地位下降；加之单一的橡胶树替代了森林的多样性，生态环境逐渐变化，导致柴薪来源减少。此外，柴灶也是为烤酒的需要或停电时使用。虽说传统的杆栏式民居和现在的砖混房屋都设有“杂物堆放处”，但现在傣家房的空间格局改变，一楼已很少堆放柴火、农具，而是变成“私家车库”甚至“会客区”。

（二）主食尤其是早点的变化

作为我国南方少数民族尤其是百越族群中稻作文化的代表，傣族稻作文化的内涵不仅体现在生活方式、经济发展上，更深植于原始宗教活动、小乘佛教活动及生态文化观念中（郭家骥，1997）。受傣味餐厅菜单的影响，人们先入为主地将傣家主食与“菠萝饭”“竹筒饭”“手抓饭”联系在一起，而隐藏在背后的则是“糯米饭”。糯米饭的制作方法并不困难：头一天晚上将糯米用水泡着，第二天早上直接蒸熟。吃时用手将糯米捏成团，蘸着“喃咪”即可。

在笔者调查的受访者连续三天的早点中，52 人中有 10 人的早点是糯米饭，10 人中以老年女性居多。除了少数人“没吃”早点，其余人都吃的米干、米线或面条。根据个人喜好，可在家煮早点，也可去早点铺吃米干、米线。曼养利原有两家早点铺，其中一家因卖米线利润太薄而放弃经营。店里的猪肉米线卖 3 元，牛肉米线 5 元，刨去米线、包菜、鱼腥草、盐巴、味精、葱花、酸菜、辣椒油等食材及作料成本，盈利较小。

以前，糯米饭既是每餐的主食，又是祭祀活动中必不可少的供品，还是上新房、结婚时不可或缺的食物，现在则为三餐中的早点，或个别老人坚持的“嗜好”：因为糯米饭吃着方便，而且容易饱。为何糯米饭从三餐主食的地位下降到早点一餐？受社会政策和生态环境的影响，嘎洒附近的傣族其生计主要是依靠种植橡胶、香蕉等经济作物，同时兼顾打工，传统的稻作农耕不再是最主要的经济表现形式，而是作为一种补充。

从笔者个人在云南的调研和生活经历来看，人们的早点几乎以米线、米干（卷粉）、饵丝及面条为主，很少以米饭为早点。城市化加剧了人口的流动，受

“主流早点”的影响，西双版纳的糯米饭早点传统也逐渐式微。另外，笔者走访的好几个村寨，每个村子都有早点铺，且生意红火。可见，人们吃早点的习惯已开始发生变化，早点正从自家的厨房走出，转向专门的店铺。

（三）食材来源不再“野”

“一方水土养一方人”，这句俗谚反映了饮食文化与特殊的自然与社会生态环境的密切关系。从文化生态学的角度来讲，“不管是环境决定论者，还是可能论者抑或环境适应者都达成了共识：即生态环境与社会文化的形成与发展都有着密切的内在联系”（王希辉，2013），“靠山吃山，靠水吃水”这句话已不再十分契合现在的傣族聚居区。由于地处亚热带地区，本来动植物资源丰富，而在广泛种植橡胶以后，生态环境发生微妙的改变，单一物种替代了生物的多样性。橡胶种植需要广泛借助草甘膦除草，同时外地租户在种植作物时也经常使用农药，不管是对土壤、水源还是物种多样性都造成了不同程度的影响，人与自然的关系也潜藏着风险。

村中老人告诉笔者，小时候吃野菜的机会比现在多，虽然吃肉的机会少，一周能不能吃一次也不清楚，但是吃“野味”的机会多。现在种橡胶要打农药，种菜什么的也要打农药，所以很少吃野菜。自己现在没有地种菜，没有地方养猪、养鸡、养牛、养鱼，菜啊肉啊，好多都在市场上买，房前屋后也有水果，但并不是刻意种的，更多的时候吃街上买的水果。

在笔者走访的几个傣族村寨中，发现一个共性：每个村子几乎都有一个大型的老年人活动中心，同时中心也兼具开放市场。每到早上，就会有人卖食物、服装及日常生活用品，品种齐全。食材有生食，也有熟食；有自家种的，也有大棚种的。一般说来，若时令蔬菜虫眼较多，则是村民自种的，反之不应季、品种超多、没虫眼则是大棚种的。较大的村子不仅卖蔬菜、肉类，也卖米、油、饮品、烧烤以及生鲜杂货等。曼养利的老人上午会去田间地头摘些蔬菜，下午拿到村口卖，赚些零花钱。

受生态环境及社会政策的影响，人们吃“野味”的机会变少。由于适逢雨季，版纳的野生菌类（主要是牛肝菌）出产较多。由于售价较高，一市斤牛肝菌可以卖三四十元，一些打工者会到处捡菌子，因为这比打一天零工划算。傣家人民喜爱炒食牛肝菌，也爱煮汤。后者较讲究：先将酸角叶放入锅中熬煮，放入洗净的牛肝菌，加入少量香茅草、荆芥、盐巴等作料。关键是放入大蒜检验菌子有无毒性，若蒜颜色变黑则菌子有毒，反之则无毒，主人家说这是老人传下来的方法。煮的牛肝菌汤，汤鲜而味酸，口感极佳。

苦笋、蕨菜、酸蚂蚁以及澜沧江里的青苔等动植物也是雨季的珍馐。苦笋和蕨菜的吃法相似，都是蘸着喃咪吃，只是喃咪不同。苦笋一般是煮熟后蘸着“螃蟹喃咪”“番茄喃咪”吃，蕨菜则用水焯过后蘸着“花生喃咪”吃。油炸青苔又称“青苔松”，一道产自澜沧江的“野味”，只在五六月份才有，一年只有一次打捞的机会。将打捞晒干的青苔经油炸后，放入少许盐巴即可食用，口感和“海苔”类似。

李德宽、田广主编的《饮食人类学》一书详细记载了酸蚂蚁的吃法，作为一道“补充和完善主食营养成分”的副食，酸蚂蚁称得上傣族特色。酸蚂蚁生长在热带丛林，身体细长呈黄色，因其腹部有透明的储酸小黄球且成蚁味酸而得名，具有开胃、治腹泻的功效。可生食也可熟食，熟食是将蚂蚁和鸭蛋翻炒，加入油、盐巴、傣蒜、葱花，其“酸”可谓名副其实。

（四）流动的外来小吃摊

曼养利有许多流动的外来小吃摊，“流动”是因为这些小吃摊都是凭借摩托车或三轮车而“走村串寨”，最后到达本地人嘴里。有叫卖“北方烧饼”的湖南大哥，卖一块五一个的豆沙、南瓜、白糖及肉馅儿的烧饼；也有每天吆喝着卖馒头、豆浆的大姐；有从勐海远道而来卖水果的傣家大姐；也有四川老乡，卖各种荤素串串、炒田螺、卤鸡脚、卤鸡腿，价格亲民，但由于口味原因销量并不乐观；还有骑三轮卖烧烤的贵州大哥，现烤现卖的小吃成了小孩的最爱。

除了本村、本地州、外省的零售小贩，在曼养利也可以看到国外进口的商品。一次笔者在村口转悠，见有户人家正把大袋的东西从车上搬下，一次就是好几百斤。走近一问原来是进口的缅甸大米，2.9 元/公斤，约 80 斤/袋。买主说这些进口米主要拿来酿酒，少部分拿来吃，因为自家种大米的田地不够，所以买米吃。酿酒不单是傣家的传统工艺，也是村民的经济来源之一，曼养利 80 多户人家约有 30 来户酿酒。酿的酒约有 50 度，价格约 20 元/公斤，刨去谷子约 2 元/公斤的成本，加上酿造工艺、等待的时间成本，赚不了太多钱。除了缅甸大米，也有流动商贩在卖泰国的日化用品，如洗洁精、洗衣粉等，如此小的寨子竟也有“全球化”的苗头。

由此可见，除了饮食器具、食材来源、饮食结构上的变化，社会流动性尤其是人口的流动给傣族饮食文化创造了和其他饮食接触、“碰撞”的机会。受地产开发、交通因素、旅游政策等经济社会原因的影响，村寨人口结构变化复杂，有常年租住的四川、江西两省的小卖铺老板，有流动的各地商贩，也有短期租住来自川渝一带的打工队伍，傣族在与其他民族（主要是汉族）文化交流与互动时，其饮食观念、烹饪技术难免不受影响，虽然文化采借的例子不多，但也偶有发生，只是过程缓慢而持久。

笔者曾询问过川渝老乡对傣族饮食的看法，受饮食习惯的影响，务工者多数自己开火做饭或吃工地食堂，故与“傣味”结缘不深。一位重庆大哥告诉笔者，除了早点吃的米干、米线和老家的米粉、面条差别不大，其他傣味自己也没怎么吃过。还有一位重庆大姐，她的印象是傣族人啥都吃，尤其爱吃虫子，比如这个季节的“涨水蛾”，除了油炸，还有洗干净了扯掉翅膀直接蘸酱吃，觉得不能接受。还有些野菜，在老家不吃，一个酸辣，一个麻辣，虽然都“辣”，但就是不习惯。

从受访者的言语中不难看出他们带有某种“偏见”或者说“刻板印象”在评价傣家饮食，诚如笔者给朋友介绍“手抓饭”时，那位朋友“本能”地认为怎么现在还这样吃饭？可见，人们在评价某种陌生食物时，在看法上有失公允。然而，从侧面也反映出味觉上的记忆带给个体实践的重要性，有时甚至起决定作用。

傣族饮食文化的“坚守”分析

怎样判定一种食物是这一族群的特色而不属于那一族群？当我们在谈论“川菜”“粤菜”“淮扬菜”以及“傣味”的时候，我们在谈论什么？是指它们的味道、颜色、营养搭配、烹饪技术不同于其他菜系？还是指某种饮食背后与某一特定族群相关的生存智慧、饮食风俗及精神内涵？这就关乎饮食与族群边界、族群认同的关系。器具可以更新，技术可以改进，来源渠道可以拓宽，可在“尝新”之后仍要坚持本民族的味道，因为它更符合自己土生土长的肠胃，因为它是本民族文化的符号表征，因为其背后蕴含着本民族独特的历史记忆与文化认同。

（一）配菜“无喃咪不欢”

许多受访者认为傣族最有特色的是各种各样的“喃咪”。“喃”是傣语，意为水、汁；“咪”意思是舂拌或者调制。文山州苗族吃饭时也离不开“蘸水”，但做法相比傣族又简单得多：直接将盐巴、味精、干辣椒面、生姜、大蒜、葱花放在容器里即可，再加入汤汁蘸着吃。苗族的蘸水吃法较单一，而傣族的“喃咪”更为复杂和讲究。在《新编西双版纳风物志》一书中，编者也在《风味特产》篇指出了有名的“傣味酱菜”及其具体做法（征鹏、杨胜能，1999）。喃咪可分为两种，一种是“菜酱”，一种是“肉酱”。

最常见也普遍适用的菜酱是“番茄喃咪”。番茄，也称“酸汤果”。将剥了皮的番茄与姜、蒜、小米辣、盐巴、味精、芫荽、葱花或“瓠果”（音译，内核有类似茄子籽的圆形小果子）一起放入舂对中捣碎、拌匀即可。剥皮的方式有两种，可以在炭火上烤熟后剥皮，也可把番茄装在塑料袋里煮熟后剥皮。此种喃咪味酸而且辣，色泽红艳，可以佐竹笋，也可以佐油炸猪皮、油炸牛皮。其他菜酱有“酸菜喃咪”“花生喃咪”。酸菜是用青菜为原料腌制的水酸菜，切碎捣烂后加入作料；花生喃咪则是将热锅翻炒、炮制后冷却的花生剥皮，再用榨汁机打碎，加入适量的作料搅匀而成。这两种菜酱的“搭档”大多为水煮的时令鲜蔬，如扁豆、蕨菜等，口感清淡，老少皆宜。

肉酱有“螃蟹喃咪”“鱼仔喃咪”。以前的螃蟹喃咪颇具傣族特色，将螃蟹烧熟后除去硬壳和内腹，捣碎后烘烤或晒干成一个个小饼。吃的时候用棒槌敲碎，将葱、姜、蒜、辣椒等与其混合，捣碎如泥即可食用，也可以将它当作作料拌饭吃（曹成章，2006）。现在的做法则简便、省时，直接用瓶装的螃蟹酱加入其他作料就好。螃蟹喃咪可以佐苦笋、糯米饭，但苦笋太苦，蟹酱太腥，一般人可能会吃不惯。“鱼仔喃咪”适合下饭，做法是先将小鱼仔在炭火上烤熟，掏去内脏后捣碎，加入芫荽、苤菜末、苦菜荚末、荆芥末等作料舂碎，可以佐萝卜、莲花白等生食蔬菜。为了节省时间、方便食用，也可以将此喃咪装罐，随吃随取。

（二）从“客宴”及“赶摆”看傣味特色

“客宴”，一般来说最能反映出当地的饮食特色及宾朋礼俗。人类学最早对宴席的研究，是在19世纪90年代对“夸富宴”的研究，且直到今天仍是研究领域的重要主题。夸富宴不仅是一种炫富的形式，也是“一种权力性的仪式场景，通过饮食媒介获得各种相应的转换价值”（彭兆荣，2013）。社会学家认为，传统中国社会是一个“乡土社会”，更是一个“熟人社会”“人情社会”。人与人之间的关系是基于血缘、亲缘和地缘的，熟人社会里的宴席不仅仅是一场大型的饮食活动，更涉及中国传统的“面子文化”。饮食与面子的关系，在社会性上却延伸出不同的文化价值。到傣家做客的经历，给了笔者很好的观察、问询和品尝机会与体验。

“赶摆”，类似一种大型的赶集活动，和四川的“赶场”不同，傣族“赶摆”的时间、地点都是不固定的（有点轮流的意味），有些类似都江堰的“春台会”，也形似庙会。届时，来自各地州及外省的流动商贩们聚集在一起，选择一处宽敞、开阔、人口集中的地方，如有影响的寺庙等，进行商贸、祭祀、集会、娱乐等。

此次“赶摆”的地点设在橄榄坝傣族园附近的一个寺庙旁，时间为 5 月 25 日、26 日两天，笔者虽是第二天去，但热闹依旧。“赶摆”时，无论男女老少都穿着民族盛装，女子淡妆浓抹，男子英姿飒爽。“摆”上，最多且最显眼的是各种小吃；其次卖数码产品、玩具、傣装布匹、泰国日化品等商品，琳琅满目，目不暇接。因为形似“庙会”，便有祭祀活动。寺庙正前方的广场上是隆重的“高升”表演，场地的左侧堆放着不计其数的各式大小的“高升”，近处及右侧摆有几十桌宴席，中间的开阔处供傣家女子表演祭祀舞蹈，远处则是燃放高升的架台。表演及围观群众之多，场面蔚为壮观。

从笔者参加的客宴和“赶摆”来看，根据食材处理方式的不同，西双版纳傣族饮食可分为以下几种。

第一，烧烤及包烧类。较为典型的是烤五花肉、烤牛干巴、烤罗非鱼等。傣家人烤五花肉，是将肉切好后放入各种调料稍加腌制，之后直接将夹有食材的烧烤夹放在木材上用慢火烤即可。罗非鱼的烤法有两种，一般烤整条，可以用作料包烧着直接烤，也可以只放少量盐烤熟后蘸柠檬辣椒酱吃。“摆”上小吃最多的是烤鱼、烤鸡、烤黄鳝等，由于天气太热，不宜烤太多，商贩有时“因需制宜”。除了肉类，各种小菜同样可以烧烤，如今的傣味烧烤已成特色，广见于各地的小吃街上。除了烧烤，包烧也是“傣味”特色，这种特色不是指烹饪方式，而是暗含了傣族“地方性知识”的饮食味道，一般用芭蕉叶包裹鱼类或金针菇等菜类，将各种作料放齐后置于火上烤熟。

第二，凉拌类。傣族的凉拌菜以凉拌鸡最为常见，这也是宴席上的“常客”。其做法简单，无非将鸡肉煮熟后切块凉拌，只是佐料稍微复杂些。既是“傣味”，就要突出“傣家”特色，一点青柠檬便足够。其次是五颜六色的“傣味泡菜”，有荤有素，荤菜有凉拌鸡脚、凉拌炸猪，素菜食材广泛，海白菜、木耳、黄瓜、香菇、海带、黄花、藕片、土豆、胡萝卜等，也可以凉拌水果，如凉拌青芒果、菠萝、李子、青木瓜等。同样地，傣味凉拌菜最重要的就是柠檬、傣蒜、小米辣等特色作料。

第三，腌酸类。一次笔者入户访谈时遇雨，便在村民家避雨，看见一位刚上门的新姑爷在烤牛皮，打听后得知牛皮是办喜酒时花一万多块钱买的黄牛剩下的，烤牛皮是为了做酸。先把牛皮烤至焦黄，洗干净后煮烂，之后切好、晾干、密封装坛腌酸，放入作料，可以直接吃，也可拿来煮汤。笔者尝过当地的“嘎芋牛皮”，嘎芋秆被煮成沫状，细腻且清香，牛皮白而净，筋道有味，味道巴适得很。还有生肉腌酸，将猪肉或牛肉洗干净后剁碎，或将鱼肉切块或用一整条划开口的鱼，放入盐巴、姜蒜等作料，在五六月 30 度左右的气温下腌酸四五天，吃的时候加入葱花、芫荽就完美了。

第四，油炸类。除了“炸青苔”，傣族也爱吃炸猪皮、炸牛皮。笔者“赶摆”时亲眼见到老板现炸现卖牛皮：将洗干净的生牛皮煮熟后切条晒干，放入油锅里炸至牛皮发泡、变黄即可，猪皮也是同样的做法。吃的时候可切成小段直接吃，香脆而保留原味，也可蘸着酸辣的番茄喃咪，味道更显独特。此外，还有家常的炸鸡蛋或者炸虫蛹，这些都是高蛋白、有营养的副食。

第五，剁生。傣家生食不只腌生肉酸，还有“剁生”。剁生取材较广，可以是常见的鲜猪肉、牛肉、鱼肉，不过要求纯精瘦肉。先用铁锤将肉捣烂，再加入各种细碎的作料，反复搅和成泥浆状，可蘸着鲜生蔬菜或者糯米饭吃（征鹏、杨胜能，1999）。不过，吃剁生的人男性较多，从受访者的回答来看，女性因为害怕剁生有寄生虫而不敢吃，而男子吃完后都会喝傣家自酿的烈酒，烈酒可以杀菌、杀虫，故剁生颇受男性喜爱。

除了特色“傣味”，家常傣味中少不了的烹饪方法就是“煮”。除了早点，几乎每顿都会有一个汤菜。常见的汤菜其食材是时令鲜蔬，如小白菜、小青菜、洋瓜尖、南瓜尖，或者山野的水芹菜、苦莲菜、竹笋及其他野菜。上文提到的牛肝菌汤等都是傣家特色。因为煮汤时会加入香茅草、薄荷、荆芥、藿香、傣蒜、酸角叶、小米辣等地道作料，因此味道香、鲜而酸辣。

（三）味道喜食“香、酸、辣”

某一族群对味道的偏好总是与当地的自然生态环境相关，包括地理环境、气候条件、物产资料、生产力发展水平及人的生理需求，且具有浓厚的地域和民族色彩，因此也形成了特征明显的饮食文化区，比如西南饮食文化区偏好麻、辣，长江下游饮食文化区则喜食清淡，东南饮食文化区则偏甜等（张景明，2013）。陈学智从自然科学的角度指出，“人的肠胃基因记忆是指相对稳定的饮食习惯经过世代繁衍传承，在体内逐渐形成了固定的隐形饮食基因。现代医学实验证明，此种基因一旦在人的记忆成熟期被激活显现，形成胃肠基因记忆，就产生了生物学意义上的本性。”（陈学智，2010）

传统傣味以“酸辣”著称，同时也偏好“苦”。这是因为傣族聚居地区天气炎热，湿度大，所以暑热、皮肤病、风湿病常见，而傣家作料如香料草、香茅草、荆芥、芫荽、薄荷、酸角、小米辣、鱼腥草、酸汤果等又具有祛风除湿、发散解表的功能。且常吃油炸、烧烤类食物容易上火，而作料有调和的作用。不同的季节有不同的饮食搭配，如雨季宜吃苦味菜，比如苦笋、刺五加、苦莲菜等，这样可以起到清热、解毒、凉血、消暑的作用。

（四）日常饮食伦理与禁忌

彭兆荣指出，“当人类与食物建立了生态关系后，便会衍生出人类与食物之间的政治秩序和社会伦理，即人类通过与食物的关系建立起一套秩序性的政治伦理”（彭兆荣、肖坤冰，2011）。这种伦理既存在于人与自然的关系中，也涉及人情世故。笔者在与当地村民推杯换盏的往来互动中，了解了些许傣族饮食文化的礼仪与禁忌“常识”。

饭菜做好后，若家中有老人尚未回家，不能擅自动筷子，否则被视为“不敬”，从中可看出傣家尊老敬长的优良传统。傣家人好客，喜欢饮酒，无论是熟人还是陌生人，在一起喝酒时，一开始都要端着杯在桌沿洒几滴、用手指弹几下，并说一段傣语，说是敬畏自然、感谢神灵、祖宗给了大家风调雨顺、衣食无忧、来之不易的生活。之后才一起碰杯，用傣语喊两声“水，水”或者六声“水、水、水、水、水、水”，一是为了带动喝酒的气氛，再是表达傣家人民的豪爽与热情。在赶摆当天，笔者随主人家去做客，因为是干亲家，去的时候不宜空手，故主人带着自家酿的米酒和买的贵重茶叶去，礼尚往来，这既是傣家的宾客礼仪，同时也是中华民族的传统美德。

饮食禁忌是饮食文化中不可或缺的部分，指某一群体或民族历史上形成的自觉规避某种特定食物的传统，极具民族性和历史性（李德宽、田广，2014）。通过对刚生产完小孩的傣家姑娘的访谈，了解了傣家孕妇的饮食禁忌：怀孕期间要忌辛辣，在坐月子甚至当孩子五六个月时最好都只吃盐巴、鸡肉、猪肉，其他类似味精、姜、蒜、芫荽等作料不能沾，这与汉族坐月子女性的饮食禁忌大同小异。怀孕期间尤其不能吃芭蕉花，说是吃了会流产。根据笔者查询的资料，孕妇可以吃但要少吃芭蕉花，因为芭蕉花虽然味甘淡、微辛，却是凉性食物，孕妇宜吃性温和的食物。至于事实的真相是什么，依然有待考证。正是因为饮食禁忌能通过潜在危险可能带来的恐惧来约束人们的行为，才使它具有维持自然界和人类关系的功能。

“中国的饮食文化与任何其他文化不同之处在于：特别强调通过对食物的品尝过程贯彻一种社会伦理。”（彭兆荣，2013）正是这种“身体伦理”在制约、规范人们的行为及社会生活，在关怀该饮食体系下的每一个个体。

结　论

每一个民族的饮食及其配套的文化体系都是该民族历史演化的结果，反映着该民族的历史发展进程，同时也是民族特征的体现和符号标志。我国少数民族在食物来源、膳食结构、食材烹饪、食疗作用及饮食审美、饮食伦理等方面，都极具地域性、草根性，而显得更“接地气”，更符合生态和环保理念（李德宽、田广，2014）。

改变，是大势所趋；坚守，是发展之道。西双版纳傣族饮食文化的“流变与坚守”是傣族社会转型和文化变迁的结果，并随时间制度而呈现出多元态势。我国目前正处在社会转型期，这既是一种经济体制转型，又是由传统向现代、农业向工业、封闭向开放的社会形态转变的过程。不仅如此，在社会转型期，人们的生活方式、行为方式、思想观念及价值体系都会发生变化。生产方式的变化会导致生活方式的改变，更为深刻的是文化形态的变迁。

由于较长时间范围内的地理环境、气候条件不会发生天翻地覆的变化，因此以生产力发展水平为特点的经济社会转型成为饮食文化变迁的主要因素。随着城市化步伐的加快，傣族社会传统稻作农耕的生产方式难以适应工业社会和市场经济的发展，为更好地适应现代社会发展，傣家人民转变原来单一农耕的生产方式而从事打工、务农、经商等多元工作。经济收入水平的提高，提供给人们多样的食物及其配套体系的选择，从而在物质层面改变了当地人的“食生活”，有助于改善傣家人的生活质量。

社会转型加剧了人口、信息、资本、技术等的流动，频繁的社会流动同样给傣族饮食文化带来挑战。不同地域、不同民族拥有不同的文化背景、口味与饮食习惯，也有各自独特鲜明的“饮食边界”，当差别各异的人们跨越边界、往来互动而进行饮食文化的交流、“交锋”时，外来饮食如何适应傣家人的肠胃、走出傣寨的“傣味”，如何适应外地人的口味显得至关重要。尤其是在旅游业发达的西双版纳，纯正而特色浓厚的傣族小吃、傣味农家乐、傣味餐厅对游客而言，具有极高的吸引力。因此，将民族饮食与旅游活动相结合，定能促进当地民族文化的发展，更可实现当地旅游的可持续发展（刘琼，谢一琼，2013；韩敏，2010）。

食物，既是识别某一民族的因素，也是成为某种认同的依据，人们对某种特色饮食的坚守，实际上是在表达对某种所属文化的忠诚。因此，民族饮食文化的适应与转型，不仅需要双方破除饮食上的“偏见”，更需坚守本民族传统饮食的文化内涵与意蕴，即饮食文化的精神层面，守住民族特色、留住舌尖的味道、恪守饮食伦理、传承民族饮食工艺、铭记族群记忆，不忘初心，方能发展。

参考文献

阿达莱提·塔伊尔江：《维吾尔族的饮食文化及其变迁——以城市维吾尔族为例》，载《新疆社科论坛》2010 年第 3 期。

曹成章：《傣族村社文化研究》，中央民族大学出版社 2006 年版。

陈运飘、孙箫韵：《中国饮食人类学初论》，载《广西民族研究》2005 年第 3 期。

陈学智：《饮食文化变迁与文化堕距》，《黑龙江科学》2010 年第 1 期。

范增平：《台湾客家饮食变迁的文化离散与融合》，载《族群迁徙与文化认同——人类学高级论坛》2011 卷。

高徽南：《西双版纳傣族传统饮食文化及其审美特征》，载《文山学院学报》2012 年第 25 期。

郭家骥：《西双版纳傣族稻作文化的传统实践与持续发展》，载《民族研究》1997 年第 6 期。

韩敏：《鄂西土家族地区旅游资源开发探析——特色饮食文化》，载《湖北民族学院学报》（哲学社会科学版）2010 年第 6 期。

贯鹰雷：《创造藏餐：青海果洛地区藏族饮食研究》，载《河西学院学报》

2014 年第 30 期。

李德宽、田广：《饮食人类学》，宁夏人民出版社 2014 年版。

廖国一、黄安辉：《环北部湾地区壮族饮食文化的变迁》，《南宁职业技术学院学报》2007 年第 2 期。

廖国一、徐靖彬：《环北部湾地区瑶族饮食文化的变迁——以广西上思县南屏瑶族乡为例》，载《南宁职业技术学院学报》2007 年第 4 期。

廖玉玲、廖国一：《当代黎族饮食文化的基本特征及其成因》，载《南宁职业技术学院学报》2007 年第 3 期。

刘琼、谢一琼：《文化人类学视域中的土家族饮食习俗与民族旅游经济——以鄂西南咸丰县为例》，载《湖北民族学院学报》（哲学社会科学版）2013 年第 3 期。

罗树杰：《从六外村饮食文化的变迁谈民族志的撰写》，《广西民族学院学报》（哲学社会科学版）1998 年第 4 期。

彭兆荣：《饮食人类学》，北京大学出版社 2013 年版。

彭兆荣、肖坤冰：《饮食文类学研究述评》，载《世界民族》2011 年第 3 期。

秦莹、李昶罕、张人仁：《探析傣族传统饮食制作及药食同源功能发展前景》，载《健康与文明——第三届亚洲食学论坛（2013 绍兴）论文集》。

沙拉古丽·达吾来提拜：《哈萨克族牧民定居与饮食文化的变迁》，载《中国穆斯林》2009 年第 4 期。

童绍玉：《浅议云南省德宏州傣族饮食文化特征》，载《楚雄师专学报》2000 年第 3 期。

王建基、高永辉：《新疆汉民族饮食文化变迁及原因分析》，载《新疆社会科学》2012 年第 6 期。

王希辉：《土家族饮食文化变迁的历史考察》，载《西南民族大学学报》（人文社会科学版）2013 年第 3 期。

许桂香：《浅谈贵州苗族传统饮食文化》，载《凯里学院学报》2009 年第 27 期。

阎莉、莫国香：《傣族稻米饮食与文化象征意义》，载《贵州民族研究》2010 年第 35 期。

张景明：《饮食人类学的实践与文化多样性理论对食学研究的支撑》，载《楚雄师范学院学报》2013 年第 28 期。

张光直：《中国文化中的饮食——人类学与历史学的透视》，载《中国食物》，江苏人民出版社 2003 年版。

张庆芝、朱成兰、游春：《从傣族饮食文化看傣医药膳》，载《2005 国际傣医药学术会议论文集》2005 年版。

赵荣光、谢定源：《饮食文化概论》，中国轻工业出版社 2006 年版。

征鹏、杨胜能：《新编西双版纳风物志》，云南人民出版社 1999 年版。

乡村旅游与文化遗产保护和利用*

——以绿春县哈尼族饮食文化资源为例

我国幅员辽阔，各地地理气候条件迥异，西部少数民族地区以其优美的自然风光和独特的民族风情吸引着大量游客前往，发展旅游已经成为很多地区发展经济、脱贫致富的不二选择。同时，随着旅游经济的发展，民族文化传统得到弘扬。深入发掘民族传统文化，对于推动民族经济发展尤为重要。而少数民族饮食文化又是民族传统文化中最富有特色的一部分，少数民族饮食文化的研究开发，对少数民族经济发展大有裨益。早在2010年，中国厨师商务旅游年会就曾提出饮食文化旅游将成为未来旅游行业发展趋势。据国家统计局公布的最新消费数据显示，2016年餐饮收入35779亿元，同比增长10.8%①，餐饮在旅游中的比重也越来越突显。

以食物为载体所产生的文化现象被称为饮食文化，具体是指特定群体在饮食原料选取、食物制作、饮食消费和储藏过程中所采用的科学技术、艺术及与之相关的传统文化、饮食习俗、结构等。简单来说就是由食物的生产和饮食的方式、过程、功能等组合而成的有关饮食的总和。饮食文化包含饮食生产、饮食生活、饮食事实及饮食思想，既透过现象看本质，从饮食的外部特征引申到其内部所蕴含的文化特征。我国西部少数民族的食风、食俗以及饮食礼仪等，蕴含着深刻的哲理，具有深刻的意义。因此，了解西部少数民族的饮食文化，对于其文化的传承、发扬，必将产生深远影响。

---

* 本文原发表于《黑龙江民族丛刊》2020年第2期，作者：陈刚、姜艺霞、郭锐。

① 中商情报网，http：//www.askci.com/news/dxf/20170120/10553688597.shtml，2018/4/24。

相关研究文献综述

（一）对中国饮食文化史的研究

国外对于中国饮食文化的研究，日本学者起步最早、最为突出，有青木正儿的《华国风味》（1984）① 介绍中国风味饮食，包括炒面、茶、豆腐、馒头、青菜等，不仅在日本颇有影响，在中国学术界也是有一定地位的。田中静一的《中国食经丛书》，收录了大量中国古代饮食著作，其《一衣带水——中国料理传来史》对饮食史及交流作出了巨大贡献，首次对中国古代饮食文献进行整理，对中国历史上的饮食著述做了统计。他随后编撰了《中国食品事典》，从谷物、豆类、蔬菜、家禽家畜等到调料、点心，完整囊括了中国食物（关剑平，2004）。

美国对中国饮食文化研究，开始于20世纪70年代，首推哈佛大学K. C Chang的《Food in Chinese Culture：Anthropological and Historical Perspectives》，它是由10位美国学者分头撰写的，首先，描述了中国食物的特征是由动植物集合表示的，但中国人乐于接受外来食物；其次，从原料到食物的独特性在于基础是饭与菜之间的区分与搭配，而中国人的吃法是与饮食观念及信仰息息相关；最后，说明中国文化以食物为取向，除了对中国饮食文化传统的概括外，还关注文化传统的连续性和变迁过程，这一以文化为主要视角的中国饮食研究成为人类学中国研究领域中的一部力作（Chang，1977）。美国南加州大学研究员杨文骐，根据自己近30年搜集的资料，将中外饮食文化交流的重要史迹、影响以及中国食品工业从萌芽到现在的发展情况，按历史朝代，较详尽地作了介绍，写成《中国饮食民俗学》（杨文骐，1983）。Frederick J. Simoons的《Food in China：A Cultural and Historical Inquiry》，叙述了各种食物在中国的利用，也阐述了烹饪的地域特点和中国传统的营养与健康知识。所述涉及食物在中国人生活中的角色，中国人对食物、健康与疾病的认知，与食物有关的信仰、社会地位、宗教仪式的关系等（Simoons，1990）。E. N. Anderson的代表作《中国食物》，从上古史入手，展示了食物如何从一开始就在中国的官府政策、宗教仪式和身体健康诸方面占据着中心位置，然后顺着时间线索把笔触一直伸向当代中国，搜集研读了大量中外人

① 《华国风味》（日本初版）是1984年5月16日岩波书店出版的图书，作者是青木正儿。2005年，由范建民翻译，收录进《中华名物考》〔外一种〕，由中华书局出版。

口、环境、食物生产、消费、营养、烹饪等内容的文献和历史著作，作者指出简单的决定论不能解释中国的食物体系，它是人类选择的产物，即皇帝和农民、商人和主妇、医生和渔夫无数决定的产物。发人深思地描述了中国饮食文化的地区多样性（Anderson，2003）。

欧洲主要有剑桥大学人类学教授Jack Goody的《烹饪、菜肴与阶级》一书中提到中国菜的全球化就是世界文化的全球化（Goody，2010：183）。另外J. A. G. Robertsd的《东食西渐：西方人眼中的中国饮食文化》考察了西方人在中国邂逅中国饮食的态度，同时展示了北美和英国等地区对中国饮食的接纳及中国饮食全球化的趋势（Robertsd，2008）。

国内，中国饮食文化特别是饮食史的研究取得了辉煌的成就，徐吉军和姚伟钧合著的《20世纪中国饮食史研究概述》一文中列举了20世纪研究中国饮食史的论文和专著的数量达189篇（徐吉军、姚伟钧，2000）。

给民族饮食文化以科学认识，以“饮食文化”为主题的研究比较全面，其中当首推孙中山，在《建国方略》中，对饮食文化作了很精辟的论述，他认为饮食文化是社会进化的结果，是文明程度的重要标志，中国烹调之妙，亦只表明进化之深也（孙中山，1998）。林乃燊先生是我国较早涉足中国饮食文化研究的学者之一，他的《中国古代饮食文化》，叙述了中国饮食文化对世界文化的贡献及中国饮食文化的渊源和中国饮食文化的蓬勃发展（林乃燊，1997），引起了国内外文化学者的关注。之后又撰写出构思新颖、别具创意的新作《中华文化通志——饮食志》（林乃燊，1998）。余世谦在《中国饮食文化的民族传统》一文中介绍到以汉族为代表的中国饮食文化拥有万千余年的悠久历史，具有鲜明的民族特色，在世界上居于先进地位。该文章从膳食配置、饮食方式、菜肴风格、餐饮习俗、饮食制度、餐具使用、美食追求、烹饪思想、饮酒风尚、茶事活动以及宴会举办等方面概括总结中国饮食文化的重要民族传统（余世谦，2002）。徐文苑的《中国饮食文化概论》，在书中，他介绍到饮食文化研究情况大致分为三个阶段：兴起阶段——1911年到1949年，其间主要著作有张亮采的《中国风俗史》，董文田的《中国食物进化史》，李劼人的《漫游中国人之衣食住行》等。第二阶段是缓慢发展期——1949年到1979年，这段时期受各种政治运动影响，研究基本停滞，论文数量很少，主要有冉昭德的《从磨的演变来看中国人民生活的改善与科学技术的发达》，张起钧的《烹调原理》等。第三阶段就是繁荣时期——1980 年至今，这期间的论文著作数不胜数，林乃燊《中国饮食文化》、姚伟钧《中国饮食文化探源》、王仁兴《中国饮食谈古》，还有很多宏观方面的论著，如姚伟钧的《论中国饮食文化之根的经济基础》《中国古代饮食礼俗与习俗论略》等等（徐文苑，2005）。

有关云南民族饮食的研究数不胜数。其中代表论文有方铁的《论云南饮食文化与云南历史发展》，在论文中谈到云南饮食文化发育程度较低，缺乏成熟内核与统一风格，阐述了云南饮食文化受云南历史发展的影响及相关问题（方铁，2007）。于宏的《云南少数民族饮食发展与饮食文化特征》，介绍了云南少数民族饮食文化的发展及特点以及饮食文化与少数民族的关系，最后提出，云南民族饮食文化，以餐饮为核心，以文化为表现，以民族为特征，以促进旅游为目的形成相关产业，发展云南生态旅游是云南饮食与文化的主要发展思路（于宏，2010）。王子华、汤亚平的《彩云深处起炊烟——云南民族饮食》从四个部分介绍了云南民族饮食发展的历史轨迹、饮食结构、饮食习俗及云南民族饮食的美学特征。以点带面，突出云南民族饮食文化的特点（王子华、汤亚平，2000）。

（二）旅游与饮食文化资源开发利用研究

目前，开发饮食文化资源已经成为各国发展旅游经济的重要举措，我国每年都会在不同省份举办美食文化节，如云南临沧的“啤酒节”；红河州的“长街宴”；仫佬族的“吃虫节”等，都已成为各地传统民间狂欢盛会。

21 世纪，国内学者把饮食文化资源与旅游中的“食”联系起来，对饮食文化资源开发利用进行研究。关于饮食文化旅游，国外术语较多，一般采用 Lucy Long 的美食旅游这一概念，将其定义为经历和参与其他区域人民的饮食生活，而不仅仅是局限于消费、烹饪和饮食项目的介绍（Long，2004）。Priscilla Boniface 的《Tasting Tourism：Travelling for Food and Drink》（2003）探讨食品和饮料的旅游，通过文化“镜头”来研究，文化如何引导旅游，作者还指出有一种即时性的满足食品和饮料消费已成为现代社会的基本要求（Boniface，2003）。

国内这方面研究最早的是章采烈的《中国美食特色旅游》，这本书主要讲述了中国各地的特色饮食以及其中所蕴含的文化现象，并把这些饮食与旅游结合进行介绍，吸引游客进行“美食之旅”，提出了中国美食旅游的内涵主要以品尝美食为主，以游览自然景观与人文景观为辅助（章采烈，1997）。范娇娇在《饮食文化旅游产品体系构建》中写道，为了改善旅游目的地饮食文化的整体形象，应基于对饮食文化旅游产品形式、功能以及旅游者消费的时空限制等因素的考虑，构建旅游目的地饮食文化旅游产品体系，从项目类饮食文化旅游产品、景观类饮食文化旅游产品和饮食文化旅游商品三个部分，说明了饮食文化旅游产品的组成（范娇娇，2010）。薛佳的《试析饮食文化在旅游开发过程中的文化变异问题》指出，随着旅游活动的逐步扩展，传统饮食文化受到旅游开发的影响而发生文化变异，这是不容忽视的重要问题，要求我们在进行饮食文化旅游开发的过程中，要正确认识文化变异及其机制，并在此基础之上发展多层次饮食文化旅游（薛佳，2009）。

随着饮食文化和旅游的不断发展，很多学者把重心放到了饮食文化资源开发利用的研究上面来。贺菊莲的《饮食文化资源开发利用与贵州新农村建设》《饮食文化资源开发利用与贵州加速转型发展》两篇文章，都是对贵州饮食文化资源开发的介绍，强调开发利用饮食文化资源可在不破坏自然环境的前提下，达到既促进经济发展又保持生态良好的双重效果（贺菊莲，2011；2013）。韦家瑜的《桂北少数民族饮食文化资源旅游开发研究》就是基于旅游业的发展趋势，对桂北少数民族饮食文化资源从旅游开发的角度进行尝试性的开发、探讨和研究，寻求解决问题的思路（韦家瑜，2005）。还有很多相关论文是写饮食文化资源旅游开发研究的：《论我国的饮食文化与旅游业发展》（王刘刘，2001）、《成都饮食文化资源的旅游开发》（熊姝闻，2011）、《湘西民族饮食文化与旅游开发》（刘艳芳、刘於清、李平，2008）、《利用民族饮食文化发展云南生态旅游对策研究》（田芙蓉、蒋文中，2005）等。

（三）哈尼饮食文化资源研究

根据文献检索，目前尚无专著对哈尼族饮食文化及开发价值进行系统深入研究。知网数据库中搜索出零散的14篇论文：卢鹏的《梯田农耕与哈尼族饮食文化——以哈尼山寨箐口为例》，讲述了哈尼族的饮食结构以稻米为主食，以梯田农耕基础上生产出来的副食和饮料为辅，味道以辛辣为主，并有丰富的生食文化及酒文化，形成了极具民族特色的饮食习俗（卢鹏，2011）。他又在《中越边境哈尼族果角人的饮食结构》描述了与越南接壤的哈尼族其中一个支系果角人的饮食结构，既有哈尼族独特的饮食习惯，以梯田红米为主食，佛手瓜、笋子为日常蔬菜，祭祀用鸡，酒茶自产，但是同时受越南哈尼族影响（卢鹏，2013）。徐义强在《独特的哈尼族饮食文化》一文中简单介绍了哈尼族的传统饮品、特色美食及节日饮食。长街宴作为哈尼族的传统文化一个重要内容，是哈尼族绵亘浩荡古老历史、民族性格、传统世界观、梯田文明及传承手段的象征，是大型宗教节日活动不可或缺的重要一环，更是哈尼族更新与再造民族精神的重要手段（徐义强，2012）。李雄春在《天赐美食：哈尼梯田饮食图谱》一书中，以图文相结合的形式介绍了红河大地哈尼族的饮食文化，介绍了哈尼族的美味佳肴，讲解了哈尼族美食的盛产地和梯田的田棚概况（李雄春，2010）。曹文寿在《金平县哈尼族的农耕饮食土著文化》中，介绍了梯田管理知识以及哈尼人的饮食文化知识即部分哈尼饮食制作方法（曹文寿，2002）。王桥银的《哈尼“野味”》介绍了哈尼族的各种野味：甜菜叶、木椒子、玉荷花、蚂蚱、蜂蛹、皮蝉蜕等（王桥银，2012）。对于哈尼饮食文化研究最多最深入的就数对长街宴的研究。其中，比较著名的有王洪伟的《世界上最长的宴席》（2006）、郑宇和杜朝光的《哈尼族长业界饮食的人类学阐释——以云南省元阳县哈播村为例》（2014）、马学芬的《绿春县哈尼族长街宴研究》（2014）、陈永邺的《欢腾的盛宴——哈尼族长街宴研究》（2009）等都描述了长街宴时哈尼族特色饮食文化。

研究点与研究方法

（一）研究点介绍

绿春县是云南省红河州边疆民族县之一，位于云南省的南部，境内峰峦叠嶂，河流众多，是云南典型的农业县，全县共有4镇5乡，境内居住着哈尼族、彝族、瑶族、拉祜族、傣族、汉族6个世居民族。2016年末，绿春县户籍人口为24.2万，少数民族占98.8%，其中哈尼族21.21万，占87.6%①，是中国县市级哈尼族人口比例最高的县份，是国务院确定的哈尼标准语音的所在地，素有“哈尼家园”之称誉。

境内哈尼族大多数居住在海拔800—2000米的半山腰上，少数居住在河谷和山顶。大兴、牛孔两个乡的牛孔河岸和三猛乡的勐曼河岸村落较密集，其他地方

---

① 绿春县人民政府：绿春县基本县情和历史沿革，http：//www.lc.hh.gov.cn/lcgk/201911/t20191108_374070.html。

村落比较分散，主要居住在适宜开垦梯田和旱地耕作的牛孔河、勐漫河、渣马河、坝沙河两岸及藤条河南岸、李仙江北岸的半山腰上。村寨选择在阳光充足、水源丰富、土壤肥沃、开阔凉爽的高山或半山腰间，以高山、气候、植被立体分布的特点，历经千余年构建了与自然协调共生的森林、村寨、梯田三位一体的人居环境，世人称之为“高山绿色家园”。

绿春县拥有悠久的历史，西汉属益州郡地，历经多代政权更迭后，先后为牂牁郡、兴古郡、梁水郡、濮部、和蛮部辖地。宋代大理国时期分属秀山郡及威楚府，民国时期属元江、墨江、建水、石屏、金平县辖。中华人民共和国成立初期，属金平、元阳、红河、墨江四县辖。1955 年设置六村办事处，1958 年绿春县正式成立。在与哈尼饮食协会会长访谈中得知，2017 年绿春县由原来的 8 乡 1 镇改为 4 镇 5 乡：大兴镇不变；大黑山乡、平河乡、半坡乡变为大黑山镇、平河镇、半坡镇；牛孔乡、大水沟乡、戈奎乡、三猛乡、骑马坝乡不变。

绿春在得天独厚的自然条件之下，形成了丰富多彩的社会文化习俗。绿春县的宗教信仰、文化事业、旅游、文化传统、经济等社会文化环境各具特色。哈尼族是一个古老的民族，宗教仪式在社会生活中占有重要位置，同时也颇具特色，全年都有大小不同各种祭祀仪式，祭祀的对象有天神、树神、寨神、祖先神等，祭品也是大到猪牛羊，小到鸡蛋。祭祀的目的在于祈求各路神保佑人畜安康、风调雨顺、无灾无难等，这些习俗代代相传，不可随意更改。此外，绿村哈尼族的饮食文化、歌舞文化、服饰文化、节日文化也享有盛名。

（二）研究方法

本研究综合了多学科的方法，主要运用文化资源学、饮食人类学、民族学、旅游学等学科，通过文献分析法、田野调查法，对比研究法等进行研究，找到问题并解决问题。

文献分析法是根据一定的研究目的，通过查阅相关书籍、期刊、论文等获得资料，从而全面地、正确地了解掌握所要研究的问题。前期，研究员通过图书馆提供的书籍文献及网上查阅论文资料进行分析，之后进入田野点，通过当地旅游局、民宗局等单位及民间饮食组织等提供资料，到博物馆参观和购买相关书籍，对有关文化资源、饮食文化资源、哈尼饮食，以及资源开发利用搜集有效信息及资料，了解了有关历史和现状，与现实资料及情况进行比较。

2015 年 9 月至 2017 年 3 月，研究员曾三次进入红河州绿春县调查，走访绿春县民宗局、旅游局、节庆办等单位，参观绿春博物馆、特色农家乐、黄连山景区、腊姑梯田等景区，拜访绿春哈尼饮食协会会长，绿春哈尼文化传承协会会长、秘书长，哈尼文化领袖，长街宴龙头咪谷等。其间居住在当地的一户哈尼族人家，每天进行参观并参与其中，体验真正哈尼人的生活。实地调查主要采取了三种方式：对当地居民、餐馆经营者以及哈尼饮食协会前辈进行了无结构访问、半结构访问、观察等。研究人员在调查期间与当地人生活在一起，积极参与他们的活动，在文献搜集基础上了解在社会环境中哈尼族的饮食行为并做详细描述；同时也在特殊节庆或特殊活动中进行特定目的的观察，了解人们的特定行为，进行特定行为分析。无结构访问主要就是在资料搜集过程中，将不清楚的以及需要弄清楚的问题列出来，在第一次进入田野时，主要采用的就是无结构访问，即没有要询问的特殊问题也没有事先预估的可能答案，主要为了受访者不受框框条条的限制，能够用他们自己的术语充分表达自己的所知所想。在调查中对农家乐的老板及当地居民就采用此方法，先了解哈尼的特色饮食有哪些，取材、做法如何，如何利用饮食来吸引顾客，顾客对哈尼饮食有何看法等问题，遇到有和所搜集资料有出入的地方又进行更深入地了解。以此形成了初期的调研成果。半结构访问在此次调研中主要针对哈尼饮食协会会长进行，饮食协会会长对哈尼饮食有比较丰富的研究经验，并且对哈尼饮食文化的开发及利用有独到的见解。在第二次进入田野时，有了之前的资料及初步田野调查基础，对某些需要深入的问题进行深入访谈，事先确定好问题，采用灵活的方法提问，在交谈中又发现新问题，如此循环反复搜集有效资料。2015 年 9 月，研究人员还到达了元阳梯田景区，2016 年 8 月到达金平县及红河县参观、观察，与绿春县进行对比研究。

研究结果

（一）多元的饮食结构

正是由于绿春独特的自然环境及丰富多彩的社会文化习俗，造就了哈尼饮食的多元化。在田野调查期间，多次到达具有特色的餐馆及农家乐，观察并访谈，多渠道了解哈尼饮食结构，填充了文献收集得不足的遗憾，并亲自参与其中，了解菜肴制作方法，收获颇丰。

哈尼族主食为大米，这主要取决于哈尼族的农耕梯田文化，梯田种植较多的是稻谷，分水稻和旱稻，水稻种植面积大、品种多，是哈尼族全面消费最多的粮食品种，因此大米自然就成为哈尼族的主食。其他粮食作物还有苞谷、荞子、高粱、小红米等作为副食品。绿春红米质量高，本地优质红软米种植面积达 0.5 万余亩，产量达 1500 余吨，实现年产值达 0.9 亿余元。

哈尼菜肴丰富，肉食品主要是鸡、猪、牛、狗、鸭、鹅等家禽家畜，以及梯田鱼、野生动物；蔬菜主要是青白菜、笋子、魔芋、豆子等菜品；作料类主要有辣椒、花椒、葱姜蒜、香菜、草果等。俗话说“靠山吃山”，哈尼族善采集各种野生绿色食品，食野生绿色食品是哈尼族平常生活的一大特色，如野薄荷、鱼腥菜、楼梯菜、菌类、竹笋、蕨菜、百合、木耳等。

哈尼族的饮茶历史悠久，创制于 20 世纪 70 年代，茶叶是绿春县涉农最多、能够使群众脱贫致富的最佳产业，其中玛玉茶有“西南龙井”之称。绿春独有的地理气候及水土条件为特殊的植物生长提供了相对固定而优越的生存环境，该县骑马坝乡哈尼山寨玛玉村产出的“玛玉牌红茶”最具代表性，它产自于海拔 1500 米的高山，这里全年雾天多达 90 天，相对湿度高达 80%，气候温和，年均气温仅为 16 摄氏度，加上这里古木参天，土壤肥沃，对于茶树生长是极有利的。在哈尼祭祀过程当中，茶作为第一道祭祀品，可见茶叶在哈尼族当中的重要之处。除此之外，待客也会用茶叶，以表示对客人的热情。

哈尼族在长期的生产生活实践中创造出用铜锅、木甑蒸“小锅酒”的酿酒技术。哈尼族蒸“小锅酒”不用工业酒曲，而是用自己配制的酒曲。配制酒曲原料主要用大米、花椒、辣椒、料酒，工艺复杂。其流程是：原料浸泡—蒸煮—摊凉—拌醅—发酵—整酒等，周期长、费原料、不按质摘酒。但是，蒸馏制成的“小锅酒”浓度高，一般有 50—60 度，具有独特的金黄色、清醇甘甜、清香浓烈、口味纯正等特点。

（二）独特的饮食习俗

哈尼族一般一日三餐，早饭比较简单，就是在太阳出山前就吃完了，太阳出山的时候，人们就到田里干活；中午饭是早晨做好，用竹盒装好带到田里吃，吃完饭接着干活；晚餐相对比较丰盛，太阳落山时，人们从田里干完活回家，晚餐主要由家庭主妇来做。

哈尼族的饮食习俗与哈尼族繁多的节日密切相连，《绿春县民族志》及在当地人讲述下，研究人员得以了解哈尼族其他重要节日饮食习俗。以农历十月为岁首，一年中的主要节日有“十月年”“祭寨神”“黄饭节”“端午节”“六月节”“谷穗节”“哈尼姑娘节”等。

哈尼族的“干通通”“和式扎”，汉族译为“十月年”。每年阴历十月的第一个属龙日是除夕，按照哈尼族的历法习惯，哈尼族把农历十月年作为岁首，是哈尼人的年节。节期5—6天，以杀猪、设年宴、祭祀祖先、串亲访友为主要活动内容。属龙日当天，也就是除夕。清晨，每家在自家门口杀一只小鸡以驱邪，晚上点灯，迎接祖宗回家过年；第二天属蛇日初一，家家户户都要杀鸡杀猪，设置年宴来庆祝，并祭祀祖宗活动，祭品有茶、酒、肉、米饭，置于堂屋神龛上，老少依次磕头，保佑五谷丰登，饮食有余。第三天属马日，出嫁姐妹回娘家拜年，装着糯米粑粑、酒、肉等，娘家也要设宴款待，并送糯米粑粑或蛋作为礼品。十月年最为特色的就是摆设长街宴，也就是集中摆宴喝酒。长龙式的酒宴从头到尾欢声四起，载歌载舞，尽情吃喝。整个寨子充满了幸福的欢乐气氛。

祭寨神是哈尼族村寨以祭祀寨神为主要内容的宗教节日，为期三天，哈尼族视寨神为最大的保护神，每个村都有一个祭寨神的主持人，哈尼人称“咪谷”，是哈尼族的精神领袖。祭祀当天，咪谷带领村民，赶着猪、提着鸡到寨神林做祭祀活动，猪和鸡等祭品用清水“净身”，向寨神进行活祭，之后把猪和鸡杀了，割下一部分煮熟后进行熟祭；祭品有三碗茶水、酒、肉、糯米饭及一双筷子，祭品置于一张篾桌，由咪谷抬着向寨神祭祀。随后村民们磕头，并在寨神林就餐。祭寨神也会设长街宴，各家把篾桌抬到街心，汇成一条长龙似的宴席，邀请邻村亲戚和外族朋友，端上山珍海味尽情吃喝，尽情歌舞。

黄饭节，时间一般在农历三月栽秧前的属马或属羊的日子，祭祀春神为主要活动，每户用黄饭花染黄糯米饭、染黄鸡蛋、舂糯米粑粑、杀鸡来祭祀春神，以示春季到，哈尼山区梯田开始栽秧。

谷穗节，又叫糠脑爬，是哈尼族一次比较神圣隆重的节日，一般在农历六月或七月初属牛、龙或属狗日进行，前一天傍晚，各家在自家门外杀一只小鸡，就地食用，表示驱邪。当天凌晨，各家主妇背上篾箩，点着火把，到自家稻田里背谷穗，天亮之前到家。这天，每家都要杀鸡，舂糯米粑粑祭祀祖宗。上午，从背回来的谷穗中选籽粒饱满的几株谷穗摘下谷子，备用炒米花和剥出几粒新米掺于老米共煮食用，其他谷穗捆成三束在祖宗神位的神龛下，就是所谓的“糠脑爬”。这天的祭品和菜肴除了猪肉鸡肉外，连笋带尖头的一碗竹笋是必不可少的。

哈尼姑娘节，村里的姑娘要准备出嫁了，从小一起长大的姑娘要共同煮糯米蛋饭吃，此习俗在绿春县戈奎大兴一带比较盛行，姑娘节以糯米饭为主食，有鸡，鱼，还有米粉、魔芋、豆芽、水芹凉拌四种菜。米粉和魔芋是姑娘亲手做的，水芹野菜也是姑娘亲手摘的，吃一口糯米饭表示姑娘们团结和睦，姐妹吃告别饭吃一颗蛋黄心，尝一口魔芋，祝福姐妹健健康康，品一口豆芽、凉拌水芹菜，象征姑娘们遍地生根、发芽。

（三）特色美食

哈尼蘸水：绿春最出名的蘸水在戈奎乡，而子雄村又是有着最正宗的戈奎蘸水的村落，子雄村的蘸水食用鲜美，主要和当地的水源及当地食材品性有关。鸡肉、鸡血、鸡蛋是戈奎蘸水必备的食材。各种野菜被冲洗干净，加入小葱、大葱、辣椒、花椒、芫荽等10多种作料，有的多则30种，全部切细放到一起，再加上煮熟的鲜鸡汤，香气逼人，可谓戈奎一绝。

糯米粑粑：哈尼语称“粭糯阿把”，具有黏稠味香的特点，是哈尼族节庆间馈赠亲友必不可少的礼仪性食品之一，也是节庆中必不可少的食物。其烹饪方法是将糯米装入盆中加水浸泡七八个小时后，把水控干，装入甑中蒸到熟透，接着连甑带糯米饭端到碓房中，趁热分数次将糯米饭舀入碓中舂细。将舂细的糯米饭放到簸箕上，将其拍捏成圆饼状，并用芭蕉叶包起来。如此循环直至将全部糯米饭舂完为止，存放在家中备用。

哈尼豆豉：哈尼豆豉用黄豆制作，黄豆主要来源于梯田的田埂上，由于田埂湿润，通风性好，因此种出的黄豆粒大饱满、产量很高。豆豉的制作方法主要是先把黄豆煮熟，凉冷后，用纱布袋包起来，加裹稻草，让它发热发酵。捂上三五天又取出来，放在大盆里，用手捏成一个个小蛋蛋，放在簸箕或筛子里，让太阳暴晒，晒干后放在干燥处保存，随时取用。哈尼豆豉形如小球，漆黑如炭，吃饭之前，放入火塘，烤熟后，捣碎放入调料齐全的蘸水，即可食用。哈尼族有“没有豆豉，不成蘸水”“宁可三日不吃油，豆豉顿顿不能少”“不吃豆豉，不会唱山歌”等说法，充分反映了豆豉在哈尼族饮食文化中的重要地位。

腌制品：哈尼族有腌制肉类和蔬菜的习惯，腌制品自然占据哈尼饮食的重要地位。哈尼菜肴中腌制品种类繁多，有腌肉、腌鱼、腌蛋以及各种腌蔬菜。腌制蔬菜的时候是要把菜晒干，再洗净切碎，放入干饭，再撒上盐、辣子等装罐。肉类腌制，用盐、辣椒、酒等腌，可以蒸或煮后食用。

白旺：有的少数民族喜欢吃生菜生肉，哈尼族也不例外。他们在杀猪时留下猪血、猪肝，将猪肝炒香，和鲜猪血、花生、苤菜根按一定比例拌匀。加入盐、辣椒、蒜等作料，兑入适当的水，其结板成块即可食用。是哈尼男子下酒的好菜。味觉之外，感悟取之自然又还原自然的味道。

“异种”美味：大约在农历六月二十四，哈尼族就有一个捉蚂蚱节，梯田种植一季水稻，哈尼族就在水稻开始抽穗时通过“捉蚂蚱”的形式来祛除虫害，以此保证水稻丰收。制作时将蚂蚱肢解、碾碎，掺和面粉，用炉子烘烤，又香又脆，有高蛋白、磷、铁等多种维生素，具有很高的营养价值。同时，蚂蚱还可以入药，有暖胃健脾消食、祛风止咳的功效。竹节虫、蜂蛹、虾巴虫等各类昆虫，都能被哈尼族当作一道美食。

（四）梯田农耕文化

哈尼族从事农业生产历史悠久，早在宋代岔弄河，阿迪河两岸的山腰上就有了梯田。千百年来，哈尼人民通过他们的聪明智慧保护和开发着梯田文化，梯田不断提供着丰富的稻米及水产品，同时调节了气候，保水保土，维系着生态系统的平衡，于2013年被列入世界遗产名录。

从哈尼饮食的结构来看，主要以大米为主食，分为白米、紫米和红米，红米一年仅长一季，含有丰富的钙、锌等微量元素，正是由于红米的低产量、高营养，造就了红米的高价值，红米的产量自然又离不开梯田。梯田除了种植水稻以外，还用来养鱼，这也是因地制宜合理利用资源的体现，鱼吃稻田里的虫和杂草，鱼粪又为水稻提供肥料，一举两得。

哈尼梯田集历史价值、科学价值、艺术价值、社会价值和经济价值于一体。哈尼梯田在哀牢山区经历了1300多年，是发展历史及农耕文化的真实见证；哈尼梯田所展现出的可持续生态发展观以及精湛的稻作技术，蕴含的精巧且丰富的科学技术是其他民族所不能及的；哈尼梯田的美景所表现出来的艺术价值，是人与自然互动的结果，宏大壮观的农业景观，展示了世居哈尼族的生存杰作，同时也创造出一系列水稻梯田农耕文化的服饰、习俗及歌舞；哈尼族对哈尼梯田共同的认知及维系自我的认同感，确立了哈尼族团结友爱、互帮互助、社会团结的物质和精神寄托，对于当今世界各民族团结发展有很大的启示作用；梯田每年产出的谷物、果蔬、水产品是哈尼族赖以生存的基本资源及经济基础。哈尼梯田越来越吸引人们的眼球，在保护的同时，寻求最佳开发途径，使梯田的文化经济价值得到最大提升，从而提高哈尼族的生活水平，最终达到人与梯田和谐发展。

（五）和谐生态文化

哈尼族老人常对年轻一辈教导树、水、田、人是相互不能离开的，哈尼族一直以来对自然极其崇拜，小到一块石头、一棵树，大到一座山，都是值得敬畏的。故哈尼有祭山神、祭水神、祭树神等活动。祭山神一般用鸡、猪、牛等，以求山神消灾避难、风调雨顺。祭水神祭品为一只母鸡和糯米饭、鸡蛋等，以求水流不竭。在“昂玛突”祭祀寨神活动中，祭祀寨神林是最为隆重的，咪谷将米饭、盐巴、辣椒、酒供奉在神树下，以求来年五谷丰登、六畜兴旺。人力和神力共同保护了生态环境，其次，哈尼族会在村寨周围栽种果树，形成生态果林。

哈尼族大多自己栽种蔬菜，但也会经常到梯田或山上采摘野菜。哈尼族食用的野生植物非常多，良好的自然条件给野菜生长提供了优越的环境，各种野菜四季不衰，因此没有优越的自然条件就没有众多野菜供哈尼族食用。

（六）优良传统文化

哈尼族是一个拥有众多优良传统文化的民族，在族内互帮互助、尊老爱幼，对客人充满热情。

哈尼族在餐桌上有一定的规矩，用餐人全部到齐后才能斟酒，先从年纪最大的开始，开席必须由长者先动筷，若小者先动，会被视为不礼貌。逢年过节，要互相敬酒，必须是年幼者敬老人，杀鸡时要把鲜嫩的肝脏和精肉给老人吃。在农忙季节，户与户之间采取的是互工互助的方式，一家有事大家帮，体现了哈尼族尊老爱幼以及互相帮助的性格特点。

淳朴豁达的哈尼族对家人如此，对客人同样充满热情。家里来客人，都会让座，用茶酒接待，把客人视为富神，用最美味的美食招待客人，杀鸡杀鸭，菜肴都比平时丰盛。在长街宴中，不论你来自哪里，哈尼人民都会热情邀请你一同加入宴席中，一起品尝美味，感受最自然真诚的哈尼文化。

（七）绿春哈尼饮食文化的特殊功能

1. 促进经济发展

2016 年上半年绿春餐饮收入 5413 万元，同比增长 14.1%；占全县社会消费品零售总额的 11.5%。强劲的餐饮消费，对经济增长作出了积极的贡献，但仍然存在很大的发展空间。

现如今，游客在餐饮上的花费不断增加，就此趋势，饮食业要抓住机会，大力发展。因此，加大饮食文化资源的开发，开展以饮食活动为主要内容的旅游活动，将使游客在“吃”上的消费增加，调动游客对民族特色饮食产品的购买欲望，从而使整个旅游产业中各方面经济持续发展。

2. 增加就业机会

就业难成了当今社会一大问题，想要扩大就业就要大力发展第三产业，其中就包括饮食业。饮食业虽然技术含量不高，产品附加值不高，经济贡献也无法与高新技术产业相比，但是它却有着很多优势：进入门槛低，投入少、对技术要求不高，比较适合下岗再就业人员和剩余劳动力等群体，这是解决就业问题的有效途径。如果将种植业、养殖业、副食品业、旅游业等有关产业联系起来，能提供的就业岗位的数量就更大了。开发好饮食行业，可以适当缓解绿春县的就业问题。

3. 推动旅游发展

中国一直拥有底蕴深厚的饮食文化，不仅推动着饮食产业的发展，同时对于饮食文化的传播也起到一定作用，如此一来，不仅激发了国内游客的旅游热情，而且也提高了中国旅游在国际市场上的吸引力。各部门重视文化旅游发展，纷纷强调要以文化旅游产业为重点，着力加速第三产业崛起。绿春县也加快步伐大力发展文化旅游业：加快阿倮欧滨遗址公园二期工程、“万亩樱花海”、腊姑和桐株梯田湿地公园建设进度，新建特色民族文化旅游村，深入推进长街宴文化旅游节，提高旅游接待能力与服务水平。2016 年绿春县旅游接待游客 20.99 万人次，其中民族饮食旅游就起了很重要的作用。近年来绿春政府更加重视饮食产业对拉动内需以及繁荣市场的作用，积极出台相关政策，通过饮食来促进经济发展。例如：开发美食一条街、“十月年”长街宴等都取得了可喜效果。节日、活动、独特饮食等餐饮文化等得到了人们的青睐，促进了旅游业的发展。

4. 继承发扬哈尼文化

绿春哈尼饮食文化是生活在绿春的哈尼族在长期的生产生活中形成的具有地方民族特色的饮食文化，蕴含了绿春哈尼族人民丰富的民族风情和地域习惯。绿春民族饮食文化历史悠久、内涵丰富，传统的一些饮食种类、饮食习俗及烹制方法保留至今，如竹筒鸡、树花染饭、糯米粑粑、哈尼豆豉、戈奎蘸水等，都反映了在长期的生产生活中，哈尼人民共同努力创造的生活习俗与习惯偏好，为继承和弘扬传统文化提供了重要的线索与途径。少数民族饮食的原料、器具、技术、礼仪等，包含深厚的文化内涵。从器具来看，现在还有很多人使用木头、竹子、树叶等做成的碗、筷、盘，体现了他们与自然和谐相处的状态。

红河州博物馆馆长李克山曾提到，随着社会的进步和发展，哈尼传统文化正面临着消失的危险，由于外来饮食的冲击以及年轻一代哈尼族对于传统饮食缺乏热爱等原因，一些特色饮食只有老一辈人会制作，很多传统器具也随着时代变化而不再使用，成了博物馆展物等。因此加大对饮食文化习俗的保护，使饮食文化得以传承和延续，这对建设民族文化强州、县具有重要意义。因此，如何弘扬民族优秀文化传统，建设具有绿春哈尼特色文化，是一个集理论与实践为一体的重大问题。饮食作为一种重要的民族文化传承的载体，在继承、发扬民族传统文化中起着不可磨灭的作用。

5. 保护文化多样性

保护文化多样性具有很大的意义。自古以来，绿春恶劣的自然环境造成了交通不便，导致与外界联系较少，由于这样一种比较孤立的状态，阻碍了其他民族文化的进入，以此保存了自己特色的饮食文化风格。在研究哈尼特色饮食的基础上，对哈尼族的饮食文化资源进行开发利用，深入挖掘哈尼特色饮食文化，不仅是对绿春民族文化建设作出贡献，同时还保护了文化多样性。文化多样性不仅指哈尼饮食文化的多样性，同时也是哈尼其他文化的多样性。首先，从饮食自身来说，菜肴、饮食餐具、炊具、餐饮设施、用餐方式等直观鲜活的内容，丰富多彩，开发饮食文化就要开发饮食文化多样性，以此保护饮食文化的多样性；其次，在开发饮食文化的同时，不仅可以让人们重视饮食文化，同时还可以带动其他文化的发展，如长街宴起初为了祭祀而每家将美食与同寨人共享，后来在政府支持下，长街宴除了让世人品尝哈尼美味饮食以外，还有哈尼歌舞表演、祭祀仪式以及餐桌礼仪等文化。各种文化共同发展，哈尼文化的多样性因此也得到了保护。

6. 培育哈尼旅游品牌

绿春这个以哈尼族为主要民族的地区，其旅游开发更是主要以民族旅游为重，在旅游方面不断挖掘少数民族特色文化，民族旅游就成为绿春旅游发展的品牌。县委、县政府在对县情进一步认识的基础上，坚持在“民俗民风”的品牌驱动下，深入发掘饮食文化在旅游活动中的推动作用，树立绿春旅游形象，重点培育哈尼族旅游的文化品牌。

如今绿春哈尼长街宴早已成为绿春一个典型的文化品牌，集宗教、饮食、歌舞、服饰等民俗文化为一体的哈尼盛典，吸引着来自国内外众多游客。特别是近年来，绿春县全力做好民族文化形象提升工作，在2015年长街宴期间，着重推出了民族文化培根行动“123”工程，推出一套哈尼族礼仪；唱好两首歌；讲好三句文明话，进一步树立绿春是哈尼语标准音所在地的主体地位。融合到长街宴中，长街宴的品牌形象进一步得到提升。

讨论与结语

绿春哈尼族在漫长的历史长河中，不仅创造了物质财富，并且以智慧和勤劳创造了丰富灿烂的民族文化，有体现本民族特色的诗歌、传说、神话、音乐、舞蹈以及节日、习俗、饮食、工艺等，充实了哈尼族的文化宝库，为绿春文明作出了巨大贡献。

通过对绿春县哈尼族饮食的特点分析，可以看到哈尼族饮食资源丰富多彩，不仅得益于先天的独特自然地理环境，同时在丰富的社会文化环境影响下构成了哈尼的多元饮食结构：日常饮食习俗、节日饮食习俗及一些特色美食的分析可以看出，在美食色香味俱全的情况下，透过外在特色而引申出来哈尼族的一些饮食内在文化特色：如哈尼人智慧的结晶——农耕梯田文化；人与自然和谐相处的生态观以及哈尼族祖祖辈辈相传的优良传统。这些饮食文化的内外特点，对于绿春，对于哈尼族的发展有着积极的作用，不仅体现在经济方面：促进了经济发展，增加就业推动旅游业发展；同时体现在文化方面：继承发扬哈尼文化，保护文化多样性以及培育出优秀哈尼文化品牌。

哈尼族饮食资源的开发也存在一些问题，首先是边远的地理位置和交通不便不利于游客进入；其次就是理念滞后，管理不善，开发形式单一，缺乏多元化，面临周边区域的竞争压力；再者，开发与保护的矛盾日益凸显。不合理的资源开发带来民族文化的失真化、商业化。在保护与开发过程中，如何处理好民族文化保护与旅游开发之间的关系，都是需要认真对待的问题，既要促进经济发展，又要保护好民族文化。坚持并切实贯彻我党提出的新时代“创新、协调、绿色、开放、共享”的新发展理念，绿春县作为边疆贫困县有优势对其饮食文化资源进行开发利用，转劣势为优势，抓住机会，积极应对挑战，谋求社会经济的全面发展。

参考文献

陈永邺：《欢腾的盛宴：哈尼族长街宴研究》，云南人民出版社2009年版。

曹文寿：《金平县哈尼族的农耕饮食土著文化》，载《云南农业科技》2002年第5期。

范娇娇：《饮食文化旅游产品体系构建》，载《辽宁教育行政学院学报》2010年第2期。

方铁：《论云南饮食文化与云南历史发展》，载《饮食文化研究》2007年第23期。

关剑平：《田中静一与中日饮食文化交流史研究》，载《饮食文化研究》2004年第2期。

贺菊莲：《饮食文化资源开发利用与贵州新农村建设》，载《安徽农业科学》2011年第13期。

贺菊莲：《饮食文化资源开发利用与贵州快速转型发展》，载《楚雄师范学院学报》2013年第28期。

李雄春：《天赐美食：哈尼梯田饮食图谱》，云南美术出版社2010年版。

林乃燊：《中国古代饮食文化》，商务印书馆1997年版。

林乃燊：《中华文化通志饮食志》，上海人民出版社1998年版。

刘艳芳、刘於清、李平：《湘西民族饮食文化与旅游开发》，载《扬州大学烹饪学报》2008年第2期。

卢鹏：《梯田农耕与哈尼族饮食文化—哈尼山寨箐口为例》，载《南宁职业技术学校学报》2011 年第 1 期。

卢鹏：《中越边境哈尼族果角人的饮食结构》，载《南宁职业技术学校学报》2013 年第 4 期。

徐义强：《独特的哈尼族饮食文化》，《百科知识》2012 年第 14 期。

马学芬：《绿春县哈尼族长街宴研究》，云南大学硕士论文。

孙中山：《建国方略》，新知三联书社出版 1998 年版。

田芙蓉、蒋文中：《利用民族饮食文化发展云南生态旅游对策研究》，载《昆明大学学报》（综合版）2005 年第 2A 期。

王洪伟：《世界上最长的宴席》，载《中国地名》2006 年第 12 期。

王刘刘：《论我国的饮食文化与旅游业发展》，载《黄山高等专科学校学报》2001 年第 3 期。

王桥银：《哈尼“野味”》，载《今日民族》2012 第 8 期。

王子华、汤亚平：《彩云深处起炊烟—云南民族饮食》，云南教育出版社 2000 年版。

韦家瑜：《桂北少数民族饮食文化资源旅游开发研究》，广西师范大学硕士论文。

熊姝闻：《成都饮食文化资源的旅游开发》，山东大学硕士论文。

徐吉军、姚伟钧：《二十世纪中国饮食史研究概述》，载《中国史研究动态》2000 年第 8 期。

余世谦：《中国饮食文化的民族传统》，载《复旦学报》（社会科学版）2002 年第 5 期。

徐文苑：《中国饮食文化概论》，北京交通大学出版社 2005 年版。

薛佳：《试析饮食文化在旅游开发过程中的文化变异问题—发展多层次饮食文化旅游》，载《特区经济》2009 年第 9 期。

杨文骐：《中国饮食民俗学》，中国展望出版社 1983 年版。

于宏：《云南少数民族饮食发展与饮食文化特征》，载《中国科技博览》，2010 年第 1 期。

章采烈：《中国美食特色旅游》，对外经济贸易大学出版社 1997 年版。

郑宇、杜朝光：《哈尼族长街宴饮食的人类学阐释——以云南省元阳县哈播村为例》，载《西南边疆民族研究》2014 年第 2 期。

Goody，Jack：《烹饪、菜肴与阶级》，王荣欣、沈南山译，杭州：浙江大学出版社 2010 年版。

Anderson，E. N. 2003. 《中国食物》，马孆译，南京：江苏人民出版社。

Robertsd，J. A. G. 《东食西渐：西方人眼中的中国饮食文化》，杨东平译，北京：当代中国出版社 2008 年版。

Boniface，Priscilla. 2003. *Tasting Tourism：Travelling for Food and Drink*. London：Routledge.

Chang，K. C. 1977. *Food in Chinese Culture：Anthropological and Historical Perspectives*，New Haven，CT：Yale University Press.

Lucy，Long. 2004. *Culinary Tourism*. Lexington，KY：The University Press of Kentucky

Simoons，Frederick J. 1990. *Food in China：A Cultural and Historical Inquiry*. Baca Raton：CRC Press.

消费者食品安全教育研究*

——以云南省宁蒗县摩梭人为例

自从三鹿奶粉事件后，食品安全在中国得到高度重视，全国人大在2009年2月通过的《中华人民共和国食品安全法》于2009年6月1日开始实施。该法对食品生产经营、食品安全标准、食品安全风险监测和评估、食品检验、监督管理和赔偿做了详细的规定，为保证食品安全，保障公众身体健康和生命安全，提供法律保障。卫生部和中国疾病预防控制中心联合于2009年2月19日在武汉召开了全国食品污染物监测网和食源性疾病监测体系工作会议，会上决定，我国将通过2009年至2010年两年的努力，在全国建立起覆盖各省、市和县并逐步延伸到农村地区的食品污染物和食源性疾病监测体系，要求各地政府要进一步加强食品安全监测网络与技术能力的建设，成立由医学、农学、食品、营养、检验检疫等方面的食品安全专家队伍，开展综合性食品安全调研，对高风险食品原料、配料和食品添加剂开展主动的动态监测。① 可以预见，今后在中国，食品生产、加工和流通领域的食品安全将得到有效监控。

然而，食品安全不仅仅是生产者和销售者的责任，消费者也必须充分认识到自己在预防食品污染和控制食源性疾病方面应发挥的作用，要拥有正确的食品安全知识、态度和行为。质量再好和安全的食品，特别是新鲜的动植物食品，消费者不正确的处理行为，也会导致食源性疾病或食物中毒，给消费者带来身体上的痛苦、经济上的负担，甚至死亡。消费者食品安全行为教育同样应受到全社会的重视。

笔者通过实地观察、访谈和问卷的方式，调查云南宁蒗县摩梭人食品安全知

* 本文原发表于《中国农业大学学报》（社会科学版）2009年第4期。

① 国家食品安全监测信息系统，2009年，我国将构建全国食品污染物和食源性疾病监测体系。http://www.chinafoodsafety.net/?action-viewnews-itemid-74。

识、态度和行为，结合分析卫生部和中国疾病预防控制中心公布的有关食物中毒事件的资料，探讨消费者食品安全教育的必要性及其主要内容。

食物中毒事件

我国食物中毒事件的统计资料是由中国疾病预防控制中心网络直报系统收集，卫生部办公厅向全国通报。2008 年，共收到全国食物中毒报告 431 起，中毒 13095 人，死亡 154 人，涉及 100 人以上的食物中毒 13 起。其中，有毒动植物食物中毒 125 起，中毒 2823 人，死亡 80 人，分别占总数的 29%、21.56% 和 51.95%；微生物性食物中毒 172 起，中毒 7595 人，死亡 5 人，分别占总数的 39.91%、58% 和 3.25%；化学性食物中毒 79 起，中毒 1274 人，死亡 57 人，分别占总数的 18.33%、9.73% 和 37.01%；不明原因食物中毒 55 起，中毒 1403 人，死亡 12 人，分别占总数的 12.76%、10.71% 和 7.8%。2008 年发生的食物中毒中，家庭食物中毒 147 起，中毒 3110 人，死亡 132 人；集体食堂食物中毒 162 起，中毒 5302 人，死亡 4 人；饮食服务单位食物中毒 64 起，中毒 3042 人，死亡 2 人；其他场所食物中毒 58 起，中毒 1641 人，死亡 16 人。从致病因素分布分析，微生物性食物中毒的报告起数和中毒人数最多。从食物中毒场所分布分析，集体食堂食物中毒的报告起数和中毒人数最多，而发生在家庭的食物中毒的死亡人数最多，占总数的 85.71%。①

云南疾控资讯网登载 2008 年发生在中国的食物中毒事件，除因食用三鹿奶粉引起婴幼儿患病案例外，共登载了 39 起重大食物中毒案件，中毒人数由少再到数十人最后上升到约 700 人，②涉及北京、上海、云南、广东、新疆、黑龙江等 16 个省市。这些食物中毒事件发生的场所主要是集体食堂和餐馆，引发中毒的原因复杂，包括食用变质和有毒食品、食用未煮熟的食品、厨房卫生不合格、冷藏食品未达到合适的温度等。

我们应清楚地认识到，中国疾病预防控制中心网络直报系统所收到的报告，

---

① 卫生部办公厅，2009 年，卫生部办公厅关于 2008 年全国食物中毒报告情况的通报。http：//www.my.gov.cn/image20050518/105457.doc。

② 云南疾控资讯网，2009 年，疾病信息：食源性。http：//www.yncdc.cn/CatyInfoList.aspx?varCatyID=0116。

可能只占全国各地所发生的食物中毒实际数量的很少一部分，规模大、中毒人数多和引起死亡的食物中毒事件才会得到报告，消费者个人在家或外出吃饭而生病，无论他们是否去医院治疗，都很难报到中国疾病预防控制中心网络直报系统中。以美国为例，美国疾病预防控制中心估计，美国每年因食物污染引起大约7600万人生病，32500人住院，5000人死亡。① 而美国疾病预防控制中心在网上公布的2007年全美食物中毒事件有1097起，中毒人数为21183人。② 可见实际数据与估计数据相差甚远，每年各国官方统计的食物中毒数据，只是冰山的一角。

摩梭人的食品安全调查

2009年2—3月，笔者率领研究团队在云南省宁蒗县13个摩梭人自然村做消费者食品安全调查。调查采用问卷调查、访谈和实地观察的方式。问卷由3部分组成：食品安全行为、食品安全态度和食品安全知识。所有问题是选自Lydia Medeiros和笔者等人组成的研究团队在美国开发的消费者食品安全测试题（Medeiros等，2001；Medeiros等，2004；Kendall等，2004），并根据摩梭人的生活习惯稍加修改。调查首先是由村里的摩梭在读大学生，经过集中培训后，回到各自的村庄进行随机问卷调查。然后，调查组到调查点，收集问卷，并访问当地摩梭人，开放式地谈论有关食品消费和处理问题，并观察摩梭人家里的煮饭设施及过程。在近一个月的调查中，收回了178份问卷，去掉21份有漏答题的问卷，实际有效问卷157份。问卷用SPSS作统计分析。

所调查的13个摩梭人自然村分布在宁蒗县的大兴镇和拉伯乡，共有664户、1740人。在回答问卷的157人中，男性76人，女性81人。21—40岁的人有76人，占48.4%；41—60岁，48人，占30.6%；60岁以上，21人，占13.4%；20岁以下，11人，占7%；未报年龄的有1人。教育程度，高中以下学历占绝大多数，有141人，占89.8%；高中学历，3人，占1.9%；大专和大学本科，各

① National Institute of Health, 2009, Foodborne Diseases. http://www3.niaid.nih.gov/topics/foodborne/default.htm.

② Center for Disease Control and Prevention. 2009. Summary Statistics for Foodborne Outbreaks, 2007. http://www.cdc.gov/foodborneoutbreaks/documents/2007/entire_report.pdf.

1 人，分别占 0.6%；11 人没有登记受教育情况。

（一）食品安全行为问题

该部分问卷有 16 个问题，分两部分，各有 8 题。第一部分的问题主要涉及洗手、洗用具、洗新鲜蔬菜和水果等消费者食品处理行为，答案采用里克特量表（Likert Scale），有“从不”（never）“很少”（rarely）“有时”（some of the time）“多数时候”（most of the time）“总是”（always）和“问题不适合我”（does not apply to me）6 个尺度。表 1 统计了每个尺度选择的百分比人数，并用 0—5 分来表示每题平均得分，得分越高，越接近正确答案。第二部分询问是否吃过或喝过 8 种食品，其中 7 种食品有可能引发食源病，1 种为安全食品。有 3 个选择答案：“吃过”“没有”和“不知道”（表 2）。

从表 1 的统计中，可以看到，每题的平均得分没有 5 分，超过 3 分的仅有 3 题，即第 1、第 7 和第 8 题。3 分表示 157 人的食品处理行为有时是正确的，多数时候是不正确的。在这 157 人中，仅 10 人自报做饭前总是用热肥皂水洗案板和菜板或用热肥皂水洗同生肉接触过的厨房用具，各占总人数的 6.4%；接触生肉后总是先用热肥皂水洗手，后继续做饭，有 16 人，占 10.2%；从来不把熟食放在炉台上而第二天继续使用，只有 7 人，占总人数的 4.5%；总是先用水冲洗新鲜水果和蔬菜，然后再食用，有 62 人，占总人数的 39.5%；做完饭后，总是用热肥皂水擦洗案板的，有 14 人，占总人数的 8.9%；接触猫或狗后，总是用热肥皂水洗手再吃东西的，有 33 人，占总人数的 21%。

表 1　食品安全行为问卷

你做下列事吗？	回答（157 人中所占百分比）						平均得分（157 人）
	从不	很少	有时	多数时候	总是	问题不适合我	
做饭前，我用肥皂和流水（自来水）洗手	4.5	22.3	35	24.2	13.4	0.6	3.18 ±1.1
做饭前，我用热的肥皂水洗案板、菜板	24.8	17.2	33.8	17.2	6.4	0.6	2.61 ±1.23

续表

你做下列事吗?	回答(157人中所占百分比)						平均得分(157人)
	从不	很少	有时	多数时候	总是	问题不适合我	
用刀切生肉和生鸡肉后,我用热的肥皂水洗同生肉接触过的用具,如刀、菜板、案板、盘子等,然后再继续做饭	29.3	17.2	29.9	14.6	6.4	2.5	2.44 ±1.29
手接触过生肉后,我先用热的肥皂水洗手,再继续做饭	11.5	31.8	30.6	15.3	10.2	0.6	2.79 ±1.17
做完饭后,我用热的肥皂水擦洗案板	21	22.3	32.5	14	8.9	1.3	2.64 ±1.25
我把煮熟的食品,如米饭放在炉台上,第二天继续使用	4.5	12.1	27.4	40.1	14.6	1.3	2.48 ±1.07
食用前,我用流水彻底冲洗新鲜水果(包括瓜类)和蔬菜	1.3	10.2	18.5	30.6	39.5	0	3.97 ±1.05
接触猫或狗后,吃东西前,我用热的肥皂水洗手	17.2	8.9	21.7	24.8	21	6.4	3.04 ±1.57

表2 食品安全行为问卷

你是否吃或喝过下列食品?	回答(157人中所占百分比)		
	吃过	没有	不知道
生牛奶(没有煮开)	79.6	17.2	3.2
生肉或生鱼肉	11.5	88.5	0
生水(没有煮开)	95.5	4.5	0
生豆芽	14	81.5	4.5
蛋黄还流淌的荷包蛋	53.5	34.4	12.1
用生牛奶制作的酥油	78.3	13.4	8.3
瓶装水	83.4	15.3	1.3
没热过的剩饭	87.3	12.1	0.6

（二）食品安全态度问题

该部分有10个问题，其中有7个正面问题，3个负面问题。答案采用里克特量表，有“非常同意”“同意”“不同意”“非常不同意”和“问题不适合我”5个尺度。统计时，把“非常同意”和“同意”归为“同意”类，“不同意”和“非常不同意”为“不同意”类（见表3），以明示正确与错误态度。

表3　食品安全态度问卷

陈　　述	回答（157人中占百分比）		
	同意	不同意	问题不适合我
吃蛋黄和蛋清都彻底煮熟、无流质的鸡蛋对我的身体健康很重要	73.9	17.8	8.3
喝高温消毒过的牛奶对我的身体健康很重要	66.3	14.6	19.1
切生肉或鸡肉后，我喜欢先用热肥皂水洗菜板、刀和案板，然后再继续做饭	70.7	23	5.7
我不在乎吃生鱼或生肉会使我得病	16.6	73.9	9.6
每次都用干净的布擦洗案板或菜板，这太麻烦	26.1	70.7	3.2
在收拾生肉或鸡肉后，我愿意用肥皂和流水洗手	80.9	15.9	3.2
把煮熟的肉同生肉汁分开，这对我来说非常重要	73.9	15.3	10.8
做饭前，我愿意用热的肥皂水先清洗厨房做饭用的案板、刀具、菜板等用具	73.9	22.9	3.2
用干净水冲洗水果和蔬菜对我的身体健康非常重要	93	5.7	1.3
对水的安全问题，我不关心，我不在意喝生水	35.7	59.2	5.1

如表3所示，在157人中，93%认为用干净水冲洗水果和蔬菜对我的身体健康非常重要；80.9%乐意在收拾生肉或鸡肉后，用肥皂和流水洗手；73.9%乐意在做饭前，用热的肥皂水先清洗厨房做饭用的案板、刀具、菜板等用具；73.9%认为把煮熟的肉同生肉汁分开，非常重要；73.9%认为吃蛋黄和蛋清都彻底煮

熟、无流质的鸡蛋，对身体健康很重要；73.9%在乎吃生鱼或生肉会使他们得病；70.7%喜欢在切生肉或鸡肉后，先用热肥皂水洗菜板、刀和案板，然后再继续做饭；70.7%不同意每次都用干净的布擦洗案板或菜板太麻烦的观点；66.3%认为喝高温消毒过的牛奶，对身体健康很重要；59.2%不同意对水的安全问题，不关心和不在意喝生水的观点。由此可见，多数人对食品安全，有正确的态度。

（三）食品安全知识问题

该部分有10个问题，其中8题有3个选择答案，另外两题有5个选择答案，但所有8题都只有一个正确答案。分析时，“不知道”表示缺乏相关知识，被定为错误答案。只有答对，才能得一分，否则得零分。

表4　食品安全知识问卷

问题及选择答案	回答正确（157人中所占百分比）	回答错误（157人中所占百分比）	平均得分（157人）
做饭前，最好的洗手方式是：①用湿的餐巾纸或毛巾擦　②用你的围裙或衣服擦用水冲洗　③用肥皂和热水冲洗　④不清楚	33.8	66.2	0.34 ±0.47
如果你腹泻拉肚子，你可以先洗手，然后再为家里的人做饭：①同意　②不同意　③不清楚	8.3	91.7	0.08 ±0.28
煮大块肉时，当看见肉的中心没有任何红颜色，你知道所有细菌都被杀死，可以安全地吃肉：①同意　②不同意　③不清楚	16.6	83.4	0.17 ±0.37
煮鸡蛋直到蛋清和蛋黄都凝固，可以杀死有害细菌：①同意　②不同意　③不清楚	58	42	0.58 ±0.5

续表

问题及选择答案	回答正确（157 人中所占百分比）	回答错误（157 人中所占百分比）	平均得分（157 人）
用同一个菜板先切生鸡肉，然后切水果或生吃的蔬菜，只要你在切这两种食品时用干净的布擦菜板，就会很安全： ①同意　②不同意　③不清楚	25. 5	74. 5	0. 25 ±0. 44
你用手拿过生牛肉，在继续做饭前，你应该做下面的哪件事： ①用毛巾或布擦手　②用流水冲洗手 ③用肥皂和热水冲洗手　④不洗手，继续做饭 ⑤不清楚	23. 6	76. 4	0. 24 ±0. 43
煮好的米饭或肉在房间里放了 4 个小时以上，你认为该如何处理： ①认为应该倒掉　②认为吃掉很安全 ③不清楚	28	72	0. 28 ±0. 45
一个没有削皮的苹果放在室温下超过 4 小时，你认为该如何处理： ①认为应该倒掉　②认为吃掉很安全 ③不清楚	63. 7	36. 3	0. 43 ±0. 5
你认为孕妇是否可以吃没有高温消毒过的生牛奶： ①不能吃　②可以吃　③不知道	42. 7	57. 3	0. 64 ±0. 48
你认为老人、孕妇或小孩是否可以吃用生鸡蛋或生血调拌的凉菜： ①不能吃　②可以吃　③不知道	56. 7	43. 3	0. 57 ±0. 5

表 4 统计出 157 人中，答对与答错的百分比，以及每题平均分数。获最低平均分的是第二题，仅得 0. 08 分，91. 7% 的人没有选对答案，也就是说没有认识

到如果腹泻拉肚子，不可以先洗手后为家里的人做饭。答案正确者超过总人数一半的题，仅仅只有 3 题，说明大多数人，对所问的有关食品安全知识方面的问题，缺乏了解，没有正确的认识。

讨论与结语

分析 157 份问卷，可以看出，他们中的多数人，食品安全知识有限，食品处理行为存在问题，但食品安全态度却很端正。这同研究团队通过访谈和观察搜集到的资料一致。当地没有系统地针对消费者的食品安全教育，知识的缺乏，导致行为上出问题。据当地卫生所医生介绍，医治的最常见病是痢疾，可能与此有关，为他们提供有针对性的食品安全行为教育，非常有必要。较好的态度说明他们也意识到食品安全问题的存在，有学习食品安全知识、改变不正确的食品安全行为的愿望。

食品安全教育，不仅摩梭人社区缺乏，全国的食品安全教育体系也存在不少问题。有学者总结出四个方面的问题：①缺乏法律体系的支持。中国目前没有专门的法律为消费者获取食品安全教育提供保证。②正规的学校教育体系还不健全。中小学课程中并没有开设专门的消费者教育课程，食品安全教育没有纳入正规的学校教育体系中。③食品安全教育的针对性不强。中国现阶段食品安全教育主要是通过大众媒体或街头宣传等方式进行的全民食品安全知识宣传普及，内容主要是食品安全科普知识。针对不同的对象，如不同族群背景、不同职业、不同身体状况，食品安全教育内容应有差异。④教育培训的方式还有待进一步改善（彭还兰、刘伟，2006）。

前两个问题是体制问题，后两个问题是教育问题。体制问题应由政府制定相关政策来解决，那么如何解决教育方面的问题？我们应该给消费者提供哪些食品安全教育？美国学者 Medeiros 等人提出 5 种重要行为类型作为食品安全教育的基础，引起食源性疾病和食物中毒暴发的主要因素，都与这 5 种食品安全行为类型相连（Medeiros 等，2001）。本文结合摩梭人食品安全调查结果，讨论这 5 种行为类型。

（一）个人卫生

个人卫生是病源菌通过人类排泄物传播的主要控制因素。诺沃克和类似诺沃克的病毒与许多食源性疾病有关，引起轻微病症，表现为突然呕吐或腹泻。大肠杆菌O157型和志贺氏菌属也会通过被污染的食品传到人身上（Medeiros等，2004）。在摩梭人食品安全调查问卷中，有4个问题属个人卫生行为范畴。正确回答人数最多的是什么是做饭前洗手的最好方式一题，有53人答对，但仅占总人数的33.8%。食品安全知识问卷第2题，才有13人回答正确，占8.3%（表4）。可见在摩梭人中，还未认识到个人卫生是引起食源性疾病的重要因素，故应列入食品安全教育中。

（二）正确烹煮

从动物食品传播到人身上的病源菌会引起严重疾病，而来自动物的食品常被这些病源菌污染。对肉类、蛋类和奶制品里的病源菌，目前最主要的控制手段是巴氏消毒法和烹煮。烹煮时间和温度是掌控肉类、蛋类和奶制品安全的关键手段（Medeiros等，2004）。调查问卷中，有4个问题属此类型。其中两题与鸡蛋有关，回答正确人数较多。另外两题，有19人和26人回答正确，分别占总人数的12.1%和16.6%（表5）。正确烹煮食品，特别是肉类食品，应是消费者食品安全教育的主要内容之一。

（三）避免交叉污染

交叉污染是引起食源性疾病的常见因素。弯曲杆菌是禽类食品常有的污染物，许多弯曲菌病的起因是厨房设备被用来加工生禽肉后，没经正确清洗，用来加工熟食品，引发交叉污染。在摩梭人食品安全调查问卷中，有7个问题属此范畴。没有一题的正确答案超过总人数的50%，回答正确人数最少的才有10人，仅占157名答题者的6.4%（表5）。在我们的实地考察中，也发现摩梭人家通常只有一个切菜板，生食和熟食都在上面处理。如何防止交叉污染，也必须纳入食品安全教育之中。

（四）把食品置于安全的温度下

产气荚膜梭菌、金色葡萄球菌和芽孢杆菌是三种与不正确的食品冷藏和保温行为相关的主要病原菌，引起轻微食源性病症（Medeiros等，2004）。调查问卷里有3题属此范畴，其中一题仅7人回答正确，占总人数的4.5%。另外两题的回答正确人数分别为44和100人，占总人数的28%和63.7%（表5）。据我们观察，当地多数人家没有冰箱，贮存食品主要通过风干和盐腌制。剩饭再加热需纳入食品安全教育中。

（五）避免食用来源不安全的食品

一些食品被病源菌或毒素污染的可能性很高，这些食品包括生奶及用生奶做的奶制品、未经巴氏消毒法处理过的果汁、来源不干净的水、生吃的海鲜和鸡蛋、生豆芽等。问卷里有 7 题与该食品安全行为类型有关。生豆芽、瓶装水和老人、孕妇或小孩是否可以吃用生鸡蛋或生血调拌的凉菜三题，正确的答案人数超过 50%。食用生奶和生水的现象相当普遍。消费者食品安全教育应提供避免哪些食品，哪些食品通过正确的烹煮后才能食用。

从以上分析中可以看出，Medeiros 等人提出的 5 种食品安全行为类型，基本包括了问卷里所有消费者食品安全行为与知识的问题。然而，问卷列举的消费者食品处理行为很有限。中国消费者与这 5 种食品安全行为类型相关的食品处理行为，从食品采购、清洗、烹煮，到食用和贮存，还需进一步的实证调查。

表 5　按类型排列消费者食品安全行为和知识统计表

行为问题	正确回答	所占百分比（n = 157）
个人卫生		
在做饭前，我用肥皂和流水（自来水）洗手	21	13.4
在接触猫或狗后，吃东西前，我用热的肥皂水洗手	33	21.0
做饭前，最好的洗手方式是：①用湿的餐巾纸或毛巾擦　②用你的围裙或衣服擦用水冲洗　③用肥皂和热水冲洗　④不清楚	53	33.8
如果你腹泻拉肚子，你可以先洗手，然后为家里的人做饭	13	8.3
正确烹煮		
（你是否吃过）蛋黄还流淌的荷包蛋	54	34.4
（你是否吃过）没再热过的剩饭	19	12.1
在煮大块肉时，当看见肉的中心没有任何红颜色时，知道所有细菌都被杀死，可以安全地吃肉	26	16.6
煮鸡蛋直到蛋清和蛋黄都凝固，知道这说明杀死有害细菌，可以安全地吃鸡蛋	91	58.0

续表

行为问题	正确回答	所占百分比（n=157）
避免交叉污染		
做饭前，我用热的肥皂水洗案板、菜板	10	6.4
用刀切生肉和生鸡肉后，我用热的肥皂水洗同生肉接触过的用具，如刀、菜板、案板、盘子等，然后再继续做饭	10	6.4
手接触过生肉后，我先用热的肥皂水洗手，再继续做饭	16	10.2
做完饭后，我用热的肥皂水洗案板	14	8.9
在食用前，我用流水彻底冲洗新鲜水果（包括瓜类）和蔬菜	62	39.5
用同一个菜板先切生鸡肉，然后再切水果或生吃的蔬菜，只要你在切这两种食品时，用干净的布擦洗菜板，就会很安全	40	25.5
你用手拿过生牛肉，在继续做饭前，你应该做下面的哪件事	37	23.6
把食品置于安全的温度下		
我把煮熟过的食品，如米饭放在炉台上，第二天继续食用	7	4.5
煮好的米饭或肉在房间里放了4个小时以上，你认为该如何处理	44	28.0
一个没有削皮的苹果放在室温下超过4小时，你认为该如何处理	100	63.7
避免食用来源不安全的食品		
是否喝过生牛奶	27	17.2
是否喝过生水	7	4.5
是否吃过生豆芽	128	81.5
是否吃过用生奶制作的酥油	21	13.4
是否喝过瓶装水	131	83.4
你认为孕妇是否可以吃没有高温消毒过的生牛奶	67	42.7
你认为老人、孕妇或小孩是否可以吃用生鸡蛋或生血调拌的凉菜	89	56.7

美国学者 Bryan（1988）认为，多数食源性疾病的暴发或食物中毒案件，是由几种类型的食品操作错误引起的，食品安全教育的重点应集中在一些高危害食品操作上，而不应全面撒网（Bryan，1988）。有针对性地研发消费者食品安全教育材料，才能吸引消费者来学习，让他们了解哪些行为会引起食源性疾病，自己下决心改变不正确的食品处理和消费行为，防止食源性疾病的暴发，提高全民的健康水平。

参考文献

彭还兰、刘伟：《食品安全教育中外比较》，载《世界农业》2006 年 331 期。

Bryan，F. L. 1988. Risks of Practices，Procedures and Processes that Lead to Outbreaks of Foodborne Diseases. *Journal of Food Protection* 51（8）.

Kendall，Patricia & Anne Elsbernd，Kelly Sinclaire，Mary Schroeder，Gang Chen，Verna Bergman，Virginia Hillers，Lydia Medeiros. 2004. Observation Versus Self-Report：Validation of a Self-Report Food Safety Behavior Questionnaire. *Journal of Food Protection* 67（11）.

Medeiros，Lydia &Patricia Kendal，Virgina Hillers，Gang Chen，Steve Di Mascola. 2001. Identification and Classification of Consumer Food Handling Behaviors for Food Safety Education. *Journal of the American Dietetic Association* 101（11）.

Medeiros，Lydia & Virginia Hillers，Patricia Kendall and April Mason. 2001. Evaluation of Food Safety Education for Consumers. *Journal of Nutrition Education* 33（2）.

Medeiros，Lydia & Virginia Hillers，Gang Chen，Verna Bergmann，Patricia Kendall,and Mary Schroeder. 2004. Design and Development of Food Safety Knowledge and Attitude Scales for Consumer Food Safety Education. *Journal ofthe American Dietetic Association*104（11）.

灾难人类学视野下的疫病：食物中毒与家庭食品安全研究

灾难（灾害）人类学是应用人类学的一部分，它认为灾害不仅是自然现象，而且是一个社会现象和历史过程。灾害是环境、社会、文化、政治、经济、物理和科技相互作用的一个过程和事件，从突发事件、突发的灾害事件和恐怖袭击事件，如地震、龙卷风、飓风、海啸、洪水、科技事件等到缓慢发生的灾害事件，如干旱、热波、流行病、饥荒、有毒物接触和冰冻等。灾害的形态各有不同，但是一个整体现象（奥立佛－史密斯，2015），是人类学学科研究的好对象。灾害的人类学研究兴起于20世纪50年代至70年代，长期田野调查方法是人类学与其他社会学科研究灾害的重要区别，它继承了人类学参与观察法的传统，民族志是对田野工作的总结。自20世纪80年代初开始，人类学家系统研究自然灾害与人类文化、行为和社会组织的关系（李永祥，2008）。中国人类学家对灾害的研究起步较晚，尽管中国是世界上灾害最为频繁的国家之一。2008年汶川大地震，中国人类学界才深感专业性知识的滞后和重要性，人类学和民族学界开始对灾害/灾难人类学进行尝试性探讨（李永祥、彭文斌，2013）。经过多年的努力发展，中国灾害人类学取得了丰硕成果，理论构建走向纵深，框架基本形成，其主要成果表现在5方面：①灾害田野调查。②国外灾害人类学论著翻译。③以灾害人类学为主题的会议和交流。④灾害人类学为主攻方向的硕士和博士研究生的培养。⑤灾害研究专著和论文出版、多学科的团队和合作建立。中国人类学和民族学界对灾害的研究类型包括地震灾害研究、泥石流、滑坡等地质灾害研究、干旱灾害研究、雨雪冰冻灾害研究、石漠化、流行病、生物灾害和食品安全方面的研究（李永祥、彭文斌，2013）。

对食品安全研究，中国人类学者有所涉及，但发表的成果较少。《中华人民共和国食品安全法》指出，食品安全，指食品无毒、无害，符合应当有的营养要求，对人体健康不造成任何急性、亚急性或者慢性危害。①食品安全涉及食品生产，包括生产、加工、存储、销售等过程和食品消费，包括购买、烹制、食用、储存等过程两方面。本文从灾害人类学的视角，以云南少数民族地区家庭食品消费为例，探讨我国家庭食品安全存在的隐患和开展家庭食品安全研究和教育的必要性和重要性。

对食品生产，自从三鹿奶粉事件后，食品安全生产在我国日益得到重视。全国人大在2009年2月通过了《中华人民共和国食品安全法》，并于2015年4月通过修订。该法对食品生产经营、食品安全标准、食品安全风险监测和评估、食品检验、监督管理和赔偿作了详细的规定，为保证食品安全，保障公众身体健康和生命安全，提供法律保障。通过两年的努力，卫生部和中国疾病预防控制中心于2010年在全国建立起覆盖各省、市和县并逐步延伸到农村地区的食品污染物和食源性疾病监测体系。同年2月6日，国务院食品安全委员会正式成立，正副主任分别由时任中共中央政治局常委、国务院副总理的李克强和中共中央政治局委员、国务院副总理回良玉、王岐山担任。2013年3月22日，国务院机构改革，将“国家食品药品监督管理局”改名为“国家食品药品监督管理总局”（CFDA），对食品药品实行统一监督管理。2016年10月25日，中共中央、国务院印发并实施《“健康中国2030”规划纲要》，提出到2030年在我国实现食品安全风险监测与食源性疾病报告网络实现全覆盖，健全从源头到消费全过程的监管格局，“让人民群众吃得安全、吃得放心”。2019年2月24日，中共中央办公厅、国务院办公厅印发《地方党政领导干部食品安全责任制规定》，将食品安全工作纳入地方党政领导干部政绩考核内容，要求地方党政领导干部深入实施食品安全战略，不断提高食品安全工作水平，保障人民群众“舌尖上的安全”。

在党和政府的高度重视下，我国食品生产监管制度、监管手段、食品安全相关标准体系、检验检测体系和相关法律规定在很短的时间得到建立和完善。以云南省为例，各级政府对食品生产的监管制定有详细的规章制度，如省政府颁布的《云南省食品安全条例》《云南省食品安全监管问责办法》《云南省人民政府关于进一步加强食品安全监管工作的决定》《云南省食品安全地方标准管理办法》

① 《中华人民共和国食品安全法》，http://www.gov.cn/zhengce/2015-04/25/content_2853643.htm，2023年2月27日。

等；此外，地方政府也发布有相关文件或通知，如《德宏州人民政府关于进一步加强食品安全工作的实施意见》《怒江州人民政府关于进一步加强食品安全工作的实施意见》《石林彝族自治县食品安全专项整治工作实施方案》《民乐镇食品安全工作实施方案》等，涉及食品安全监管方方面面，形成了覆盖从田间到餐桌全过程的监管制度。

然而，食品安全不仅仅是生产者和销售者的责任，消费者也必须充分认识到自己的家庭在预防食品污染和控制食源性疾病方面应发挥的作用，要拥有正确的食品安全知识、态度和行为。质量再好和安全的食品，特别是新鲜的动植物食品，家庭不正确的加工，也会导致食源性疾病或食物中毒，给消费者带来身体上的痛苦、经济上的负担，甚至死亡。据中华人民共和国国家卫生和计划生育委员会统计2005—2016年中国大陆食物中毒报道，10年间发生在家庭的食物中毒报告起数和死亡人数最多，其报告起数占总报告起数的42.6%。死亡人数占总死亡人数的84.0%（王萍、宋晓冰，2018）。

云南民族众多，地理环境和食物资源多样，饮食习惯与加工方式各异。每年，云南省发生食物中毒事件数量居全国各省之首。中华人民共和国国家卫生和计划生育委员会办公厅公布，2007年全国发生506次食物中毒事件，其中，云南省发生81次，占全国的16%，比第二位的广西省（55次）多26次（卫生部办公厅，2008）。有学者对2011年云南省食源性疾病监测情况进行分析，当年共报告食源性疾病163起，均为食物中毒，发病2625人，死亡35人。发病场所以农村家庭的报告起数、发病人数和死亡人数最多，分别占总数的57.67%、50.55%和77.14%（万蓉、王晓雯、李娟娟，2011），可见食物中毒事件与家庭食品安全有关联。

在我国，家庭食品安全并没有受到社会的重视。云南省的少数民族，许多居住在远离城市的山区，交通不便、卫生条件差、教育水平低，是食物中毒和食源性疾病最可能发生的地区。笔者从2009年起开展云南家庭食品安全研究，2012年获国家自然科学基金委资助立项后，笔者率领调查人员先后在云南省丽江市宁蒗县拉伯村、红河州弥勒县可邑村、昆明市呈贡区段家营、西双版纳州景洪市曼养利村、文山州开化镇里布嘎村、迪庆州维西县、怒江州独龙乡和昆明市兰龙潭社区德惠小区进行了深入调查。调查人员首先进行随机问卷调查，然后访问村民，开放式地谈论有关食品消费和处理问题，并观察村民家里的煮饭设施及过程，了解村民们的食品安全知识、态度和行为。本文报告该项调查结果，探讨云南省食品安全存在的隐患和开展家庭食品安全研究和教育的必要性和重要性。

研究点及被调查人员简介

丽江市宁蒗县拉伯村隶属宁蒗彝族自治县拉伯乡，距乡政府所在地55千米，距县政府所在地150千米。辖布尔科、大水等17个自然村。全村土地面积86.76平方千米，海拔1800米，年平均气温24℃，年降水量640毫米，适合种植苞谷、核桃等农作物。该村以纳西族摩梭人为主，是纳西族、汉族等的混居地。① 2009年3月至2013年8月，调查人员先后在宁蒗县拉伯村管辖的布尔科、新建、白亚、拉卡西、格佐、草落果、树枝等自然村，完成157份有效问卷。其中，男性76人，女性81人。21—40岁的人有76人，占48.4%；41—60岁，48人，占30.6%；60岁以上，21人，占13.4%；20岁以下，11人，占7%；未报年龄的有1人。教育程度，高中以下学历占绝大多数，有141人，占89.8%；高中学历，3人，占1.9%；大专和大学本科，各1人，分别占0.6%；11人没有登记受教育情况。

红河州可邑村是彝族阿细人居住的自然村落，属于弥勒县西三镇蚂蚁哨村委会管辖。可邑村南距弥勒县城21千米，北距石林县城40千米，土地面积9.67平方千米，海拔1930米，年平均气温15.30摄氏度，年降水量1100毫米，适宜种植苞谷、烤烟、小麦等农作物。② 2014年12月，调查人员在可邑村做了50份有效问卷。其中，男性32人，女性18人。21—40岁的人有26人，占52%；41—60岁，12人，占24%；60岁以上，11人，占22%；20岁以下，1人，占2%。教育程度，初中学历占绝大多数，有31人，占62%；高中学历，5人，占10%；小学学历，10人，占20%；文盲，4人，占8%。

曼养利是西双版纳州傣族支系花腰傣的一个自然村寨，隶属于景洪市嘎洒镇曼达村委会，距离嘎洒镇仅4千米。土地面积1.11平方千米，海拔572米，年平均气温22.6℃，年降水量1200毫米，适宜种植橡胶、水稻等农作物，农民收

---

① 百度百科：《拉伯村》，http://baike.baidu.com/view/2823621.htm，2023年2月25日。

② 百度百科：《可邑村》，http://baike.baidu.com/view/3649923.htm，2023年2月25日。

入主要以橡胶为主。曼养利全村有 450 多人，以花腰傣为主。[①]调查人员 2016 年 7 月在曼养利村做了 48 份有效问卷。其中，男性 19 人，女性 29 人。21—40 岁的人有 14 人，占 29.2%；41—60 岁，21 人，占 43.8%；60 岁以上，8 人，占 22%；20 岁以下，5 人，占 10.4%。教育程度，小学学历占多数，有 29 人，占 16.7%；初中学历，9 人，占 18.8%；高中学历，5 人，占 10.4%；文盲，5 人，占 10.4%。

昆明市呈贡区段家营居委会隶属于吴家营街道办事处，位于吴家营街道东边，是个汉族村。距离街道办事处 4 千米。距昆明 25 千米。土地面积 6.29 平方千米，海拔 2126 米，年平均气温 14.70 摄氏度，年降水量 769 毫米，适宜种植蔬菜、水果等农作物。有耕地 689.70 亩，林地 3352 亩，农民收入主要以种植业为主。[②] 2011 年 6 月，调查人员在段家营做了 54 份有效问卷。其中，男性 29 人，女性 25 人。21—40 岁的人有 14 人，占 29.2%；41—60 岁，21 人，占 43.8%；60 岁以上，8 人，占 22%；20 岁以下，5 人，占 10.4%。教育程度，小学学历有 18 人，占 33.3%；初中学历，19 人，占 35.2%；高中学历，6 人，占 11.1%；文盲，9 人，占 16.7%；大学学历，2 人，占 3.7%。

文山州开化镇里布嘎村，东邻新平坝社区，西至干河村，南邻古木镇，北接西山社区。里布嘎村海拔 1270 米，年平均气温 19℃，年降水量 779 毫米，气候温和，典型的喀斯特地貌发育。该村属于开化街道办事处，辖有里布嘎、喜德冲、团田、落水洞等 38 个村民小组，是壮族、苗族的混居地。该村的土地面积约 18 平方千米，受自然地理条件的限制，该村的人均耕地面积较少，适宜种水稻、苞谷等粮食作物，同时也兼种三七、桃李等经济作物。[③] 2015 年 7—8 月，调查人员在里布嘎村做了 47 份有效问卷。其中，男性 20 人，女性 27 人。21—40 岁的人有 14 人，占 29.2%；41—60 岁，21 人，占 43.8%；60 岁以上，8 人，占 22%；20 岁以下，5 人，占 10.4%。教育程度，小学学历有 25 人，占 53.2%；初中学历，6 人，占 12.8%；高中学历，7 人，占 14.9%；文盲，7 人，占 14.9%；中专学历，2 人，占 4.3%。

---

① 百度百科：《曼养利村》，http：//baike.baidu.com/view/6229637.htm，2023 年 2 月 25 日。

② 百度百科：《段家营村》，https：//baike.baidu.com/item/段家营村/38158？fr = aladdin，2023 年 2 月 25 日。

③ 百度百科：《里布嘎村》，https：//baike.baidu.com/item/里布嘎村，2023 年 2 月 25 日。

迪庆州维西傈僳族自治县辖3个镇、7个乡，共有3个社区、79个村。2015年8月，调查人员在该县塔城镇响古村和巴珠村、叶枝镇同乐村做深入调查。响古自然村，属于坝区，距离镇1千米，土地面积10.53平方千米，有耕地371.64亩，林地13424亩海拔2000米，年平均气温13.10℃，年降水量1000毫米，适宜种植稻谷、小麦、玉米等农作物，该村人口以藏族为主。①巴珠村地处塔城镇西南边，距塔城镇政府所在地25千米，辖21个村民小组，为藏族聚居地。全村土地面积68.38平方千米，海拔2560米，年平均气温13.10摄氏度，年降水量1000毫米，适合种植农作物。② 同乐村是个傈僳族村，距离叶枝镇2千米，土地面积60.95平方千米，耕地总面积1864.68亩，林地72425亩，海拔1840米，年平均气温14.30℃，年降水量947.70毫米，适宜种植小麦、水稻、苞谷、油菜等农作物。③调查人员在这三个村完成有效问卷77份，被访人主要是藏族44人和傈僳族30人的村民。其中，男性37人，女性40人。21—40岁的人有33人，占42.9%；41—60岁，36人，占46.8%；60岁以上，6人，占7.8%；20岁以下，2人，占2.6%。教育程度，小学学历有33人，占42.9%；初中学历，23人，占29.9%；高中学历，1人，占1.3%；文盲，12人，占15.6%；中专学历，7人，占9.1%；大专学历，1人，占1.3%。

怒江州贡山独龙乡地处缅甸北部和中国云南、西藏交界接合部，位于高黎贡山以西的独龙江流域的河谷地带，全乡总面积1997平方千米，国境线长91.7千米，是独龙族的唯一聚居地。全乡辖六个村，42个村民小组。2016年8月，调查人员在独龙乡的龙元村和迪政当村做问卷调查，完成有效问卷53份。其中，男性20人，女性33人。21—40岁的人有41人，占77.4%；41—60岁，4人，占7.5%；60岁以上，4人，占7.5%；20岁以下，4人，占7.5%。教育程度，小学学历有11人，占20.8%；初中学历，27人，占50.9%；高中学历，3人，占5.7%；文盲，7人，占13.2%；中专学历，2人，占3.8%；大专学历，3人，占5.7%。

---

① 百度百科：《响古自然村》，https://baike.baidu.com/item/响古自然村，2023年2月25日。

② 百度百科：《巴珠村》，https://baike.baidu.com/item/巴珠村，2023年2月25日。

③ 百度百科：《同乐村》，https://baike.baidu.com/item/同乐村/16558659?fr=aladdin，2023年2月25日。

昆明市兰龙潭社区德惠小区位于盘龙区沣源路2591号，小区居民是10年前由松华坝水源保护区的15个自然村村民搬迁到兰龙潭社区居住后新命名的小区。小区共有住房3044套，总建筑面积202278平方米，其中水源区移民安置用房1670套，经济适用房1172套，廉租房202套。据德惠小区卫生服务站工作人员介绍，目前德惠小区总共有3044户人，总人口数6866人。2021年7—9月，调查人员在兰龙潭社区德惠小区做家庭食品安全调查，完成了有效问卷70份。被访人都是汉族，其中，男性31人，女性39人。教育程度，文盲，21人，占30%；小学学历有37人，占53%；初中学历，7人，占10%；中专学历，4人，占6%；大专学历，1人，占1%。

研究发现

调查组制定的云南民族地区家庭食品安全调查问卷由3部分组成：食品安全行为、食品安全态度和食品安全知识。问卷主要选自Lydia Medeiros和陈刚等人组成的研究团队在美国开发的消费者食品安全测试题组成（Medeiros等，2004），并根据云南人民的生活习惯和城乡的差异加以修改。如昆明市德惠小区，因被访人都是城市居民，问卷删除了“生的牛奶”“生豆芽”等相关问题，增加了“外卖”“烧烤”“地摊食物”相关问题。

（一）食品安全行为问题

该部分问卷有16个问题，分两部分，各有8题。第一部分的问题主要涉及洗手、洗用具、洗新鲜蔬菜和水果等消费者食品处理行为，答案采用里克特量表（Likert Scale），有“从不”“很少”“有时”“多数时候”“总是”和“问题不适合我”6个具有尺度意义的答案。附表1统计了前5个尺度选择的百分比人数，并用0—5分来表示每题平均得分，得分越高，越接近正确答案（附表1）。第二部分询问是否吃过或喝过8种食品和饮品，其中7种食品和饮品有可能引发食源病，1种为安全食品。有3个选择答案：“吃过”“没有”和“不知道”（附表2）。

附表1为拉伯村、可邑村、曼养利村、段家营、里布嘎村、独龙乡2个村、维西县3个村和德惠小区的食品安全行为问卷第1部分统计结果。拉伯村每题的平均得分没有5分，超过3分的仅有3题，即第1、第7和第8题。3分表示157人的食品处理行为有时是正确的，多数时候是不正确的。在这157人中，仅10人自报做饭前总是用热肥皂水洗案板和菜板或用热肥皂水洗同生肉接触过的厨房用具，各占总人数的6.4%；接触生肉后总是先用热肥皂水洗手，后继续做饭的有16人，占10.2%；把熟食放在炉台上、第二天继续使用的只有7人，占总人数的4.5%；总是先用水冲洗新鲜水果和蔬菜，然后再食用的有62人，占总人数的39.5%；做完饭后，总是用热肥皂水擦洗案板的有14人，占总人数的8.9%。接触猫或狗后，总是用热肥皂水洗手、再吃东西的，有33人，占总人数的21%。

其他几处的食品安全行为问卷第1部分，每题的平均得分都没有5分。有问题的题是第6和第8题，即“我把煮熟过的食品，如米饭，放在炉台上，第二天继续食用”，除里布嘎村（3.7分）和德惠小区（3.36分）外，得分均低于3分；“在接触猫或狗后，吃东西前，我用热的肥皂水洗手”，拉伯村、可邑村、曼养利村和段家营的平均得分3分，表示被访者该项食品处理行为有时是正确的，多数时候是不正确的。

附表2为食品安全行为问卷第2部分统计结果。拉伯村157位被访村民自报是否吃过8种食品，95.5%的人喝生水，79.6%的人喝过没有经过高温消毒处理的生牛奶，78.3%的人吃过用生奶制作的酥油，87.3%的人吃过剩冷饭，53.5%的人吃过蛋黄还流淌的荷包蛋。多数人自报没有吃过生肉或生鱼肉占88.5%、吃过生豆芽的占81.5%。

可邑村50人自报是否吃过8种食品，90%的人喝生水，60%的人吃过剩冷饭，60%的人吃过用生牛奶制作的酥油，多数人自报没有吃过生肉或生鱼肉的占88%、吃过生豆芽的占78%、吃过蛋黄还流淌的荷包蛋的占80%。

曼养利村48人自报是否吃过8种食品，93.8%的人吃过剩冷饭，89.6%的人吃过用生牛奶制作的酥油，56.3%的人喝生水，47.9%的人吃过蛋黄还流淌的荷包蛋，54.2%的人自报吃过生肉或生鱼肉，多数人自报没喝过生牛奶或羊奶的占93.7%、没吃过生豆芽的占85.4%。段家营54人自报是否吃过8种食品，66.7%的人喝过生水，44.4%的人吃过剩冷饭，多数人自报没有吃过生牛奶的占85.2%、吃过生肉或生鱼肉的占94.4%、吃过生豆芽的占92.6%、用生牛奶制作的酥油的占90.7%。

段家营54人自报是否吃过8种食品，66.7%的人喝过生水，44.4%的人吃过剩冷饭，多数人自报没有吃过生牛奶的占 85.2%、吃过生肉或生鱼肉的占 94.4%、吃过生豆芽的占 92.6%、用生牛奶制作的酥油的占 90.7%、吃过蛋黄还流淌的荷包蛋的占 70.4%。

里布嘎村 47 人自报是否吃过 8 种食品，91.5% 的人喝过生水，78.8% 的人吃过用生牛奶制作的酥油，80.9% 的人吃过剩冷饭，多数人自报没有吃过生牛奶的占 85.1%、吃过生肉或生鱼肉的占 97.9%、吃过生豆芽的占 93.6%、用生牛奶制作的酥油的占 90.7%、吃过蛋黄还流淌的荷包蛋的占 53.2%。

独龙乡 53 人自报是否吃过 8 种食品，69.8% 的人吃过剩冷饭，84.9% 的人喝生水，52.8% 的人吃过蛋黄还流淌的荷包蛋，58.5% 的人吃过用生牛奶制作的酥油，多数人自报没吃过生牛奶或羊奶的占 83%、吃过生肉或生鱼肉的占 92.5%、吃过生豆芽的占 90.6%。

维西县 77 人自报是否吃过 8 种食品，87% 的人喝过生水，48.1 的人吃过剩冷饭，46.8% 人吃过蛋黄还流淌的荷包蛋，多数人自报没吃过生牛奶或羊奶的占 64.9%、没吃过生肉或生鱼肉的占 67.5%、没吃过生豆芽的占 92.2%、没吃过用生牛奶制作的酥油的占 75.3%、没吃过蛋黄还流淌的荷包蛋的占 53.2%。

昆明市德惠小区，70 个被访人中，17% 的人喝过生水，9% 的人吃过剩冷饭，6% 的人吃过蛋黄还流淌的荷包蛋，4% 的人吃过生肉或生鱼肉，86% 的人自报吃过街边小贩出售的熟食，6% 的人吃过外卖食品，4% 的人晚上吃过烧烤。

由此可见，在食品消费上，很多答题者有错误的行为。但在喝生水问题上，德惠小区的汉族人占 83% 和曼养利村的傣族人占 43.8% 自报没有喝过，远远高于其他村寨的被访者。而喝生牛奶，拉伯村的摩梭人占 79.6%，远远高于可邑村的彝族人的 16%、曼养利村的傣族人占 6.3%、段家营的汉族人占 11.1%，维西的藏族和傈僳族占被访谈人的 35.1%。这是几个村寨不同饮食文化、不同气候、地理环境和城乡居民在饮食行为上的反映。

（二）食品安全态度问题

该部分有 10 个问题，其中有 7 个正面问题，3 个负面问题。答案采用里克特量表（Likert Scale），有“非常同意”“同意”“不同意”“非常不同意”和“问题不适合我”5 个答案。统计时，把“非常同意”和“同意”归为“同意”类，“不同意”和“非常不同意”为“不同意”类（见附表 3），以明示正确与错误态度。

如附表3所示，在157位拉伯村民中，93%的人认为用干净水冲洗水果和蔬菜对我的身体健康非常重要；80.9%的人乐意在收拾生肉或鸡肉后，用肥皂和流水洗手；73.9%的人乐意在做饭前，用热的肥皂水先清洗厨房做饭用的案板、刀具、菜板等用具；73.9%的人认为把煮熟的肉同生肉分开，非常重要；73.9%的人认为吃蛋黄和蛋清都彻底煮熟、无流质的鸡蛋，对身体健康很重要；73.9%的人在乎吃生鱼或生肉会使他们得病；70.7%的人喜欢在切生肉或鸡肉后，先用热肥皂水洗菜板、刀和案板，然后再继续做饭；70.7%的人不同意每次都用干净的布擦洗案板或菜板太麻烦的观点；66.3%的人认为喝高温消毒过的牛奶，对身体健康很重要；59.2%的人不同意对水的安全问题，不关心和不在意喝生水的观点。由此可见，多数人对食品安全有正确的态度。

其他7处调研地，正确答案低于50%的问题，仅有“喝高温消毒过的牛奶对我的身体健康很重要”（可邑村40%、曼养利村47.9%）、“吃蛋黄和蛋清都彻底煮熟、无流质的鸡蛋对我的身体健康很重要”（曼养利村25%）、“我不在乎吃生鱼或生肉会使我得病”（维西46.7%）、“对水的安全问题，我不关心，我不在意喝生水”（维西33.8%）。由此可见，在被访者中，多数人对食品安全有正确的态度。

（三）食品安全知识问题

该部分有10个问题，其中8题有3个选择答案，另外两题有5个选择答案（见附表4），但所有8题都只有一个正确答案。分析时，“不知道”表示缺乏相关知识，被定为错误答案。只有答对，才能得一分，否则得零分。

附表4统计被访村民中，答对与答错的百分比，以及每题平均分数。获平均分较低的题有第二题（拉伯仅得0.08分，91.7%的人没有选对答案；可邑村0.06分，94%的人没有选对答案；曼养利村0.04分，95.8%的人没有选对答案；段家营0.06分，94.4%的人没有选对答案；里布嘎村0.04分，95.7%的人没有选对答案；独龙江乡0.08分，92.5%的人没有选对答案；维西0.09分，90.9%的人没有选对答案），也就是说绝大多数人没有认识到如果腹泻拉肚子，不可以先洗手后为家里的人做饭；第3题（拉伯0.17分，83.4%的人没有选对答案；可邑村0.12分，88%的人没有选对答案；曼养利村0.02分，97.9%的人没有选对答案；段家营0.13分，87%的人没有选对答案；里布嘎村0.09分，91.5%的人没有选对答案；独龙江乡0.34分，66%的人没有选对答案；维西0.12分，88.3%的人没有选对答案），多数人不清楚如何判断大块肉是否煮熟；第7题（拉伯0.28分，72%的人没有选对答案；可邑村0.16分，84%的人没有选对答案；曼养利村0.1分，89.6%的人没有选对答案；段家营0.04分，96.3%的人没有选对答案；里布嘎村0.19分，80.9%的人没有选对答案；独龙江乡0.36分，64.2%的人没有选对答案；维西0.26分，74%的人没有选对答案；德惠小区0.06分，94.3%的人没有选对答案），多数人不知道如何正确处理剩米饭。答案正确超过总人数一半的题，拉伯村只有3题，可邑村有5题，曼养利村5题，段家营村6题，里布嘎村5题，独龙江乡4题，维西县5题，德惠小区5题。这说明多数人对所问的有关食品安全知识方面的问题缺乏了解，没有正确的认识。

讨论与结语

从问卷分析中可以看出，曼养利花腰傣族村民，可邑村阿细人，拉伯村摩梭人，里布嘎村苗族人，独龙江乡龙元村和迪政当村的独龙族人，维西县响古村、巴珠村、同乐村的藏族和傈僳族，段家营村和德惠小区的汉族，家庭食品安全问题主要集中在5个方面。

（一）个人卫生没有得到足够重视

病原菌通过人类排泄物进行传播，诺沃克和类似诺沃克的病毒与许多食源性疾病有关，会引起呕吐或腹泻。大肠杆菌O157型和志贺氏菌属也会通过被污染的食品传到人身上（Hillers等，2003）。许多被访人，在做饭前、接触宠物或家禽和使用卫生间后没有用正确的方法洗手，没有认识到个人卫生是引起食源性疾病的重要因素。

（二）没有正确烹煮食物

肉类食品常被一些病原菌污染，传播到人身上会引起严重疾病。对肉类、蛋类和奶制品里的病原菌，目前最主要的控制手段是高温和巴氏消毒法。烹煮时间和温度是掌控肉类、蛋类和奶制品安全的关键手段。多数被访人在回答涉及烹煮鸡蛋、大块肉、剩饭和食用生肉或生鱼的问题时，因受本民族饮食习惯的影响，正确答案率在一些问题上有差异，如傣族和阿细人很少食用牛奶，德惠小区的城市居民很少喝生水，但对如何判断大块肉是否煮熟和剩饭是否该重新热过后再吃的问题，缺少正确的认知。

（三）没有避免食物交叉污染的正确措施

交叉污染是引起食源性疾病的常见因素。弯曲杆菌是禽类食品常有的污染物，许多弯曲菌病的起因是厨房设备被用来加工生禽肉后，没经正确清洗就用来加工熟食品，引发交叉污染。许多被访人，不会在做饭前正确清洗厨房用具，如刀、菜板、案板、盘子等，不会在接触生肉后，先清洗干净厨房用具和手，然后再继续做饭。在笔者的实地考察中，也发现许多家庭通常只有一个切菜板，生食和熟食都在上面处理，交叉污染现象严重。

（四）没有正确储放食品

在如何处理烹煮过的食品，如米饭和肉，被访人的正确答案率都偏低。产气荚膜梭菌、金色葡萄球菌和芽孢杆菌是三种与不正确的食品冷藏和保温方式相关的主要病原菌，会引起食源性疾病。

（五）食用来源不安全的食品

一些食品被病源菌或毒素污染的可能性很高，这些食品包括生奶及用生奶作的奶制品、未经巴氏消毒法处理的果汁、来源不干净的水、生吃的海鲜和鸡蛋、生豆芽等。被访人食用生水的现象相当普遍。摩梭人和藏族普遍吃食生牛奶，而多数花腰傣人、阿细人、苗族人、独龙族人和汉族人却不会，显示出民族饮食文化的差异。

问卷调查结果，同调查组通过访谈和观察所搜集到的资料基本一致。7 个地区没有系统的、有针对性的家庭食品安全教育，村民食品安全知识均有限，食品处理行为多少存在问题，这会引发食源性疾病。据调查地卫生所医生介绍，当地最常见病是感冒发热和饮食引发的痢疾。多数村民对食品安全很关注，态度较好。这说明三鹿奶粉事件后，通过媒体广泛报道和政府卫生部门大量工作，食品安全问题已引起村民重视。人类学家闫云翔撰文讨论当代中国食品安全与社会风险（Yan，2015），利用 Beck 风险社会的理论（Beck，1992），提出当代中国风险社会的表现是对“不安全食品”的焦虑不断上升，有毒食品的流行不仅使人们深深地感到不安全，而且导致对食品生产商和食品工业的普遍社会不信，使人们更加关注食品安全。

8 个地方的抽样调查结果存在一定差异，主要是由民族文化差异、生态环境与地理位置和城乡的不同、经济发展水平与方式的不一样所造成。但这些因素对人们的饮食习惯和食品卫生安全行为带来多大和何种影响？需要进一步研究。

我们的调查显示，云南省家庭食品安全存在严重隐患。家庭是社会的核心细胞，家庭成员因食品处理不当，生病、住院甚至死亡，会给家庭带来巨大的经济损失和精神创伤。旅游业是云南省的支柱产业，民族餐饮是云南省开发民族文化旅游的重点，而少数民族是云南省民族餐饮业劳动力的主要来源。不正确的家庭食品安全行为和知识，会被员工带到旅游接待餐厅或学校食堂，造成食源性疾病，产生重大社会影响。因吃食野生动物引发的灾难，在我国发生了多次。1988 年春天上海暴发了甲肝疫情，感染了近 30 万人，罪魁祸首是毛蚶。2003 年春季，“非典”袭击中华大地。据官方数据披露，截至 2003 年 8 月 16 日，全球感染非典的人数高达 8422 例，死亡人数为 919 例。事后证实，非典来源动物病毒，由菊头蝠传给果子狸，人类吃食果子狸，感染非典病毒。这两次最大传染病疫情灾害的起源都与人类吃食有关，与家庭食品安全相关。我们的研究结果表明，云南省有必要开发有针对性的、用不同民族语言制作的、多媒体的食品安全卫生教育材料，防止或减少食源性疾病和食品中毒，提高人民的健康水平，推动健康生活方式的普及，从而推动云南省的经济社会建设和社会稳定繁荣，才能实现“健康中国 2030”规划纲要的目标。

西方国家特别是美国，对消费者家庭食品安全卫生行为与教育研究非常重视。美国疾病预防控制中心曾估计，美国每年因食物污染引起大约 7600 万人生病，325000 人住院，5000 人死亡，因消费者个人卫生造成的食物中毒费用高达 82 亿美元，因不正确的烹煮食物造成中毒，所带来的经济损失达 40 亿美元（Medeiros 等，2001）。所以，美国在食品安全生产和家庭食品安全教育方面的研究，投入大量财力和人力，寻找引起食源病的各种病原菌（如细菌和病毒）和使病原菌引发食物中毒的人的行为（Hillers 等，2003），并开发各种有针对性的教育宣传材料，如由美国食品药品管理局（FDA）与农业部（USDA）和国家科学课教师学会共同开发针对初、高中学生的食品科学补充课程和教材，其重点放在“从农田到餐桌”以及“从食品加工到消费”各环节中的食品安全科学知识，同时建立起交互式的教育网站，制作了教学录像带和教师教学指南。另外，美国农业部建有食品安全和检测网站，登载有从食品采购、烹制和储藏的消费者家庭食品安全行为与教育的详细内容，公布食品安全隐患和食品安全科学研究的最新进展，供公众浏览和下载。① 我国在消费者家庭食品安全教育方面，有学者指出教育机构缺乏从小培养消费者食品安全教育的内容，消费者协会和民间组织没有系统形成一个食品安全教育的模式或体系（许惠，2009）。现有的食品安全教育体系存在四个方面的问题：①缺乏法律体系的支持。②正规的学校教育体系还不健全。③食品安全教育的针对性不强。④教育培训的方式还有待进一步改善（彭海兰、刘伟，2006）。

对于灾害的研究，社会科学家们提倡多种方法相结合，特别是定性研究和定量研究相结合的方法；提倡比较研究，跨地区、跨文化和不同灾害类型的比较研究；强调不同学科的人员组成研究团队，学科之间相互补充，为灾害研究提供更为全面的专业背景。人类学灾害研究与其他社会科学家的灾害研究很难分离，总体上共享相似或相同的研究方法（李永祥，2013）。有些人类学者认为尽管人类学灾害研究的很多资料可以通过问卷、调查表和事故应急概述来收集，但社区和群体应对危险、威胁、脆弱、灾后影响和恢复重建的真实过程最好通过实地的民族志研究来理解（Oliver-Smith & Hoffman，2002）。可见传统人类学调查方法，如参与观察、深度访谈和文献收集等，在灾害研究中，与其他社会科学的研究方法互补，能发挥巨大作用。而家庭食品安全研究，从消费者对食品安全的认识、态度和行为，到跨地区、跨文化的比较，都为灾害人类学研究提供了舞台，应成为灾害人类学重点关注对象，从而为人类学的理论和方法做贡献。

参考文献

安东尼·奥立佛－史密斯：《当代灾害和灾害人类学研究》，陈梅译，载《思想战线》2015年41期。

李永祥：《关于泥石流灾害的人类学研究—以云南省哀牢山泥石流为个案》，

① US Department of Agriculture. Food Safety and Inspection Service. https://www.fsis.usda.gov/food-safety.

载《民族研究》2008 年第 5 期。

李永祥、彭文斌：《中国灾害人类学研究述评》，载《西南民族大学学报》（人文社会科学版）2013 年第 8 期。

许惠娟：《食品安全中的消费者教育问题探讨》，《金卡工程》2009 年第 10 期。

王萍、宋晓冰：《2006—2015 年中国大陆地区食物中毒特征分析》，载《实用预防医学》2018 年第 25 期。

万蓉、王晓雯、李娟娟：《2011 年云南省食源性疾病监测情况分析》，载《昆明医科大学学报》2011 年第 5 期。

卫生部办公厅：《卫生部办公厅关于 2008 年全国食物中毒报告情况的通报》，载《中国食品卫生杂志》2009 年第 21 期。

Beck, Ulrich. 1992. *Risk Society*: *Towards a New Modernity*. London: SAGE.

Gamiburd, Michele R. & Dennis B. McGilvary. 2010. Sri Lanka's Post—Trunami Recovery: Cultural Traditions, Social Structures and Power Struggles. *Anthropology News*, 51 (7).

Hillers, Virginia N. & Lydia Medeiros, Patricia Kendall, Gang Chen, Steve Dimascola. 2003. Consumer Food-handling Behaviors Associated with Prevention of 13 Foodborne Illnesses. *Journal of Food Protection*, 66 (10).

Medeiros, Lydia & Virginia N Hillers, Patricia Kendall, April Mason. 2001. Evaluation of Food Safety Education for Consumers. *Journal of Nutrition Education*,33 (*S*1) .

Medeiros, Lydia & Virginia Hillers, Gang Chen, Verna Bergmann, Patricia Kendall, and Mary Schroeder. 2004. Design and Development of Food Safety Knowledge and Attitude Scales for Consumer Food Safety Education. *Journal of the American Dietetic Association*, 104 (11).

Oliver—Smith, Anthony & Susanna M. Hoffman. 2002. Introduction: Why Anthropologists Should Study Disaster? In *Catastrophe Culture*: *the Anthropology of Disaster*, edited by Susanna M. Hoffman and Anthony Oliver—Smith. Santa Fe, New Mexico: School of American Research Press.

Torry, William I. 1979. Anthropological Studies in Hazardous Environments: Past Trends and New Horizons. *Current Anthropology*, 20 (3).

Yan, Yunxiang. 2005. Food Safety and Social Risk in China. *The Journal of Asian Studies*, 71 (3).

Zaman, M. Q. 1994. *Ethnography of Disasters*: *Making Sense of Flood and Erosion in Banglasesh*. Maryland: National Emergency Training Center.

附表1　食品安全行为第1部分

被访谈者回答统计（%）		你做下列事吗？							
		做饭前，我用肥皂和流水（自来水）洗手	做饭前，我用热的肥皂水洗案板、菜板	用刀切生肉和生鸡肉后，我用热的肥皂水洗同生肉接触过的用具，然后再继续做饭	手接触过生肉后，我先用热的肥皂水洗手，再继续做饭	做完饭后，我用热的肥皂水洗案板	我把煮熟的食品，如米饭，放在炉台上，第二天继续食用	在食用前，我用流水彻底冲洗新鲜水果（包括瓜类）和蔬菜	在接触猫或狗后，吃东西前，我用热的肥皂水洗手
拉伯村（157）	从不	4.5	24.8	29.3	11.5	21.0	4.5	1.3	17.2
	很少	22.3	17.2	17.2	31.8	22.3	12.1	10.2	8.9
	有时	35.0	33.8	29.9	30.6	32.5	27.4	18.5	21.7
	多数时候	24.2	17.2	14.6	15.3	14.0	40.1	30.6	24.8
	总是	13.4	6.4	6.4	10.2	8.9	14.6	39.5	21.0
	平均得分	3.18	2.61	2.44	2.79	2.64	2.48	3.97	3.04
可邑村（50）	从不	2.0	4.0	0.0	4.0	4.0	6.0	6.0	8.0
	很少	4.0	14.0	6.0	6.0	10.0	10.0	12.0	6.0
	有时	6.0	14.0	4.0	4.0	18.0	20.0	16.0	8.0
	多数时候	54.0	44.0	48.0	36.0	26.0	34.0	26.0	28.0
	总是	34.0	24.0	42.0	50.0	42.0	30.0	40.0	28.0
	平均得分	4.14	3.7	4.26	4.22	3.92	2.28	3.82	2.96

续表

被访谈者回答统计（%）		你做下列事吗？							
		做饭前，我用肥皂和流水（自来水）洗手	做饭前，我用热的肥皂水洗案板、菜板	用刀切生肉和生鸡肉后，我用热的肥皂水洗同生肉接触过的用具，然后再继续做饭	手接触过生肉后，我先用热的肥皂水洗手，再继续做饭	做完饭后，我用热的肥皂水洗案板	我把煮熟的食品，如米饭，放在炉台上，第二天继续食用	在食用前，我用流水彻底冲洗新鲜水果（包括瓜类）和蔬菜	在接触猫或狗后，吃东西前，我用热的肥皂水洗手
曼养利村（48）	从不	0.0	2.1	2.1	0.0	0.0	20.8	0.0	0.0
	很少	4.2	18.8	10.4	2.1	4.2	39.6	0.0	0.0
	有时	2.1	8.3	6.3	12.5	8.3	27.1	2.1	0.0
	多数时候	10.4	14.6	29.2	22.9	22.9	4.2	18.8	4.2
	总是	83.3	56.3	52.1	62.5	64.6	8.3	79.2	58.3
	平均得分	4.73	4.04	4.19	4.46	4.48	2.4	4.77	3.08
段家营（54）	从不	0.0	11.1	1.9	1.9	3.7	18.5	0.0	1.9
	很少	5.6	25.9	13.0	5.6	7.4	13.0	9.3	5.6
	有时	16.7	18.5	7.4	5.6	5.6	9.3	20.4	13.0
	多数时候	37.0	5.6	31.5	29.6	24.1	18.5	13.0	13.0
	总是	40.7	37.0	46.3	57.4	59.3	40.7	55.6	51.9
	平均得分	4.13	3.26	4.07	4.35	4.28	2.5	4.09	3.65

续表

被访谈者回答统计（%）		你做下列事吗？							
		做饭前，我用肥皂和流水（自来水）洗手	做饭前，我用热的肥皂水洗案板、菜板	用刀切生肉和生鸡肉后，我用热的肥皂水洗同生肉接触过的用具，然后再继续做饭	手接触过生肉后，我先用热的肥皂水洗手，再继续做饭	做完饭后，我用热的肥皂水洗案板	我把煮熟的食品，如米饭，放在炉台上，第二天继续食用	在食用前，我用流水彻底冲洗新鲜水果（包括瓜类）和蔬菜	在接触猫或狗后，吃东西前，我用热的肥皂水洗手
里布嘎村（47）	从不	0.0	4.4	0.0	0.0	4.3	19.1	0.0	2.1
	很少	4.3	10.6	8.5	12.8	2.1	42.6	0.0	0.0
	有时	10.6	19.1	10.6	14.9	6.4	27.7	2.1	8.5
	多数时候	10.6	17.0	38.3	38.3	23.4	10.6	23.4	29.8
	总是	74.5	48.9	40.4	34.0	63.8	0.0	74.5	42.6
	平均得分	4.55	3.96	4.17	3.94	4.4	3.7	4.72	4.62
独龙江乡（53）	从不	3.8	1.9	5.7	15.1	11.3	15.1	1.9	1.9
	很少	5.7	9.4	9.4	13.2	3.8	15.1	3.8	1.9
	有时	7.5	22.6	20.8	7.5	22.6	34.0	5.7	7.5
	多数时候	15.1	17.0	13.2	7.5	18.9	11.3	13.2	17.0
	总是	67.9	49.1	50.9	56.6	43.4	22.6	75.5	67.9
	平均得分	4.38	4.02	3.94	3.77	3.79	2.94	4.57	4.58

续表

被访谈者回答统计（%）		你做下列事吗？							
		做饭前，我用肥皂和流水（自来水）洗手	做饭前，我用热的肥皂水洗案板、菜板	用刀切生肉和生鸡肉后，我用热的肥皂水洗同生肉接触过的用具，然后再继续做饭	手接触过生肉后，我先用热的肥皂水洗手，再继续做饭	做完饭后，我用热的肥皂水洗案板	我把煮熟的食品，如米饭，放在炉台上，第二天继续食用	在食用前，我用流水彻底冲洗新鲜水果（包括瓜类）和蔬菜	在接触猫或狗后，吃东西前，我用热的肥皂水洗手
维西（77人）	从不	0.0	14.3	6.5	2.6	6.5	14.3	0.0	10.4
	很少	2.6	9.1	1.3	7.8	5.2	10.4	3.9	2.6
	有时	1.3	14.3	9.1	5.2	7.8	44.2	2.6	7.8
	多数时候	22.1	10.4	14.3	19.5	13.0	16.9	13.0	10.4
	总是	74.0	51.9	68.8	64.9	67.5	14.2	79.0	66.2
	平均得分	4.68	3.77	4.38	4.36	4.3	2.94	4.64	4.12

续表

被访谈者回答统计（%）		你做下列事吗?							
		做饭前，我用肥皂和流水（自来水）洗手	做饭前，我用热的肥皂水洗案板、菜板	用刀切生肉和生鸡肉后，我用热的肥皂水洗同生肉接触过的用具，然后再继续做饭	手接触过生肉后，我先用热的肥皂水洗手，再继续做饭	做完饭后，我用热的肥皂水洗案板	我把煮熟的食品,如米饭,放在炉台上,第二天继续食用	在食用前，我用流水彻底冲洗新鲜水果(包括瓜类）和蔬菜	日常服用保健食品的情况
可邑村（50）	从不	0.0	0	0.0	0.0	0.00	0.00	0.0	84
	很少	0.0	0	1	0.0	0.00	0.40	0.0	0.00
	有时	7	1	41	1	0.39	0.01	0.4	6
	多数时候	41	41	16	60	0.27	0.23	0.36	7
	总是	40	20	30	27	0.23	0.24	0.13	3
	问题不适合我	11	11	11	11	0.11	0.11	0.11	0.00
	平均得分	3.16	3.84	3.40	3.80	3.36	2.34	3.27	1.44

附表2　食品安全行为第2部分

被访谈者回答统计（%）		你是否吃或喝过下列食品？							
		生（没有煮开）的牛奶	生肉或生鱼肉	生（没有煮开）水	生豆芽	蛋黄还流淌的荷包蛋	用生牛奶制作的酥油	瓶装水	没热过的剩饭
拉伯村（157）	吃过	79.6	11.5	95.5	14	53.5	78.3	83.4	87.3
	没有	17.2	88.5	4.5	81.5	34.4	13.4	15.3	12.1
	不知道	3.2	0	0	4.5	12.1	8.3	1.3	0.6
可邑村（50）	吃过	16.0	12	90	22	20	64	100	60
	没有	78.0	88	10	78	80	36	0	40
	不知道	6.0	0	0	0	0	0	0	0
曼养利村（48）	吃过	6.3	54.2	56.3	10.4	47.9	89.6	100	93.8
	没有	93.7	45.8	43.7	85.4	52.1	10.4	0	6.3
	不知道	0.0	0	0	4.2	0	0	0	0
段家营（54）	吃过	11.1	5.6	66.7	7.4	29.6	9.3	92.6	44.4
	没有	85.2	94.4	33.3	92.6	70.4	90.7	7.4	55.6
	不知道	3.7	0	0	0	0	0	0	0

续表

被访谈者回答统计（%）		你是否吃或喝过下列食品？							
		生（没有煮开）的牛奶	生肉或生鱼肉	生（没有煮开）水	生豆芽	蛋黄还流淌的荷包蛋	用生牛奶制作的酥油	瓶装水	没热过的剩饭
里布嘎村（47）	吃过	14.9	2.1	91.5	6.4	46.8	78.8	97.9	80.9
	没有	85.1	97.9	8.5	93.6	53.2	21.2	2.1	19.1
	不知道	0	0	0	0	0	0	0	0
独龙江乡（53）	吃过	13.2	7.5	84.9	7.5	52.8	58.5	88.7	69.8
	没有	83	92.5	15.1	90.6	41.5	37.7	9.4	28.3
	不知道	3.8	0	0	1.9	5.7	3.8	1.9	1.9
维西（77人）	吃过	35.1	32.5	87	7.8	46.8	24.7	96.1	48.1
	没有	64.9	67.5	13	92.2	53.2	75.3	3.9	51.9
	不知道	0	0	0	0	0	0	0	0

被访谈者回答统计（%）		你是否吃或喝过下列食品？							
		生肉或生鱼片	生水（没有煮开的自来水）	蛋黄还流淌的荷包蛋（生鸡蛋）	瓶装水（矿泉水、山泉水等）	没热过的剩饭	外卖	街边小贩出售的熟食（地摊食物）	夜间烧烤
德惠小区（70人）	吃过	4	17	6	99	9	6	86	4
	没有	96	83	94	1	91	94	14	96
	不知道	0.0	0.0	0.0	0.0	0.0	0.0	0.0	0.0

附表3 食品安全态度

被访谈者回答统计（%）		陈述									
		吃蛋黄和蛋清都彻底煮熟、无流质的鸡蛋对我的身体健康很重要	喝高温消毒过的牛奶对我的身体健康很重要	切生肉或鸡肉后，我喜欢先用热肥皂水洗菜板、刀和案板，然后再继续做饭	我不在乎吃生鱼或生肉会使我得病	每次都用干净的布洗案板或菜板，这太麻烦	收拾生肉或鸡肉后，我愿意用肥皂和流水洗手	把煮熟的肉同生肉汁分开，这对我来说非常重要	做饭前，我愿意用热的肥皂水先清洗厨房做饭的案板、刀具、菜板等用具	用干净水冲洗水果和蔬菜对我的身体健康非常重要	对水的安全问题，我不关心，我不在意喝生水
拉伯村（157）	同意	73.9	66.3	70.7	16.6	26.1	80.9	73.9	73.9	93	35.7
	不同意	17.8	14.6	23	73.9	70.7	15.9	15.3	22.9	5.7	59.2
	问题不适合我	8.3	19.1	5.7	9.6	3.2	3.2	10.8	3.2	1.3	5.1
可邑村（50）	同意	68	40	94	8	32	94	84	84	90	28
	不同意	20	8	6	88	68	6	12	16	10	72
	问题不适合我	12	52	0	4	0	0	4	0	0	0
曼养利村（48）	同意	25	47.9	97.9	25	8.4	100	100	100	100	29.2
	不同意	41.7	2.1	2.1	68.8	91.6	0	0	0	0	68.8
	问题不适合我	33.3	50	0	6.2	0	0	0	0	0	2.0

续表

被访谈者回答统计（%）		陈述									
		吃蛋黄和蛋清都彻底煮熟、无流质的鸡蛋对我的身体健康很重要	喝高温消毒过的牛奶对我的身体健康很重要	切生肉或鸡肉后，我喜欢先用热肥皂水洗菜板、刀和案板，然后再继续做饭	我不在乎吃生鱼或生肉会使我得病	每次都用干净的布洗案板或菜板，这太麻烦	收拾生肉或鸡肉后，我愿意用肥皂和流水洗手	把煮熟的肉同生肉汁分开，这对我来说非常重要	做饭前，我愿意用热的肥皂水先清洗厨房做饭的案板、刀具、菜板等用具	用干净水冲洗水果和蔬菜对我的身体健康非常重要	对水的安全问题，我不关心，我不在意喝生水
独龙江乡（53）	同意	88.7	66.0	79.2	11.3	13.2	92.5	88.7	86.8	96.2	22.6
	不同意	1.9	7.5	15.1	71.7	86.8	5.7	5.7	13.2	3.8	75.5
	问题不适合我	9.4	26.5	5.7	17	0	1.8	5.6	0	0	1.9
里布嘎村（47）	同意	51.1	55.3	93.6	14.9	10.7	95.7	95.7	95.7	100	21.3
	不同意	29.8	14.9	4.3	61.7	89.3	4.3	4.3	2.2	0	78.7
	问题不适合我	19.1	29.8	2.1	23.4	0	0	0	2.1	0	0
独龙江乡（53）	同意	88.7	66	79.2	11.3	13.2	92.5	88.7	86.8	96.2	22.6
	不同意	1.9	7.5	15.1	71.7	86.8	5.7	5.7	13.2	3.8	75.5
	问题不适合我	9.4	26.4	5.7	17	0	1.9	5.7	0	0	1.9
维西（77人）	同意	72.7	70.1	88.3	40.3	19.5	97.4	96.1	80.5	96.1	64.9
	不同意	16.9	15.6	11.7	46.7	79.3	2.6	3.9	19.5	3.9	33.8
	问题不适合我	10.4	14.3	0	13	1.2	0	0	0	0	1.3

续表

被访谈者回答统计（%）		陈述									
		吃蛋黄和蛋清都彻底煮熟、无流质的鸡蛋对我的身体健康很重要	不吃街边小贩出售的熟食（地摊食物）对我的身体健康很重要	切生肉或鸡肉后，我喜欢先用热肥皂水洗菜板、刀和案板，然后再继续做饭	我不在乎吃生鱼或生肉会使我得病	每次都用干净的布洗案板或菜板，这太麻烦	收拾生肉或鸡肉后，我愿意用洗涤剂、肥皂和流水洗手	把煮熟的肉同生肉汁分开，这对我来说非常重要	做饭前，我愿意用洗涤剂、热的肥皂水先清洗厨房做饭用的案板、刀具、菜板等用具	用干净水冲洗水果和蔬菜对我的身体健康非常重要	对水的安全问题，我不关心，我不在意喝生水
德惠小区（70人）	同意	99	100	99	0.0	1	99	100	100	100	0.0
	不同意	1	0.0	0.0	29	69	0.0	0.0	0.0	0.0	24
	问题不适合我	0.0	0.0	0.0	71	3	1	0.0	0.0	0.0	76

附表4　食品安全知识

被访谈者回答统计（%）		问题及选择答案									
		做饭前，最好的洗手方式是：①用湿的餐巾纸或毛巾擦②用你的围裙或衣服擦③用水冲洗④用肥皂和热水冲洗⑤不清楚	如果你腹泻拉肚子，你可以先洗手，然后再为家里的人做饭：①同意②不同意③不清楚	煮大块肉时，当看见肉的中心没有任何红颜色，你知道所有细菌都被杀死了，可以安全地吃肉：①同意②不同意③不清楚	煮鸡蛋直到蛋清和蛋黄都凝固，可以杀死有害细菌：①同意②不同意③不清楚	用同一个菜板先切生鸡肉，然后切水果或生吃的蔬菜，只要你在切这两种食品时，用干净的布擦菜板，就会很安全：①同意②不同意③不清楚	你用手拿过生牛肉，在继续做饭前，你应该做下面的哪件事：①用手巾或布擦手②用流水冲洗手③用肥皂和热水冲洗手④不洗手，继续做饭⑤不清楚	煮好的米饭或肉在房间里放了4个小时以上，你认为该如何处理：①应该倒掉②吃掉很安全③不清楚	一个没有削皮的苹果放在室温下，超过4小时，你认为该如何处理：①应该倒掉②吃掉很安全③不清楚	你认为孕妇是否可以吃没有高温消毒过的生牛奶：①不能吃②可以吃③不知道	你认为老人、孕妇或小孩是否可以吃用生鸡蛋或生血调拌的凉菜：①不能吃②可以吃③不知道
拉伯村（157）	回答正确	33.8	8.3	16.6	58	25.5	23.6	28	63.7	42.7	56.7
	回答错误	66.2	91.7	83.4	42	74.5	76.4	72	36.3	57.3	43.3
	平均得分	0.34	0.08	0.17	0.58	0.25	0.24	0.28	0.43	0.64	0.57
可邑村（50）	回答正确	52	6	12	56	46	58	16	76	38	70
	回答错误	48	94	88	44	54	42	84	24	62	30
	平均得分	0.52	0.06	0.12	0.56	0.46	0.58	0.16	0.76	0.38	0.7

续表

被访谈者回答统计（%）		问题及选择答案									
		做饭前，最好的洗手方式是：①用湿的餐巾纸或毛巾擦②用你的围裙或衣服擦③用水冲洗④用肥皂和热水冲洗⑤不清楚	如果你腹泻拉肚子，你可以先洗手，然后再为家里的人做饭：①同意②不同意③不清楚	煮大块肉时，当看见肉的中心没有任何红颜色，你知道所有细菌都被杀死了，可以安全地吃肉：①同意②不同意③不清楚	煮鸡蛋直到蛋清和蛋黄都凝固，可以杀死有害细菌：①同意②不同意③不清楚	用同一个菜板先切生鸡肉，然后切水果或生吃的蔬菜，只要你在切这两种食品时，用干净的布擦菜板，就会很安全：①同意②不同意③不清楚	你用手拿过生牛肉，在继续做饭前，你应该做下面的哪件事：①用手巾或布擦手②用流水冲洗手③用肥皂和热水冲洗手④不洗手，继续做饭⑤不清楚	煮好的米饭或肉在房间里放了4个小时以上，你认为该如何处理：①应该倒掉②吃掉很安全③不清楚	一个没有削皮的苹果放在室温下，超过4小时，你认为该如何处理：①应该倒掉②吃掉很安全③不清楚	你认为孕妇是否可以吃没有高温消毒过的生牛奶：①不能吃②可以吃③不知道	你认为老人、孕妇或小孩是否可以吃用生鸡蛋或生血调拌的凉菜：①不能吃②可以吃③不知道
曼养利村（48）	回答正确	66.7	4.2	2.1	31.3	68.7	52.1	10.4	93.8	35.4	87.5
	回答错误	33.3	95.8	97.9	68.8	31.3	47.9	89.6	6.3	64.6	12.5
	平均得分	0.67	0.04	0.02	0.31	0.69	0.52	0.1	0.94	0.35	0.88
段家营（54）	回答正确	51.9	5.6	13	75.9	48.1	59.3	3.7	83.3	74.1	88.9
	回答错误	48.1	94.4	87	24.1	51.9	40.7	96.3	16.7	25.9	11.1
	平均得分	0.52	0.06	0.13	0.76	0.48	0.59	0.04	0.83	0.74	0.89
里布嘎村（47）	回答正确	66	4.3	8.5	66	83	44.7	19.1	76.6	59.6	38.3
	回答错误	34	95.7	91.5	34	17	55.3	80.9	23.4	40.4	61.7
	平均得分	0.66	0.04	0.09	0.66	0.83	0.45	0.19	0.77	0.6	0.38

续表

被访谈者回答统计（%）		问题及选择答案									
		做饭前，最好的洗手方式是：①用湿的餐巾纸或毛巾擦②用你的围裙或衣服擦③用水冲洗④用肥皂和热水冲洗⑤不清楚	如果你腹泻拉肚子，你可以先洗手，然后再为家里的人做饭：①同意②不同意③不清楚	煮大块肉时，当看见肉的中心没有任何红颜色，你知道所有细菌都被杀死了，可以安全地吃肉：①同意②不同意③不清楚	煮鸡蛋直到蛋清和蛋黄都凝固，可以杀死有害细菌：①同意②不同意③不清楚	用同一个菜板先切生鸡肉，然后切水果或生吃的蔬菜，只要你在切这两种食品时，用干净的布擦菜板，就会很安全：①同意②不同意③不清楚	你用手拿过生牛肉，在继续做饭前，你应该做下面的哪件事：①用手巾或布擦手②用流水冲洗手③用肥皂和热水冲洗手④不洗手，继续做饭⑤不清楚	煮好的米饭或肉在房间里放了4个小时以上，你认为该如何处理：①应该倒掉②吃掉很安全③不清楚	一个没有削皮的苹果放在室温下，超过4小时，你认为该如何处理：①应该倒掉②吃掉很安全③不清楚	你认为孕妇是否可以吃没有高温消毒过的生牛奶：①不能吃②可以吃③不知道	你认为老人、孕妇或小孩是否可以吃用生鸡蛋或生血调拌的凉菜：①不能吃②可以吃③不知道
独龙江乡（53）	回答正确	43.4	7.5	34	66	35.8	47.2	35.8	52.8	62.3	58.5
	回答错误	56.6	92.5	66	34	64.2	52.8	64.2	47.2	37.7	41.5
	平均得分	0.43	0.08	0.34	0.66	0.36	0.47	0.36	0.53	0.62	0.58
维西（77人）	回答正确	58.4	9.1	11.7	66.2	32.5	67.5	26	31.2	55.8	67.5
	回答错误	41.6	90.9	88.3	33.8	67.5	32.5	74	68.8	44.2	32.5
	平均得分	0.58	0.09	0.12	0.66	0.32	0.68	0.26	0.31	0.56	0.68

续表

被访谈者回答统计（%）		问题及选择答案									
		如果你腹泻拉肚子，你可以先洗手，然后再为家里的人做饭：①同意②不同意③不清楚	煮大块肉时，当看见肉的中心没有任何红颜色，用筷子戳穿肉块，你知道所有细菌都被杀死了，可以安全地吃肉：①同意②不同意③不清楚	煮鸡蛋直到蛋清和蛋黄都凝固，可以杀死有害细菌：①同意②不同意③不清楚	用同一个菜板先切生鸡肉，然后切水果或生吃的蔬菜，只要你在切这两种食品时，用干净的布擦菜板，就会很安全：①同意②不同意③不清楚	煮好的米饭或肉在房间里放了4个小时以上或放在冰箱里超过两天，你认为该如何处理：①应该倒掉②吃掉很安全③不清楚	一个没有削皮的苹果放在室温下，超过4小时，你认为该如何处理：①应该倒掉②吃掉很安全③不清楚	你认为你是否可以吃街边小贩出售的熟食（地摊食物）、外卖	你认为你是否可以吃保健食品（按疗效及医生建议）	做饭前，最好的洗手方式是：①用湿的餐巾纸或毛巾擦②用你的围裙或衣服擦用水冲洗③用肥皂和热水冲洗④不清楚	你用手拿过生牛肉，在继续做饭前，你应该做下面的哪件事：①用毛巾或布擦手②用流水冲洗手③用肥皂和热水冲洗手④不洗手，继续做饭
德惠小区（70人）	回答正确	97.1	91.4	97.1	81.4	5.7	2.9	90.0	12.9	34.3	22.9
	回答错误	2.9	8.6	2.9	18.6	94.3	97.1	10.0	87.1	65.7	77.1
	平均得分	0.97	0.91	0.97	0.81	0.06	0.03	0.9	0.13	0.34	0.23

第三编

人类学学科发展研究

人类学应该成为中国显学：应用人类学的视角*

学界一般认为，应用人类学的起源与人类学的起源同步，有些学者把应用人类学的源头追溯到西方历史上的古典时期，亦即西方人类学的产生时期，指出古希腊学者希罗多德（Herodotus）就在地中海一带为其政府收集邻国民族的资料，供其制定外交政策使用。应用人类学作为一门学科形成于19世纪中晚期，主要是为了满足殖民主义扩张的需求，应用人类学的名称最早起源于1896年，由美国人类学家丹尼尔·布林顿（Daniel G. Brinton）在就任美国科学促进会主席时的演讲中提出，而应用人类学的快速发展则要追溯到第二次世界大战。

早在1940年，美国人类学家和其他社会科学家就同政府高层官员开会讨论，如果美国参战怎样才能维持国民士气等问题。二战期间，美国人类学家受政府聘请搜集敌国和盟国的资料，为其海外作战的士兵提供人类学基本知识的培训。据统计，二战中超过95%的美国人类学家从事与战争有关的工作。珍珠港事件后，美国人类学家玛格丽特·米德受聘负责领导国家研究会下属的饮食习惯委员会，为政府制定紧急状况下食品和食品定量配给计划，评估美国公众对援助盟国的态度，研究敌国的国情等。玛格丽特·米德还研究驻扎在英国的100多万美国士兵给英国所带来的社会影响，重点研究美国士兵和英国平民及军人的价值观的冲突，为改善与盟国的关系献计献策。此间，美国人类学家受政府战争再安置部的委托，调查西海岸日本人强制收容所引发的问题。随着战争形势的进展，美国政府到大学设立研究机构，雇用人类学家来教育政府工作人员和军人如何应对盟军占领区的德国人、日本人。二战后，在太平洋岛屿托管地，人类学家受聘研究再安置、经济恶化、住房等方面的问题。美国开始实施“开发落后地区”的“第四点计划”，吸纳应用人类学家，用他们的知识和技能从事国际发展、国际援助和评估美国外交政策方面的工作。

---

* 本文原发表在《文汇学人》2016年5月20日第245期。

20世纪末，随着多国公司和全球经济的兴起，应用人类学家有了更多发展空间。人类学家的工作重点不再是研究某一文化，而是用他们所掌握的人类学知识和方法去满足雇主的特殊要求，如帮雇主了解工作场所或劳动组织，调查市场和顾客的需求等情况。在这一时期，很多国际组织，如世界银行、世界卫生组织、食品和农业组织以及联合国教科文组织雇用人类学家从事不同的工作，包括政策的制定和执行、社会需求的评估和项目的社会影响调查等。应用人类学的研究领域由此扩大到农业、文化资源管理、发展政策和实践、灾害研究、经济发展、教育和学校、环境、卫生和药品、工业和商业、土地使用和土地认领、媒体和广播、军事、政策制定、水资源开发和社区发展等方面。

进入21世纪后，世界经济日益全球化。与此同时，世界上也出现与全球化相悖的发展趋势，如地方主义、民族沙文主义等。这给应用人类学家提供了机遇和挑战。他们对传统的研究对象进行重新评估，开发新的研究方法，与更广泛的人群对话。从国内到国外，从城市到农村，从政府机构到私营企业，从发展中国家到发达国家都能见到应用人类学家的身影。此时，全球范围内，人类学的应用或实践呈现三个特征：重心向当代问题主导的跨学科研究转移；参与式和合作式的方法；更侧重政策制定和政治影响的研究。由此，应用人类学得以迅速发展，并日益成为综合学科。它汇集不同学科的知识、理论和方法，来处理人类在不同的环境中面对的问题和挑战。同时，应用人类学仍然保持了传统人类学最核心的理论和方法，包括强调地方知识的重要性、深入分析所研究问题的内部结构，关心环境和文化以及国计民生的可持续性发展，关注小型社区，坚持详细了解现存的资料、关注文化的不同处，欣赏不同看法，承认制度的复杂性等。应用人类学地位得到承认，许多新版人类学教科书把应用人类学列为人类学的第5个分支。据统计，美国现有40所大学开设应用人类学专业，10余个应用人类学组织，如应用人类学学会（Society for Applied Anthropology）、全国实践人类学协会（National Association for the Practice of Anthropology）、实践、应用和公共利益人类学委员会（Committee on Practicing，Applied，and Public Interest Anthropology）、实践和应用人类学项目联合会（The Consortium of Practicing and Applied Anthropology Programs）等，每年举办学术会议，交流研究成果，探讨应用人类学面临的问题。

纵观西方应用人类学过去100多年的历史，可以看出它经历了为殖民统治效力、为国家政府及国际组织服务到关注国计民生的过程。概言之，西方应用人类学近年来最大的变化有4点：其一，它已成为一门综合性学科，强调多学科的合作来研究人类面临的社会问题。其二，应用人类学家与被研究者关系发生变化，从价值中立的旁观者，到价值介入的行动者，到平等伙伴关系的文化中介人。其三，努力寻求在理论上的突破，强调理论、实践和应用的结合，为基础人类学研究作出了贡献。其四，研究领域扩大，研究内容覆盖了人类社会方方面面，研究地域多种多样，从农村到城市，从发展中国家到发达国家。这些变化充分体现应用人类学在西方校园内和社会上的作用日益增大，其学术地位得到进一步加强。

在中国，应用人类学的发展历史也可以追溯到 20 世纪初。从 19 世纪到 20 世纪，中国这个古老国度经历了一系列半殖民的历史，这种历史境遇一定程度上决定了人类学在中国有自己特殊的使命，就是和其他西方“科学”一起为中国的强盛和社会发展服务，这使得中国的人类学在建立之初就具有应用的目标。我国自 20 世纪 30 年代至 40 年代的边政问题研究，以及 20 世纪 50 年代以来的民族识别和帮助政府制定民族政策等都具有应用人类学研究的性质。1939 年出版的费孝通《江村经济》（英文版），不仅是研究一个农村社区的生活，而是希望通过这个研究去明白如何解决中国农民的生活问题，他主张以农民合作组织来发展乡村经济，提出恢复农村企业是改善农民生活的根本的措施。可以说这个研究启发了他在改革开放之后致力于推动小城镇的发展。1980 年，费先生在美国接受应用人类学学会马林诺斯基奖的大会上提到“迈向人民的人类学”。随着中国的改革开放，中国人类学家在研究与参与地方的发展，如旅游与地方发展、公共卫生，如艾滋病和毒品问题研究、文化遗产保护，如生态博物馆建设、贫穷地区的教育问题、灾难研究，如抗灾、救灾和灾后重建问题等领域，通过实地调查，为人民服务，人类学者参与政府的项目也是为了促进政府与人民之间的沟通以及协助政府更好地为人民服务。

至今，我国改革开放 40 多年，经济飞速发展，人民的生活得到巨大提高，社会和文化等方面发生急剧变化，从农村到城市，从沿海到内地，都出现许多社会问题。另外，全球化产生新的国际地缘政治格局，给我国边疆安全带来巨大压力，边疆民族社区可持续发展关系到我国边境安全。党的十八届五中全会提出了到 2020 年全面建成小康社会新的目标要求，提出了创新、协调、绿色、开放、共享的新发展理念。这些都急需大量应用人类学者去做深入的研究，帮助政府从根本上解决问题，寻找实现新的发展理念的具体措施。

应用人类学是人类学的分支学科，是应用人类学的理论和方法去研究和解决人类学社会面临的问题，其发展与人类学的研究息息相关。我国人类学学科地位不明确，迄今仍未成为一个独立的“一级”学科，这非常严重地影响了应用人类学在我国的发展。我国高校至今没有应用人类学专业，没有应用人类学专业硕士和博士学位，甚至没有完整的应用人类学教学计划、职业道德标准，严重与国际人类学最新发展脱轨，落后于欧美及日本。我们应迎头赶上，首先应尽快确立人类学学科地位，建立完整的应用人类学体系，包括应用人类学专业和学位点、学生培养计划、全国性和区域性学术组织等，使中国的人类学走向世界。

改革开放四十多年来中国人类学发展现状及未来*

中国人类学的发展历程

在 20 世纪初，人类学随同其他西方社会科学，如社会学、马克思主义思想等一起传入中国。西方人类学通过三个渠道来到中国：中国知识分子到西方学习人类学，回国后到他们以前工作的学校或研究机构推广人类学；人类学著作被翻译成中文，在中国传播人类学知识；外国人类学者到中国教书和做田野调查，增加了人类学作为一门学科在中国社会里的影响力（杨惠，2000）。

西方人类学，作为一门学科，开始研究的是部落民众。而中国人类学则不同，从最开始，一些中国人类学者研究中国的少数民族，而另一些中国人类学者则专门研究汉人社会。因为在那些年，连续不断的内战和自然灾害使中国农村生活无比艰辛，而中国知识分子有“国家兴亡匹夫有责”的传统。当时的中国人类学者深受英国功能主义理论的影响，渴望把他们从西方学到的知识用于研究中国的社会问题，并寻找解决方法。费孝通在 1939 出版的 *Peasant Life in China* 就是该派的典型例子，该书被认为是人类学田野调查和理论发展的里程碑（Liang，2016）。抗日战争迫使很多中国学者来到云南省，当地居住着许多少数民族，一些人类学者开始研究这些少数民族。

1949 年，中华人民共和国成立，一些中国人类学者移居我国台湾地区或海外，但多数人类学者选择留下，希望为建设新中国作贡献（Wong，1979）。但新中国成立后，国内所有学术领域都向苏联学习，人类学和社会学被认为是资本主义国家的资产阶级学科，是“新社会”社会主义建设的绊脚石。1952 年，人类学在高校被取缔，其学科地位被民族学代替（杨慧，2000）。一些幸运的人类学

* 本文原发表在《百色学院学报》2019 年 3 月第 32 卷第 2 期。

者，如费孝通和林耀华，被分派去采用马克思、列宁和斯大林主义方法，去研究中国少数民族；一些人类学者不得不接受学科外的工作；一些人类学者，如杨庆堃，移民到美国。从1949年到1978年，中国对西方人类学者完全关闭，有兴趣研究中国的西方人类学者不得不在我国的台湾地区、香港地区和其他海外华人社区做田野调查，英国汉学人类学家 Freedman 把这些地方称为“中国残余”（Freedman，1963）。这些西方人类学者通过阅读档案材料或访谈生活在中国香港或美国的难民，或者分析他们在1949年前搜集的资料来了解中国。只有少数几个幸运的西方人类学者，如 William Geddes，获得许可参观中国的样板社区。①

1978年，中国开始改革开放。1981年，广州中山大学重新成立中国首个人类学系（周大鸣，2006）。1981年，首届全国人类学研讨会在厦门大学召开，会上成立中国人类学学会，标志着人类学作为一门学科在中国得到恢复（马雪峰，2012）。改革开放政策给西方人类学者提供了到中国做田野调查的机会，20世纪80年代中期，他们开始大批来到中国，20世纪80年代末和90年代初，他们的作品出版问世，例如黄树民的 *Spiral Road*：*Change in a Chinese Village through the Eyes of a Communist Party Leader*（1989），后来被翻译成《林村的故事》，2002年在国内出版；萧凤霞（Helen F Siu）的 *Agents and Victims in South China*：*Accomplices in Rural Revolution*（1989）；海因斯．波特和杰克．波特（Sulamith Heins Potter and Jack M. Potter）的 *China's Peasants*：*the Anthropology of a Revolution*（1990）；孔迈隆（M. L. Cohen）的 *Lineage Organization in North China*（1990）；毕克伟（Paul G. Pickowicz）的 *Chinese Village*，*Socialist State*（1991）；陈佩华（Anita Chan）、赵文词（Richard Madsen）和安戈（Jonathan Unger）的 *Chen Village under Mao and Deng*（1992）；王斯福（Stephen Feuchtwang）的 *The Imperial Metaphor*：*Popular Religion in China*（1992）；威廉．姜克维（William R. Jankowiak）的 *Sex*，*Death*，*and Hierarchy in Chinese City*：*An Anthropological Account*（1993）；杨美惠（Mayfair Yang）的 *Gifts*，*Favors*，*and Banquets*（1994）。这些和其他人类学者及其著作对中国人类学有很大的影响。

20世纪80年代后，中国的人类学者继续研究中国少数民族的传统文化。同时也研究中国改革开放和现代化过程中民族地区出现的新形势和新问题，当时的

---

① William Geddes 1956年到北京，由费孝通联系安排考察中国农村，1963年出版 *Peasant Life in Communist China*。

研究课题包括“中国少数民族迁徙研究”“西藏现代化问题研究”“西部开发和民族关系研究”（Liu，2003）。重访或重新调查过去人类学者研究过的村庄是本时期中国人类学的另一特征（马玉华，2007），这些村庄包括费孝通在20世纪30年代研究过的江苏的开弦弓村，他在20世纪80年代和90年代20多次重访；杨懋春（Martin C. Yang）最先在20世纪40年代研究过的山东台头村，戴瑙玛（Norma Diamond）在20世纪80年代重访该村；林耀华在20世纪40年代的田野调查点福建黄村，他的学生庄孔韶到20世纪80年代重访；葛学溥（Daniel Harrison Kulp）在20世纪初首次调查过的广东凤凰村，周大鸣到20世纪90年代重访。这些重访为学科的发展提供了新的理论视野和历史的延续性（Liang，2016）。

20世纪90年代和21世纪初，越来越多的在国外获得人类学硕士和博士的中国学生回到国内的学术机构工作，加强了中国人类学同世界人类学的联系（Pieke，2014）。2009年7月，国际人类学与民族学联合会在昆明的云南大学举办了第十六次世界大会，有来自116个国家和地区的大约5000名学者和学生参加。围绕“人类、发展与文化多样性”的主题，大会设有239个学术专题宣讲5000多篇论文，6个文化展，23部电影，5条昆明及周边考察路线（Zhang，2009）。有中国学者认为本次大会是中国人类学发展历程中的一个里程碑（徐杰舜，2007）。为筹备和组织本次大会而在2007年3月成立的中国人类学民族学研究会，现在已经发展成全国性、非营利性的社会组织，其成员包括从事人类学和民族学相关研究的机构、学术团体和个人，具有广泛的代表性。它现有36个专业委员会，代表很多人类学分支学科，如经济人类学、都市人类学、生态人类学、法律人类学、宗教人类学等，反映了当代中国人类学逐步积累起来的力量和研究兴趣上更为多元、内容上更丰富、交流上更积极的特征（赵旭东，2015）。中国人类学民族学研究会每年在国内不同高校召开年会，日程由各专业委员会或兴趣小组确定。2017年的年会于2017年11月11日至12日在湖北武汉中南民族大学召开，主题为“中国人类学民族学学科建设”，来自全国126所高校和科研机构的400多位专家学者参与了20个主题在内专题研讨会议。①

除中国人类学民族学研究会外，还有两个全国性的从事人类学民族学研究的协会：中国人类学学会，1981年在厦门大学成立；中国民族学学会，1980年在

① 详见http：//www.cnr.cn/hubei/jmct/20171113/t20171113_ 524022982.shtml。

北京中国社会科学院成立。两个学会每年举行年会，中国人类学学会 2017 年的年会于 8 月 15—18 日在内蒙古师范大学举行，主题为“包容发展的人类学”，旨在回顾总结民族学人类学学科发展的宝贵经验和光辉历程，展望新时期民族学人类学学科发展的美好前景。① 中国民族学学会 2017 年的年会于 7 月 14—16 日在青海民族大学召开，大会主题“民族学人类学中国学派 · 理论与实践”，与会人员围绕主题分 13 个单元进行发言和讨论，内容涉及人类学民族学理论与方法、海外人类学、生态人类学、“一带一路”与民族地区发展、民族历史、文化遗产保护、社会转型与文化变迁视野下的民族、宗教以及文化多样性等多个问题。② 此外，地区性的协会有中国西南民族研究学会，1981 年 11 月在昆明成立，现已经发展成为拥有成员遍布全国 12 个省区市、45 个单位会员和近千名个人会员的重要学术组织团体，创立了以“西南学派”为代表的民族学人类学派，是全国最重要的民族学人类学研究团体之一。③ 民间协会有人类学高级论坛，由中国社科院民族研究所、香港中文大学人类学系、中山大学人类学系、澳门大学人文社会及人文科学学院、北京大学社会学人类学研究所、云南大学人类学系、中央民族大学民族学社会学学院、中国人民大学社会学理论与方法研究中心、厦门大学人类学研究所、广西民族大学民族学人类学研究所等 22 家单位，于 2002 年初联合发起在广西民族大学创立，至今已成功举办 16 届年会。

中国人类学现况

从 20 世纪 80 年代初开始，人类学在中国的大学逐渐复兴，恢复成为一门学科。1981 年，全国只有一所大学——中山大学能授人类学硕士和博士学位。到 2017 年，全国已有 10 所高校招收人类学博士生，30 所高校招收人类学硕士生，专业覆盖社会人类学、教育人类学、应用人类学、医学人类学、旅游人类学、认知人类学、科学技术人类学、海外民族志、人类学理论与方法等领域。今天，大多数中国重点大学给本科生开人类学课程，人类学研究机构也有所增加。中国社会科学研究院、清华大学、北京大学、中国人民大学、厦门大学、复旦大学、浙

① 详见 http://news.imnu.edu.cn/n4265c2.jsp。

② 详见 http://difang.gmw.cn/qh/2017-07/20/content_25148176.htm。

③ 详见 https://baike.baidu.com/item/中国西南民族研究学会/4370971?fr=aladdin。

江大学、四川大学、南京大学、云南大学和相当多的民族大学都建立了人类学研究机构。除人类学外，12 所大学有民族学博士专业，34 所大学设有民族学硕士专业，具体专业包括民族志、少数民族经济、少数民族历史、少数民族艺术、藏学、少数民族教育、少数民族法律、马克思主义民族理论与政策等。①

中国人类学的复兴同中国改革开放后逐步成为世界强国相关联，中国打开国门实行开放政策导致汉族和少数民族社会发生巨大的社会文化改变。曾经塑造西方社会的全球化、跨国主义和世界主义现在开始影响中国社会，新人类、新生活方式和新型社会组织出现在中国，中国政府和商人在国内外都遇到新问题和困难。这一切给中国人类学提供了机遇和挑战，中国新的现实生活从根本上重造了中国人类学，它不再受一种范式或一群学者支配，人类学的田野调查同以前比较，变得更加以问题主导、城市为基地和多点调查，中国的人类学对中国社会某一方面的研究更加专业化（Pieke，2014）。

两位西方人类学者梳理了 20 世纪 80 年代以来国内外出版的研究中国并以在中国做田野调查为基础的重要作品。美国华盛顿大学的郝瑞（Harrell，2001）评述了发表在 20 世纪 80 年代和 90 年代的作品，把它们分类为“社区”（村庄和城市）；“生活”（性别和性欲，家庭、婚姻和人口，儿童和教育，消费和休闲）；“国家及其组成部分”（建构地方民族认同，区域文化，汉族、民族特征）。荷兰莱顿大学现代中国研究教授彭轲（Pieke，2014）梳理了郝瑞教授现代中国研究的重要人类学作品，他把这些作品分类为“一个新的社会秩序”，“生活在风险社会”，“政治和政府”，“人口、政府和科学”，“阶级，消费和归宿”，“民族建构和民族主义”，“新和旧的多样性”。这两位西方学者的综述文章总结了改革开放到 2014 年以来中国人类学的研究方向。

2016 年 3 月，一群中国人类学者聚集在广西贺州大学，讨论是否有必要和如何推动人类学在中国成为一级学科，如同社会学和政治学一样。改革开放以来，人类学在中国取得了长足的发展和显著成就，但按教育部的学科分类，人类学迄今还不是一级学科。社会人类学是在社会学下的二级学科，文化人类学与民俗学一起，被划分为民族学的二级学科。② 会议达成共识，认为现行的学科分类，严

---

① 资料来源：中国研究生招生信息网，http：//yz. chsi. com. cn/。

② 详见《中华人民共和国学科分类与代码国家标准》，http://www. ay2fy. com/smp_ay2fy/framework/editor/uploadfile/20211230105829688. pdf。

重影响中国人类学的发展。会后，有9位参会者在《文汇报》发表文章，阐述人类学成为一级学科的必要性和可能性。[①] 他们总结了中国人类学在不同领域，如经济、政治、教育、族群、医疗、人口、老龄化、海外民族志等的最新研究成果，他们认为从不同视角看，如政府的“一带一路”倡议、海外孔子学校、中国援助非洲和其他方面，一个国家要想成为世界大国，它需要社会科学来处理世界事务，而人类学是所有社会科学中最基本的学科。没有一个发展较好的人类学，中国的社会科学不可能达到世界一流水平。

目前，中国人类学学科地位暂时难以改变，教育部开展的“双一流”项目，建设世界一流大学和一流学科，人类学被排除在外。它同时使人类学成为入选一流学科建设的民族学竞争国家资源的潜在对手，其后果是一些大学，如中山大学，尽管坚持美国式人类学的传统风格，如文化人类学、体质人类学、考古人类学和语言人类学四分支学科，最近也不得不重建或恢复民族学专业，招收硕士和博士研究生。

中国人类学与世界人类学

“他山之石，可以攻玉”，了解世界人类学的发展，有利于推动中国人类学的学科建设。同美国人类学比较，今天的中国人类学拥有很多相同的研究领域，包括经济、社会组织、宗教、族群、移民、城市化、贫困与发展、全球化、生态、医药、基因、战争与灾害、技术与新媒体等。但中国人类学与美国人类学在研究地理区域存在不同，多数中国人类学者研究的对象是中国境内的民族，包括少数民族，而美国许多人类学家在世界各地做田野调查，研究他者民族。这种情况将来随着中国经济实力的不断提升和政府“一带一路”倡议的充分实施，也许会改变。一些中国人类学者建议未来中国人类学重点关注三个领域：农村汉族的乡土人类学；少数民族研究的民族学；海外社会研究（王铭铭，2005；马玉华，2007）。荷兰莱顿大学教授彭轲认为“中国人类学将继续扎根于中国民族志，同时越来越多地冒险到境外做研究。”（Pieke，2014）

中美人类学的另外一点区别是，人类学的学科地位在美国学术界内和学术界外都得到明确认可，而中国人类学被放在社会学和民族学下，公众对其了解甚

① 详见《文汇学人》2016年5月20日报道。

少。美国有600多所大学设有人类学系或项目,① 一流大学甚至把人类学列为本科生的必修课，人类学普及程度较高。而在中国，仅仅只有约60所大学设有人类学系（所）和专业（包括民族学）。这个区别在很大程度上是由中美教育体制造成的，中国教育部对大专院校本科、硕士和博士专业的设置有严格的规定，而美国高校常常根据市场和学生的需要来决定专业的设置。

中国人类学为世界人类学作出了什么贡献？中国人类学在亲属制度、宗教与仪式、比较政治和经济文化方面的研究取得成就，值得骄傲（王铭铭，2005）。最先在20世纪50和60年代，然后是20世纪80和90年代，中国人类学者和民族学者对中国的少数民族进行了大规模调查研究，出版了成千上万的民族志，覆盖中国所有的民族，产生的许多学术专著和调查报告，提出了新的理论和方法。中国人类学界围绕学科建设及一些重大理论和现实问题开展许多讨论，涉及社会形态、家庭与婚姻、族群和民族、现代化问题、文化多样性和非物质文化遗产的保护问题等，这些讨论不仅对中国人类学，在某种程度上，对世界人类学产生重大影响（何星亮，2008）。

中国人类学的另一突出贡献是为人类学本土化作出了榜样。当人类学最初传入中国时，许多中国学者就从不同的视角提出建立中国自己的人类学的观点。1949年前的中国人类学者认为除经典著作翻译外，社会科学在被用于中国前，需要调试修正，把搜集到的传统中国社会和历史的资料和西方理论相结合（Liang，2016）。1949年后，人类学和其他社会学科本土化倾向沿去西方化方向继续发展，并结合当时国家政治和意识形态需求，在20世纪50年代和60年代，马克思、列宁和斯大林主义的理论与方法被用于中国少数民族研究。中国政府一直提倡发展有中国特色的中国社会科学，改革开放后，人类学在中国大学恢复以来，人类学本土化已经进入全面分析西方人类学理论并把它们同中国现实相结合的阶段。中国人类学者常常把田野调查和中国丰富的历史文献资料相结合，推动中国人类学研究和理论体系的建立，在国内外人类学界产生了较大影响，例如费孝通的“差序格局”、杨庭硕的“相际经营原理”、李亦园的“致中和或三层面和谐均衡宇宙观”、王铭铭的“三大地理空间圈”、赵旭东的“从社会转型到文化转型”、周永明的“路学”等。

---

① 资料来源：AnthroGuide Institutional Search：https：//secure. americananthro. org/eweb/Dynamic Page. aspx?Site = AAAWeb&WebKey = cc464c00 - c91e - 497c - b51a - 7e0d27b96daa。

今后中国人类学能为世界人类学贡献什么？首先它能扩大研究范围，除少数民族研究的传统题目外，中国社会从20世纪80年代初改革开放以来，发生了巨大变迁，涌现了许多研究课题，如人类学对社区研究、对个人生活研究和对国家及其组成的民族和区域部分的研究（Harrell，2001）；对社会转型和文化转型研究（赵旭东，2015）；对新的社会秩序、政治和政府、人口、阶级、消费与归属、现代化和全球化的研究（Pieke，2014）。中国上升为世界强国给中国人类学提供了独有的机会，可以通过寻找“认识和书写不仅仅是另一个文化的社会”的新方法；为研究全球化引发的问题，提供民族志的证据；在中国边界外做民族志研究，与其他文明做比较；这样可以为世界人类学作持久的贡献（Pieke，2014）。

中国人类学的未来

学科的发展同国家的政治需求相关。二战期间，美国人类学家 Margaret Mead 等人组织成立了应用人类学学会（ Society for Applied Anthropology ），她所领导的小组为政府制定紧急状况下食品和食品定量配给计划出谋划策，评估美国公众对援助盟国的态度，研究敌国的国情和研究驻扎在英国的100多万美国士兵给英国所带来的社会影响等（Mead，1979）。战后，在太平洋岛屿托管地、杜鲁门的“第四点计划”（Point Four Program）等都吸纳人类学家，用他们的知识和技能从事国际发展、国际援助和评估美国外交政策方面的工作（Foster，1969）。美国社会发展到今天，承认多元文化和种族平等，人类学功不可没。

新中国的成立与发展离不开人类学。在抗日战争期间，人类学家纷纷投入到边政研究领域，为政府的边疆管理提供参考依据。1950年，人类学家李安宅、林耀华、任乃强、宋蜀华等人随军进藏参与西藏管理工作，为西藏的安定和团结贡献力量。随后，20世纪50—60年代的民族识别，改革开放后的小城镇建设，汶川地震后灾后重建等，都离不开人类学。我国早期的人类学先辈们更多的是把学科看成一种服务社会的实用工具，而不仅仅是学术研究的领域（佟春霞、阎耀军，2011）。吴文藻（1990）曾说过：“西洋人类学之应用，在于殖民行政，中国应在边政、边教、边民福利事业、边疆文化变迁之研究。”

今天，中国特色社会主义进入新时代，为实现“中国梦”，实现中华民族伟大复兴，党的十八大以来，提出了一系列新理念新思想，如“一带一路”“精准扶贫”“创新、协调、绿色、开放、共享”的发展理念“人类命运共同体”等，这些新理念新思想包含许多人类学的观点和理念，如发展人类学四个主要观点是：①发展的目的是改善人民群众的生活条件，强调以人为本，关注就业和收入的提高，而不是单纯的资本积累。②参与，提倡当地居民对发展过程的有意义全面参与。③赋权，强调决策过程公开透明、高程度的当地所有权和管理权。④可持续发展，防止以发展经济为代价的生态环境破坏。党的十八届五中全会提出的“创新、协调、绿色、开放、共享”的发展理念，丰富和突破了发展人类学在过去 40 多年来形成的发展理论。

建设中国特色社会主义新时代，实现我们党提出的“两个一百年”奋斗目标，即到建党一百年时全面建成小康社会，到新中国成立一百年时基本实现社会主义现代化，[①] 给中国人类学的发展提供了机遇和挑战。中国人类学的发展前景光明，但要实现英国人类学家弗里德曼（Maurice Freedman）在 1962 年预言人类学的“中国时代（A Chinese Phase）”，还有很长的路要走。

参考文献

佟春霞、阎耀军：《人类学之于公共管理实践的历史渊源及重要性》，载《内蒙古大学学报》（哲学社会科学版）2011 年第 2 期。

何星亮：《中国民族学与人类学 30 年的回顾与展望》，载《民族研究》2008 年第 6 期。

马雪峰：《1980 年以来的中国大陆人类学学科建设：民族学与人类学的分离以及人类学发展的多元路径》，载《青海民族研究》2012 年第 23 期。

马玉华：《20 世纪中国人类学研究述评》，载《江苏大学学报》（社会科学版）2007 年第 6 期。

王铭铭：《二十五年来中国的人类学研究：成就与问题》，载《西社会科学》2005 年第 2 期。

吴文藻：《吴文藻人类学社会学研究文集》，民族出版社 1990 年版。

徐杰舜：《中国人类学学科的恢复与发展》，载《怀化学院学报》2007 年第 26 期。

杨惠：《中国人类学 50 年研究回顾》，载《思想战线》2000 年第 26 期。

赵旭东：《迈向人类学的中国时代》，载《社会科学》2015 年第 4 期。

① http：//theory. people. com. cn/n1/2017/1115/c40531-29647207. html。

周大鸣：《迈向21世纪的中国人类学》，载《中山大学学报》（社会科学版）2006年第2期。

Foster, George. 1969. *Applied Anthropology*. Boston: Little Brown and Company.

Freedman, Maurice. 1963. A Chinese Phase in Social Anthropology. *British Journal of Sociology*, 14 (1).

Geddes, William Robert. 1963. Peasant Life in Communist China. In *Monograph*, no. 6. The Society for Applied Anthropology.

Harrell, S. 2001. The Anthropology of Reform and the Reform of Anthropology: Anthropological Narratives of Recovery and Progress in China. *Annual Review of Anthropology*30.

Liang, Hongling. 2016. Chinese Anthropology and Its Domestication Projects: Dewesternization, *Bentuhua* and Overseas Ethnology. *Social Anthropology* 24 (4).

Liu, Mingxin. 2003. A Historical Overview on Anthropology in China. *Anthropologist* 5 (4).

Mead, Margaret. 1979. Anthropological Contributions to National Policies during and Immediately after World War II. In *The Uses of Anthropology*, edited by Water Goldschmidt, 145 - 158. Washington, DC: American Anthropological Association.

Pieke, Frank N. 2014. Anthropology, China, and the Chinese Century. *Annual Review of Anthropology* 43.

Wong, Siu-lun. 1979. *Sociology and Socialism in Contemporary China*. London, Boston and Heuley: Routledge & Kegan Paul.

Zhang, Xiaomin. 2009. Report on the 16th Congress of the International Union of Anthropological and Ethnological Sciences. https://www.waunet.org/iuaes/congress/iuaes/2009-china.phtml.

西方应用人类学最新发展述评*

全球化给人类带来了急剧的社会变迁，使人类社会面临许多新的问题，如社会福利、社会公平、卫生、环境、贫困等，由此推动了以解决问题为目标的应用人类学的快速发展。在西方，应用人类学家抓住机遇，充分利用其学科特长，通过帮助政府制定政策和解决问题，使应用人类学得到了新的发展，其研究的价值及学科地位也获得广泛认可。本文对西方应用人类学的发展历程，尤其是对其最新发展和变化进行了评述，为国内应用人类学的学科建设提供启示与借鉴。

西方应用人类学的发展概况和最新动向

（一）发展概况

学界一般认为，应用人类学的起源与人类学的起源同步，有些学者把应用人类学的源头追溯到西方历史上的古典时期亦即西方人类学的产生时期，指出古希腊学者希罗多德（Herodotus）就在地中海一带为其政府收集邻国民族的资料，供其制定外交政策使用（Kedia & Van Willigen，2005）。

我国学者石奕龙指出，应用人类学作为一门学科形成于19世纪中晚期。首先，应用人类学实践产生于19世纪中后期殖民主义扩张的需求。其次，在实践的基础上，应用思想也在19世纪末20世纪初提出来。最后，应用人类学的名称也最早于1896年由美国人类学家丹尼尔·布林顿（Daniel G. Brinton）在就任美

* 本文原发表在《民族研究》2011年第1期。

国科学促进会主席时的演讲中提出。① 石奕龙进一步把应用人类学发展历程分成四个阶段：形成时期（？—1914 年）、发展初期（1915—1938 年）、扩展时期（1939—1970 年）和决策时期（1971 年至今）。第一阶段结束于 1914 年第一次世界大战开始前，战后世界格局发生变化，应用人类学的研究内容也有变化；第二阶段，应用人类学的主要工作是从事殖民地行政管理；第三阶段从第二次世界大战爆发开始，止于 1970 年，应用人类学家扮演的角色和应用人类学研究的范围有所扩大，应用人类学作为一门学科得到越来越多的承认；第四阶段，应用人类学范围继续扩大，覆盖人类社会的所有方面，注重学术圈外不同层次和不同场合的政策研究的“新应用人类学”出现（石奕龙，1996）。

笔者基本同意石奕龙的划分法，②但更强调第二次世界大战推动了应用人类学的发展。早在 1940 年，美国人类学家和其他社会科学家就同政府高层官员开会讨论，如果美国参战怎样才能维持国民士气等问题（Mead，1979）。二战期间，美国人类学家受政府聘请搜集敌国和盟国的资料，为其海外作战的士兵提供人类学基本知识的培训。据统计，二战中超过 95% 的美国人类学家从事与战争有关的工作（Van Willigen，2002）。珍珠港事件后，玛格丽特·米德受聘负责领导国家研究会下属的饮食习惯委员会。她所领导的小组为政府制定紧急状况下食品和食品定量配给计划出谋划策，评估美国公众对援助盟国的态度，研究敌国的国情等。玛格丽特·米德还研究驻扎在英国的 100 多万美国士兵给英国所带来的社会影响，重点研究美国士兵和英国平民及军人的价值观的冲突，为改善与盟国的关系献计献策（Mead，1944）。此间，美国人类学家受政府战争再安置部的委托，调查西海岸日本人强制收容所引发的问题。随着战争形势的进展，美国政府到大学设立研究机构，雇用人类学家来教育政府工作人员和军人如何应对盟军占领区的德国人、日本人（Kedia & Van Willegen，2005；Spicer，1979）。二战后，很多人类学家回到大学校园。学院人类学进入繁荣期，但应用人类学在美国并没

---

① 有学者认为，应用人类学的名称最先出现在牛津大学为英国殖民地培训官员而开设的人类学课程介绍中，时间是在 19 世纪 80 年代（参见 Meyer Fortes，Social Anthropology at Cambridge since 1900，an Inaugural Lecture，Cambridge University Press，1953；John van Willigen，Applied Anthropology：An Introduction）。这种观点虽认为应用人类学名称的最先出现早于布林顿的演讲，但与石奕龙提出的应用人类学名称首先出现在 19 世纪末是一致的。

② 对应用人类学发展历史存在不同的分期法，参见谢剑《应用人类学》，1989 年版；John van Willigen（2002）Applied Anthropology：An Introduction（3rd ed）；Alexander M. Ervin（2004）Applied Anthropology：Tools and Perspectives for Contemporary Practice（2nd Edition）.

有凋零。在太平洋岛屿托管地，人类学家受聘研究再安置、经济恶化、住房等方面的问题（Fischer，1979）。美国开始实施“开发落后地区”的“第四点计划”，吸纳应用人类学家，用他们的知识和技能从事国际发展、国际援助和评估美国外交政策方面的工作（Foster，1969）。

20 世纪末叶以来，随着多国公司和全球经济的兴起，应用人类学家有了更多就业机会。人类学家的工作重点不再是研究某一文化，而是用他们所掌握的人类学知识和方法去满足雇主的特殊要求，如帮雇主了解工作场所或劳动组织，调查市场和顾客的需求等情况。在这一时期，很多国际组织，如世界银行、世界卫生组织、食品和农业组织以及联合国教科文组织雇用人类学家从事不同的工作，包括政策的制定和执行、社会需求的评估和项目的社会影响调查等。应用人类学的研究领域由此扩大到农业、社区行动、文化资源管理、发展政策和实践、灾害研究、经济发展、教育和学校、环境、卫生和药品、工业和商业、土地使用和土地认领、媒体和广播、军事、政策制定、水资源开发等方面（Van Willigen，2002）。

（二）最新动向

进入 21 世纪后，世界经济日益全球化。与此同时，世界上也出现与全球化相悖的发展趋势，如地方主义、民族沙文主义等。这给应用人类学家提供了机遇和挑战。他们对传统的研究对象进行重新评估，开发新的研究方法，与更广泛的人群对话（Hackenberg and Hackenberg，2004）。从国内到国外，从城里到农村，从政府机构到私营企业，从发展中国家到发达国家都能见到应用人类学家的身影。此时，全球范围内，人类学的应用或实践呈现三个特征：重心向当代问题主导的跨学科研究转移；参与式和合作式的方法；更侧重政策制定和政治影响的研究（Baba & Hill，2006）。

2008 年，美国人类学者萨蒂什·南比亚（Satish Kedia）撰文分析推动应用人类学发展因素，指出外部力量，特别是经济发展、政治变革、人口变化、特大自然灾害和艾滋病频发等所带来的问题，给人类学家创造了新的工作环境和就业机会。同时，人类学内部的变化，主要是更多地同其他社会科学合作，在理论和方法上相互借鉴与补充；与研究对象的关系变成更加平等的合作伙伴关系，改变了人类学家研究人类状况的传统方法（Kedia，2008）。由此，应用人类学得以迅速发展，并日益成为一综合学科。它汇集不同学科的知识、理论和方法，来处理人类在不同的环境中面对的问题和挑战。同时，应用人类学仍然保持了传统人类学最核心的理论和方法，包括强调地方知识的重要性、深入分析所研究问题的内部结构，关心环境和文化以及国计民生的可持续性发展（Van Willigen & Kedia，2005），关注小型社区，坚持详细了解现存的资料、关注文化的不同处，欣赏不同看法，承认制度的复杂性等（Peoples & Bailey，2009）。另外，应用人类学家的未来需建立在发展不同领域理论和实际工作方法上，并使其与解决社会问题相联系。应用人类学的未来应该建立在发展不同领域的理论和实际工作方法、并使其与解决社会问题相联系上。无论今天和将来，应用人类学家必须承认研究对象的伙伴关系地位，必须在紧缩的研究计划内，必须用后现代术语来设计研究计划（Hackenberg & Hackenberg，2004）。

西方应用人类学研究方法的新变化

（一）研究方法的新变化

应用人类学是一门解决问题的实用科学，它的研究课题多不是由应用人类学家在办公室或实验室决定的，而是由雇主需求来定。应用人类学这一特性使得应用人类学家必须掌握各种不同的研究方法，更多使用定量方法和高科技方法，如地理信息系统 GIS 来收集资料，多与其他学科的专家学者合作，采用其他学科的研究方法。20 世纪 70 年代初，美国人类学者奈洛尔（Larry L. Naylor）从四个方面总结了美国应用人类学的实践方式：①咨询方式。人类学者是处理和解决实际问题的顾问、评估专家和独立研究人员，起“跨文化中间人”“翻译”“研究项目组织者”的作用。②研究和发展方式。该方法把人类学者和行政官员结合在一起，人类学者除发挥通常研究者的作用外，还有干预社区发展的权利。经典案例是美国康奈尔大学 1951 年开始的维柯斯计划。③行动方式，也称参与式干预或行动人类学。强调研究与行动相结合，理论与实践相结合，从干预中学习。④索赔诉讼方式。通过研究，为政府或印第安部落的诉讼出庭作证，直接或间接改变政府政策（Naylor，1973）。

人类学最主要的研究方法是田野调查。通过田野调查，对特定的民族文化做系统的民族志描述和分析。田野工作要求人类学家学会当地的语言，掌握采访、参与观察和搜集并分析现存资料的能力，而撰写民族志需要成年累月地观察和搜集资料才能完成。应用人类学的研究课题常常要求在短时间内结项，这使得许多应用人类学家不得不在他们自己的国家里做研究。他们研究的对象往往是主流群体，相互之间无语言障碍，且同时他们对研究对象所在社区和生活方式也较为熟悉。另外，不同于经典民族志方法，应用人类学家不会对所研究群体或社区做全面的了解，他们只需把精力集中在预定好的问题上。应用人类学家还定期到研究点采访，观察变化，监督研究项目的进程，随时参与观察研究对象的活动。

20 世纪 70 年代，应用人类学推出了一些快速研究法，最常用的是快速人类学评估法，也被称为快速评估法。快速评估法通常是由不同学科或不同专业的研究人员共同合作来完成，常常还需要研究对象的积极参与。快速评估法主要依靠定性手法搜集资料，很多方法和手段类似或等同民族志田野调查方法。重要的是，采用快速评估法可以使当地的价值观和对现实的认识得到重视（Ervin，2004）。快速评估法收集材料的方式包括直接观察、参与观察、半结构式访谈、小组采访、焦点小组访谈、绘图、空中摄影、小组散步、图表、量化、小组阅读卫星图像、模拟游戏、角色演出、快速侦测术、小队调查、连锁采访中虚拟选择主要信息、研究对象的自我评估、自我定义、决策制定模型、分类与排序、社会网络分析和民族绘图等（Scrimshaw &Hurtado，1987；Van Willigen and Finan，1991；Kedia，2008.）。

应用人类学研究中，焦点小组访谈常取代民族志的深入采访，以便快速经济地搜集资料。用焦点小组访谈，研究人员能够在短时间里得到不同的人对同一个问题的反馈。焦点访谈小组一般由 6 至 12 名拥有共同地位、兴趣、特征或对某事相同认识的人组成，在采访人的指导下，讨论某一或某些问题，分享意见。因为他们的经历或因为他们所掌握的知识，他们对这些问题相当了解，可以从容参加讨论，分享意见。焦点小组访谈被广泛用于从调查人的反馈来制定假设、帮助评估不同研究场所和对象、帮助为以后进行普查或采访设计问题、帮助对以前的研究结果征求意见（Morgan，1988）。尽管焦点小组访谈能在短时间内搜集大量资料，但它也有缺陷。小组讨论所在的环境和其他因素，如男女混合组、不同的教育水平、不同的场地布景或不同的时间，都能影响讨论结果。采访人的能力也会在一定程度上影响焦点小组访谈结果。

另一个重要的应用人类学研究方法是参与行动研究，它要求研究人员和社区或群体合作，通过采取集体行动为社区或群体成员谋利益。所有人员共同努力开展分析、教育或调查活动，采取措施改变现状（Kedia & Van Willigen，2005）。

参与行动研究项目所需时间较长，目前流行于北美洲和世界其他发达国家和地区，特别广泛用于自下而上的政策制定项目，如社区发展、社会工作、公共卫生、教育和幼儿看护等。参与行动研究的倡导者和最受项目影响的人们，在对分析他们的现实状况和采取行动改变他们的状况上最有发言权，提倡应鼓励社会边缘化，被剥削的人们自己开展研究，以制定自己的政策（Ervin，2004）。类似的研究方法还有快速农村评估法、参与研究式评估法。

此外，应用人类学研究还越来越多地采用多方检证法。多方检证法广泛用于社会科学中，是指用几个不同方法得出的结果来验证研究结果的可靠性。多方检证法综合使用定性方法，如参与观察法、焦点小组访谈和个人采访，或定量方法，如人口普查、问卷式调查和成绩测试，比独立使用其他方法能发挥更大的作用（Ervin，2004）。因此，广受应用人类学研究的青睐。

（二）研究主题的变化

回顾发表过的与应用人类学相关的最新研究结果，可以看出应用人类学研究主题的最新变化。美国人类学者梅利莎·倢克（Melissa Checker，2009）找出了2008年主流媒体出版发表的与应用人类学相关的学术论著，发现数量非常庞大。根据与当年人类社会面临的最紧迫问题的关系，她把2008年应用人类学研究归纳为六大主题。

（1）战争与和平。美国在伊拉克和阿富汗的战争，曾邀请一些人类学家参加美国国防部的项目。在引起争议的同时，也引起人类学者对战争与和平相关问题研究，如复员军人健康问题研究、战区人道主义援助和重建研究、维和部队情况介绍等的兴趣。

（2）气候变化。人类学家一直关注当前气候变化危机，并努力寻求解决办法。认为人类学研究气候变化在于构建全球气候变化对当地影响的文化模式，重点应关注全球气候变化的人文因素。

（3）自然、工业和发展引发的灾害恢复。2008年，人类学家记录了许多社区同自然、工业和发展引发的灾害作抗争并被逼迁移的事情，为政府提供了加强这些社区今后抗灾的能力的措施。

（4）人权。2008年，医学人类学家研究人体器官走私、艾滋病医治等方面存在的人权问题。

（5）健康差距。一些医学人类学家采取公共干预措施，来应对各种健康差距和危机，如关注非法移民的健康等问题。

（6）种族平等。调查种族不平等仍然是最让人类学家受人尊敬的工作。在2008年，人类学家寻求新的方法，在公共场所推动种族理解。如美国人类学协会在美国几大城市巡回展出的种族项目，该项目获得美国博物馆协会2008年优秀展出奖，从三个方面，如历史、科学和生活经历展现美国社会的种族差异，促进相互之间的了解。①

西方应用人类学学科界定、地位和要求的新变化

（一）学科界定、地位的新变化

在西方人类学界，应用人类学的学科界定一直存在较大争论。就其名称而言，就有“应用人类学”“实践人类学”“行动人类学”“人类学工程学”“发展人类学”等（董建辉、石奕龙，2005）。

尽管应用人类学名称最早出现在19世纪末，但其在人类学界的地位是随1941年鲁思·本尼迪克特和玛格丽特·米德等人建立应用人类学学会而确立的。实践人类学的名字来源于马林诺夫斯基1929年以“实践人类学”为题目做的讲演，但直到20世纪70年代，实践人类学才迅速成长起来，美国人类学协会1983年成立全国人类学实践协会，支持和推动实践人类学家的工作。1978年应用人类学学会出版杂志《实践人类学》前，实践人类学一词并不常用。应用人类学和实践人类学是否有区别存在争议，因为两者都是用人类学的方法去研究社会问题，通过影响政策和实践，推动社会变迁。有学者认为两者没有区别，可以互用；有学者认为实践比应用包括的范围更广，因为它包含所有非学院人类学工作；有学者则认为实践人类学是应用人类学的一个部分；有学者主张应用人类学主要关心创造能对他人有用的知识，而实践人类学是在社会科学调查外直接从事干预工作，目的在于让他们的知识和技能有用和容易得到。可见，有关两者的区别，没有统一答案。上述的应用人类学学会和全国人类学实践协会的会员常常一

① 2008年出版的有影响的相关论著和报道有：John Jackson and Racial Paranoia（2008）：The Unintended Consequences of Political Correctness；Arlene Davila（2008）Latino Spin：Public Image and the Whitewashing of Race；Kent Garber（2008）Rhetoric and Speaking Style Affect the Clinton-Obama Race。

起工作，说明两者间的区别很模糊（Kedia，2006）。2000 年 2 月，美国成立了实践和应用人类学项目联合会，对所有开设应用和实践人类学教育课程的学校开放，推动应用人类学的学生、教师和从业者的教育和培训工作。

除名称有争议外，应用人类学在人类学中的学科地位也长期存在争论。多年来，“纯”和“应用”、“实践”和“学院”、“实践”和“理论”是争论的焦点。有学者认为应用人类学“根本不是人类学”（Sillitoe，2006）；而另一些学者则认为应用人类学应该被看成人类学的第五个分支，同其他四个分支享有同等的地位（Fiske & Chambers，1996）；还有些学者不承认“纯”和“应用”人类学的区别，认为应用人类学包括在纯人类学中，没有必要划分出“应用人类学”（Naylor，1973），或认为全球化的结果形成一种新的全球人类学模式，模糊了学院和非学院人类学实践的区别（Baba& Hill，2006）。

2006 年玛丽埃塔·巴坝（Marieta L. Baba）和卡洛琳·希尔（Carole E. Hill）在其文章《“应用人类学”是什么？全球实践的遭遇》中，详细回顾了“纯”理论人类学和应用人类学是如何在英国、美国发生分离的。在英国殖民统治时期，英国的人类学家没有其他资助来源，他们努力说服殖民官员为其田野工作提供经费。马林诺夫斯基和拉德克利夫·布朗曾大力推广人类学的实用价值，提倡民族志可成为处理殖民地问题的工具。其主要目的在于为获取研究经费做推销，一旦经费到手，人类学家很可能继续从事基础研究，并认为殖民政府能够从他们的研究中找到所需信息。由此导致人类学知识生产中出现的两层模式结构，为后来理论和实践分离提供了基础。两层模式的第一层留给独立的“纯”理论，第二层是给短期衍生的“应用”研究。理论家被殖民主义者排斥在第二层外，而在第二层工作的人类学者也不能选择到第一层工作。在英国殖民时期，理论和实践的关系是矛盾的。人类学所处的环境完全是实用主义的，同时，学院人类学一直在争取成为不同于殖民官员、传教士和旅游者的独立自主的学问。随着大英帝国殖民地的瓦解，应用人类学在政治上失宠，而学院人类学不再使用应用名字。美国在殖民时期和二战时期，没有“纯”和“应用”人类学的明确区分。学院职位很少，理论人类学不发达，多数人类学者没有能让他们到国外做田野调查的资金，而是受美国政府雇佣做与管理内部殖民地，如印第安社区相关的应用工作。在美国，最早使用“应用人类学”名字的印第安事务办公室，在 20 世纪 30 年代成立了一个应用人类学小组，研究印第安人保留地资源退化问题。当时，美国人类学被称呼为能为美国土著政策作贡献的实用学科，尽管其许多工作是描述性的，对政策制定影响较小。1941 年 5 月，一群知名学者，如格列高里·贝特森（Gregory Bateson），鲁思·本尼迪克特，玛格丽特·米德等，在哈佛成立应用人类学学会，利用人类学的知识去解决社会问题，使科学和实用、理论和实践相结合。二战后，美国人类学者带头使应用人类学制度化。随之，“纯”和“应用”人类学在美国出现分裂。导致分裂的主要因素是：①在 20 世纪 50 年代和 60 年代，美国大学数量和规模急剧增加，对“纯”（学院）人类学的需求暴涨，理论发展空前高涨，理论人类学的地位随之上升。②到 20 世纪 60 年代和 70 年代，美国许多社会科学家认识到他们的研究无法完全客观和价值中立，由此美国人类学界把“纯”人类学立为首选，把应用或实践人类学打入危险、可疑和“不道德”的另类，普遍认为“真正”的人类学家做民族志田野工作，必须离开自己的文化和语言环境，在学术、道德和政治上歧视受政府或国际援助组织雇佣的人类学者。应用人类学在美国被当成“二类”对待，甚至认为不配拥有人类学者的称号。③到 20 世纪 70 年代和 80 年代，美国大学工作市场萎缩，许多新毕业的人类学博士找不到学院工作。同时，美国国内和国际形势的变化，如新的联邦立法增加了对人类学的需求，国际“发展”政策的确立，资本主义寻求新的海外市场，应用人类学市场的需求在逐步增加，使应用人类学的定义发生微妙的变化。这三个因素相互作用，重构了美国的应用人类学。美国应用人类学学会的缔造者们的理想已很难实现，人类学的理论与实践无法成为解决现实问题的合作伙伴。在英国出现的人类学理论和实践的分离，也在美国出现了（Baba& Hill，2006）。

美国应用人类学的学术地位在二战后跌入谷底，到 20 世纪 80 年代初才出现改观，其标志是美国人类学协会在 1983 年成立全国人类学实践协会（National Association for the Practice of Anthropology）。20 世纪 90 年代中期后，尽管理论与实践关系的争论还在继续，但已失去势头，越来越多的人类学者放弃争辩，在学院研究和实际干预间寻求中间地位，为人类学提供新的视角、研究题目和批判性的干预（Knauft，2006）。

到 20 世纪末，人类学在处理人类社会面临的一些问题上的作用得到肯定，人类学家在学校外岗位上的工作受到重视。应用和实践人类学很明显已逐渐融入人类学学科主流中（Fiske & Chamber，1996）。美国的人类学系，如华盛顿大学人类学系，认定社会文化人类学研究的社会意义是必要的和不可避免的，研究生博士论文涉及的主题，在 20 年前会被看成是“应用”的，而现在却很平常地被认定为主流社会文化人类学的研究内容（Bennett，2005）。今天应用人类学与学院人类学的区别，比过去50年间的任何时候，更难以看见或更无意义（Rylko-Bauer，Singer & Van Willigen，2006）。乔治·福斯特曾预测应用人类学的发展，认为它将来会获得“发展成熟的分支学科”的地位（Fiske & Chamber，1996）。

进入21世纪，应用人类学在西方得到快速发展，其学科地位得到承认，许多新版人类学教科书把应用人类学列为人类学的第五个分支（Peoples & Bailey，2009；Nanda & Warms，2010）。据统计，美国现有40所大学讲授应用人类学（从学士到博士）。① 十余个应用人类学组织，如应用人类学学会、全国实践人类学协会、实践、应用和公共利益人类学委员会、实践和应用人类学项目联合会等，② 每年举办学术会议，交流研究成果，探讨应用人类学面临的问题。

（二）学科要求的新变化

应用人类学的最新发展，对人类学人才的培养和学科建设提出了新的要求。传统上，一位合格人类学家必须拥有仔细记录、关注细节、阅读分析、很快适应陌生环境、批判性思维等能力。当代应用人类学研究的跨学科、重参与的特性和应用人类学家、雇主及所研究社区间的关系，要求人类学家除拥有传统技能外，还必须培养外交、合作、口语和书写能力，学习其他相关学科知识，这样才能确保与其他学科的专家学者、各级政府官员、公司经理和普通平民百姓交流与沟通，使项目顺利完成。应用人类学研究项目时间短和任务重的特征，使人类学家必须掌握定量研究方法，拥有设计、收集和统计分析问卷的能力。此外，应用人类学家还应该参加专业学术组织，出席学术会议，树立其在应用人类学领域的地位，跟上本学科领域的最新发展（Kedia，2008）。

亚历山大·埃文（Alexander Ervin）在其新版《应用人类学：当代实践的方法与理论》书中，用了一章来谈论应用人类学家需要的技能，包括灵活性、适应性、合作能力、社交能力、足智多谋、认识自身偏见、“侧面”思维和创新思考的能力、关注社会正义和献身公共服务、交流、解释、调解和当中间人、了解复杂社会的组织和其影响、建立在牢固和多样的基础上的方法技能、广泛的社会科

---

① 数据来源 The Society for Applied Anthropology，http://www.sfaa.net/sfaaorgs.html。

② 参见“Applied Anthropology Associations”，The Consortium of Practicing and Applied Anthropology Associations，https://www.copaainfo.org/applied-associations。

学理论基础、地域或文化区域的专长、获取第二专业领域的技术知识、成为关注政策的通用性应用社会科学家、创造新的研究领域（Ervin，2004）。

面对技能要求变化，西方大学里的人类学系也开发出新的课程，培养新一代应用人类学家。新的课程与20世纪70年代以前培养模式所开设的课程相比，发生了很大变化。上一代应用人类学者接受普通人类学的研究生课程，当时认为人类学传统的观察力和技能就能满足人类学实践的需要。而新的课程设置的依据，则在于有效的人类学实践需要特殊的知识和技能。许多课程是专门为学生在学校外工作而开设的（Fiske & Chambers，1996）。

美国实践和应用人类学项目联合会在其网站上登载有1995年制定的实践人类学培训课指南。指南分7个部分：研究机构指南、课程指南、实习指南、学生评估指南、教师员工指南、设备指南、项目描述指南。[①] 课程指南鼓励为不同学生和不同的计划开设不同的课程，明确指出应用人类学培训是通过课程、辅导、实践经历（如实习）和论文来完成。应用人类学教学的内容应包括5个方面：研究方法，包括研究设计、资料搜集和分析、定性和定量研究方法；人类学理论，包括人类学理论史和各种具体理论范畴，如文化生态学、组织行为学、经济人类学、性别研究等关联领域，如教育、商业、医学、环境、农学等；专业实践，包括职业道德实践、实践人类学者工作场所的性质、知识理论的应用、与委托人和资助人的交流、研究和行动的预备方案、人类学应用和实践史、人类学实践的法律环境等；实习课、实习和论文设计。实习指南强调实践经历应从头到尾贯穿学生整个学习计划中。所有学生在培训期间，应有实质性的实践经历，需要到应用人类学者会遇到的问题的领域内进行正规实习，应有负责履行主要职业职能的机会。实习应安排在学生完成一些课程后和获得学位前，应该与培训目标紧密相连，应促使学生进一步发展职业人类学家的知识、技能、敏感性和利用人类学的知识和技能去帮助解决问题的能力。实习时间的长短应与它的教学作用相应，实习计划的行政支持应当充分和稳定，应该有实习运作的经费预算。在实习前、实习期间和实习后，应该与实习生和实习接待单位人事官员联系，以安排、监督和评估实习。应该仔细挑选实习地，避免到与职业道德相冲突的场所实习。与社区

---

① "Guidelines for Training Practicing Anthropologists-Introduction (1995)," The Consortium of Practicing and Applied Anthropology Programs, http://www.copaa.info/resources_for_programs/#guidelines_for_training.

成员、组织或公司人事官员和其他学科人员的合作工作应该是实习的一部分，学生今后将会同这些人打交道。学生应汇报实习进展，实习结束提交书面实习报告或论文，对实习经历作评估，应保存学生的实习记录，包括学生的工作、评估材料等。尽管该培训指南制定于 1995 年，迄今仍是美国大学人类学系制定应用人类学专业计划的重要指南。

马里兰大学（University of Maryland）人类学系成立于 1974 年，1984 年开始招收应用人类学硕士生，2007 年开始招收应用人类学博士生，是全美公认的最优秀的应用人类学专业之一。其研究生项目介绍明确指出本系的重点是应用人类学，立志于开发和应用人类学知识、理论和方法来为解决人类问题、决策制定和在不同职业环境中实践人类学服务。传统的四个人类学分支学科：考古、体质、文化和社会、语言人类学为该系教学和研究提供理论和应用基础。该系师生重点研究领域为环境人类学、健康人类学、遗产人类学，但学生也可选择研究农业发展、自然资源管理、旅游和遗产开发、社区发展、文化和环境保护、发展与文化和性别问题等领域。该系应用人类学硕士研究生必须完成 42 学分的课程，其中 18 个学分为核心基础课，12 个学分的实习课。实习计划必须得到学术指导委员会的批准，必须在系学术讨论会上陈述实习结果，才能毕业。该系指定的核心基础课是应用人类学、应用人类学定性研究方法、社会或文化理论的发展、最新应用体质人类学理论和实践、应用人类学量化和统计、有关人类过去的人类学理论。实习课分为实习准备（3 个学分）、实习实践（6 个学分）和实习分析（3 个学分）。该系设有田野学校和文化资源管理夏季学院，供学生选择实习。在完成基础课和实习课后，该系鼓励学生到其他系去选修与自己专长相关的课程。①

结　语

纵观西方应用人类学过去 100 多年的历史，可以看出它经历了为殖民统治效力、为国家政府及国际组织服务到关注国计民生的过程。概言之，西方应用人类学近年来最大的变化有四点：其一，它已成为一门综合性学科，强调多学科的合作来研究人类面临的社会问题。其二，应用人类学家与被研究者关系发生变化，

① “Graduate Studies”, Department of Anthropology, University of Maryland, http://www.bsos.umd.edu/anth/Programs/Graduate/index.html.

从价值中立的旁观者，到价值介入的行动者，到平等伙伴关系的文化中介人。其三，努力寻求在理论上的突破，强调理论、实践和应用的结合，为基础人类学研究作出了贡献。其四，是研究领域扩大，研究内容覆盖了人类社会方方面面，研究地域多种多样，从农村到城市，从发展中国家到发达国家。这些变化充分体现应用人类学在西方校园内和社会上的作用日益增大，其学术地位将得到进一步加强。

西方应用人类学的快速发展，值得我国人类学和民族学界借鉴。我国改革开放40多年来，经济飞速发展，人民生活水平日益提高，社会文化发生变化，从农村到城市，从沿海到内地，都出现许多社会问题。另外，全球化产生新的国际地缘政治格局，给我国边疆安全带来新的考验。边疆民族社区的可持续发展关系到整个国家的稳定和发展。这些都急需大量应用人类学者进行深入研究。

参考文献

董建辉、石奕龙：《西方应用人类学百年发展回顾》，载《国外社会科学》2005年第5期。

石奕龙：《应用人类学》，厦门大学出版社1996年版。

谢剑：《应用人类学》，台湾桂冠图书股份有限公司1989年版。

Baba, Marietta L. & Carole E. Hill. 2006. What's in the Name of 'Applied Anthropology'? An Encounter with Global Practice. *NAPA Bulletin* 25 (1).

Bennett, John W. 2005. Applied Anthropology in Transition. *Human Organization* 64 (1).

Checker, Melissa. 2009. Anthropology in the Public Sphere, 2008: Emerging Trends and Significant Impacts. *American Anthropologist* 111 (2).

Davila, Arlene. 2008. *Latino Spin: Public Image and the Whitewashing of Race*. New York: NYU Press.

Ervin, Alexander M. 2004. *Applied Anthropology: Tools and Perspectives for Contemporary Practice* (2nd edition). Pearson/Allyn & Bacon.

Fischer, J. L. 1979. Government Anthropologists in the Trust Territory of Micronesia. In *The Uses of Anthropology*, edited by Water Goldschmidt. Washington, DC: American Anthropological Association.

Fiske, Shirley J. & Erve Chambers. 1996. The Inventions of Practice. *Human*

Organization 55 (1).

Fortes, Meyer. 1953. *Social Anthropology at Cambridge since* 1900, *an Inaugural Lecture*. London: Cambridge University Press.

Foster, George. 1969. *Applied Anthropology*. Boston: Little Brown and Company.

Garber, Kent. 2008. Rhetoric and Speaking Style Affect the Clinton—Obama Race. USnews. com. https: //www. cbsnews. com/news/rhetoric-and-speaking-style-affect-the-clinton-obama-race/.

Hackenberg, Robert A. & Beverly H. Hackenberg. 2004. Notes Toward a New Future:Applied Anthropology in Century XXI. *Human Organization* 63 (4).

Jackson, John & Racial Paranoia. 2008. *The Unintended Consequences of Political Correctness*. New York: Basic Civitas.

Kedia, Satish & John van Willigen. 2005. Applied Anthropology: Context for Domains of Application. In *Applied Anthropology*: *Domains of Application*, edited by Satish Kedia and John van Willigen. Westport, CT: Praeger.

Kedia, Satish. 2006. Practicing Anthropology. In *Encyclopedia of Anthropology*, edited by H. James Birx. Thousand Oaks, California: Sage.

Kedia, Satish. 2008. Recent Changes and Trends in the Practice of Applied Anthropology. *NAPA Bulletin* 29 (1).

Knauft, Bruce M. 2006. Anthropology in the Middle. *Anthropological Theory* 6 (4).

Mead, Margaret. 1944. *The Yank in Britain*. Army Bureau of Current affairs Pamphlet Series No. 64.

Mead, Margaret. 1979. Anthropological Contributions to National Policies during and Immediately after World War II. In *The Uses of Anthropology*, edited by Water Goldschmidt. Washington, DC: American Anthropological Association.

Morgan, David L. 1988. *Focus Groups as Qualitative Research*. Newbury Park, CA: Sage.

Nanda, Serena & Richard L. 2010. *Warms*, *Cultural Anthropology*. Belmont, CA: Wadsworth Publishing.

Naylor, Larry L. 1973. Applied Anthropology: Approaches to the Using of Anthropology. *Human Organization* 32 (4).

Peoples, James & Garrick Bailey. 2009. *Humanity*: *an Introduction to Cultural*

Anthropology (8th edition). Belmont, CA: Wadsworth.

Rylko-Bauer, Barbara & Merrill Singer and John van Willigen. 2006. Reclaiming Applied Anthropology: Its Past, Present and Future. *American Anthropologist*108 (1).

Scrimshaw, Susan & Elena Hurtado. 1987. *Rapid Assessment Procedures for Nutrition and Primary Health Care: Anthropological Approaches to Improving Programme Effectiveness.* Los Angeles: U. C. L. A. Latin American Center Publications.

Sillitoe, Paul. 2006. The Search for Relevance: a Brief History of Applied Anthropology. *History and Anthropology* 17 (1).

Spicer, Edward H. 1979. Anthropologists and the War Relocation Authority. In *The Uses of Anthropology*, edited by Water Goldschmidt. Washington, DC: American Anthropological Association.

Van Willigen, John & Timothy J. Finan. 1991. *Soundings: Rapid and Reliable Research Methods for Practicing Anthropologists.* Washington, DC: American Anthropological Association.

Van Willigen, John. 2002. *Applied Anthropology: An Introduction* (3rd ed). Westport,Connecticut: BERGIN & GARVEY.

Van Willigen, John & Satsh Kedia. 2005. Emerging Trends in Applied Anthropology. In *Applied Anthropology: Domains of Application*, edited by Satish Kedia and John van Willigen. Westport, CT: Praeger.

西方人类学中国乡村研究综述*

早期西方人对中国社会与文化的描述，可以从许多古代哲学家、文学家、历史学家、旅行家和传教士的作品中找到。但西方对中国社会进行系统的研究是在文艺复兴和工业革命后，随欧洲强国向海外进行殖民扩张后，才逐步展开的，是直接为侵略和掠夺中国的财富，建立势力范围服务，并受到西方各国统治者鼓励和支持，成为关注中国的政治、经济、文化、社会、军事、地理、哲学、宗教、语言、历史、风物等领域的研究学科，跨越自然、社会和人文学科。中国是个农业大国，农村人口至今还占多数，中国的乡村一直是西方学者研究的对象。本文重点从社会文化人类学的角度，追述西方对中国乡村研究的历程，讨论其主要著作、理论、研究方法、最新研究动态、热点与争议、代表性学者（包括海外华人学者）及其著述。按时间顺序，本文把西方人类学对中国乡村的研究，分为三个阶段：19 世纪末至 20 世纪初时期、20 世纪 50 年代至 70 年代时期、中国改革开放后时期。

第一阶段：19 世纪末至 20 世纪初

人类学是 19 世纪中叶，在西方的学术界崛起一个新的学科，专门研究“他者”，即在习俗和信仰上都与西方人习以为常的方式不同的人群。早期的人类学家如斯宾塞、泰勒、摩尔根和弗雷泽等，受达尔文的物种进化论的启发，认为文化与动植物的进化并无二致，从最初的简单形态开始，文化越变越复杂。如果说 19 世纪的欧洲文明标志着文化进化的最高境界，世界其他地方的许多人种依然生活在前期文化阶段。这些人种同欧洲人相比，尚未开始进化，或者以低于先进文化的速率进化，他们是早期文化的幸存者，是人类过去文化的活化石。“中国

* 本文原发表在《中国农业大学学报》（社会科学版）2010 年第 3 期。

人”也是他们研究人类社会进化的案例。弗雷泽在其巨著《金枝》中，就把中国当作充满“原始信仰”的社会来渲染。长期在中国从事田野调查的荷兰学者德格鲁特（J. J. M. de Groot），也把中国当作“异文化”来研究（王铭铭，2005）。

最早在中国深入乡村社区开展调查的是西方教会社会学家和在西方学习社会学、人类学后归国的中国人，如1899年，美国教会社会学家阿瑟斯·史密斯（Arthur H. Smith）在纽约出版《中国村庄的生活：一个社会学研究》；1925年，丹尼尔．库伯（Daniel H. Kulp）在美国发表《中国南方农村生活：家庭主义社会学》；1915年，两位留学英国的中国学者，陶孟和与梁宇皋，在伦敦发表《中国的农村和城市生活》。

1929年，燕京大学李景汉发表《北京郊区农庄里的家庭》。1930年，他开展了有名的定县调查。调查覆盖的人口有378万，内容有17个专题，包括地理、历史、政府、金融、工业、商业、教育、农民生活、传统和风俗等。调查通过问卷、抽样调查和其他定量方法，搜集到大量的资料，于1933年出版调查报告，标题为《定县社会概况调查》。1954年，这次调查所获得的基本数据，由斯德尼·甘博在纽约发表在《定县：一个中国北方农村社区》。

这些对中国社会的研究主要是用社会调查方法来进行的，受到很多批评。英国人类学家弗里德曼在评论这时期的研究时，指出他们是“问卷加人口研究”，直接回答与社会福利有关的问题，比较松散，也不复杂（Freedman，1962）。有人批评这些调查缺乏科学方法，“掩盖了真正社会问题”（Wang，1938）。20世纪30年代，许多中国的社会科学学者不喜欢问卷调查法，认为问卷分析分类是强加在中国资料上，而不是从中国文化中提升出来（Fried，1958）。

20世纪30年代初到40年代末，许多西方知名的人类学家来中国讲学。其中，美国芝加哥大学的罗伯特．帕克（Robert Park）到燕京大学讲学，鼓励学生以直接参与法进行田野调查，他的许多学生，包括费孝通，后来成为中国民族学的领头人（Arkush，1981）。其他来华讲学的知名西方人类学者有：拉德克利夫·布朗（Alfred Radcliffe-Brown）、伊利亚特．史密斯（Eliot Smith）、罗伯特．瑞德富尔德（Robert Redfield）和莱斯里．怀特（Leslie White）。他们把西方人类学的前沿理论和方法介绍到中国。当时，历史特殊主义主宰美国人类学界，而在英国，流行的“功能主义”，其主要领军人物是马林诺夫斯基（Bronislaw Malinowski）和拉德克利夫·布朗（A. R. Radcliffe-Brown）。

中国乡村社会也成了功能主义者理解非西方人的生活需求和社会组织方式的实验场。但最先进入该实验场，运用严格的社会文化人类学理论和方法，对中国社会进行研究的，不是西方人类学家，而是从西方学成归来的一批年轻的中国本土人类学者。其代表人物费孝通、林耀华等，在西方系统地学习过社会文化人类学，回国后，用功能主义理论、民族志方法，研究中国乡村社会的经济、亲属制度、信仰等。他们用英文在国外发表了许多有影响的作品，如林耀华 1934 年出版的《金翅》、费孝通 1939 年出版的《江村经济》、陈达 1939 年出版的《中国南方移民社区》、杨懋春 1945 年出版的《山东台头：一个中国村庄》、费孝通 1948 年出版的《乡土中国》等。

费孝通的《江村经济》在西方人类学界影响最大。他的导师马林诺夫斯基亲自为他的书写序，指出该书不是关于“一个小的、无足轻重的部落，而是关于世界上最伟大的国家”，“不是由一位外来的寻求奇风异俗的人撰写，而是由当地人中一位当地人撰写”，并说该书是“人类学田野工作和理论发展中的一座里程碑”，它将促使人类学从研究简单的“野蛮社会”走向研究“复杂的文明社会”，开创本土人类学研究的新时代，推动人类学应用价值的实现（Malinowski，1939）。

第二阶段：20 世纪 50—70 年代

第二次世界大战给人类带来巨大的灾难和转变。战后，世界格局发生了变化，老牌的帝国，如英国、法国和德国等国，势力被极大削弱，亚、非、拉地区，许多殖民地获得了独立，成为新兴的民族国家。西方以对殖民地的民族进行调查为主的传统人类学走到了发展的十字路口，许多旧的观点和研究方法已过时，新的形势迫使西方人类学界开始探索新的理论与方法。西方人类学的田野调查逐渐从与世隔绝的或者文化正在消失的小型社会转移到大型国家社会，各种各样新的理论和研究方法，如结构主义、新进化论、文化生态学、文化唯物主义、象征人类学、解释人类学、认知人类学等理论学派相继出现。

1949 年，中华人民共和国成立。受苏联的影响，人类学和社会学被看成是资本主义国家的资产阶级学科、社会主义建设的绊脚石，会给新社会带来危害，1952 年被取消大学学科专业的地位。一些民族学家不得不改行，另一些幸运的学者，如费孝通和林耀华，被抽调去研究少数民族，投入全国规模的少数民族社会历史调查。中国也对西方人类学者关上了田野调查的大门，中国境内的人类学研究几乎停顿。从 1949 年到 1978 年，一些有志于研究中国乡村社会与文化的西方人类学家把田野调查放在中国台湾地区、香港地区或海外中国人社区进行；另一些学者坐在椅子上阅读档案文献或将访问地点选在中国香港地区或移居美国的难民（Freedman，1979），以获取资料。从 1949 年到 1979 年，几乎没有外国人在中国做过人类学田野工作（Harrel，2001）。

在理论和方法上，20 世纪 50 年代后，西方人类学界对功能主义理论的反思和批评，给西方人类学中国研究带来影响。西方人类学家开始讨论从研究简单和无文字的部落社会发展起来的社区民族志方法，是否适用于研究中国，一个有文字历史的国家。一些学者从人类学方法论的视角出发，他们认为汉族是否能代表中国社会现实问题并不重要，重要的是汉族社区是否能够提供符合社会人类学田野调查与描述标准（王铭铭，2005）。而另一些学者持反对意见，认为功能主义的社区研究方法不适合研究中国这样一个历史悠久、社会分化严重的文明大国。该派领军人物弗里德曼先后发表三篇论文：《中国的和有关中国的社会学》《社会人类学的中国时代》《为什么是中国》。他认为社区不是社会的缩影，功能主义的社区民族志难以反映拥有悠久历史的文明大国的特征。他指出社会人类学要出现“一个中国时代”，就必须利用历史学家和社会学家研究文明史和大型社会结构的方法，把社区放在一个更大的空间和更长的时间中来研究（Freedman，1979）。

在研究内容上，西方人类学中国乡村研究，也深受西方人类学发展潮流的影响。二战后，西方社会人类学的研究领域从家庭、宗教和生活方式转向政治和亲属制度（Kuper，1983）。20 世纪 60 年代后期，象征主义人类学成为西方人类学的研究主流，符号和象征体系成为西方人类学家关注的重点。在这一主流的推动下，西方人类学对中国乡村研究的重点也转向“汉人民间宗教”的研究上，力图从中国人的信仰、仪式与象征体系中发掘中国文明与社会结构的模式（王铭铭，2005）。乔丹（David Jordan 1972），武雅士（Arthur Wolf 1974），芮马丁（Emily M. Ahern 1973），王斯福（Stephan Feuchtwang 1974），郝瑞（Stevan C. Harrell 1979）等在 20 世纪 70 年代发表的相关作品正是这一潮流的表现。20 世纪 70 年代，西方人类学界重新重视田野调查，重新启用民族志方法。而此时中国内地并没有对西方人类学家开放，从事中国社会和文化研究的人类学家纷纷到中国台湾（乔丹、芮马丁、郝瑞等）和中国香港地区（波特、裴达礼、华生）

做田野调查，同时也带动了中国台湾、香港地区本土人类学的发展，他们的许多研究成果在20世纪80年代初获得发表。

从20世纪50年代初到70年代末，在西方发表的有影响的研究中国乡村的作品有：弗里德（M. Fried）的《中国人社会的网络：一个县城社会生活的研究》（1953）；杨庆堃（C. K. Yang）的《共产主义转型初期的一个中国村庄》（1959）和《中国人社会的宗教》（1961）；柯鲁克夫妇（Isabel & David Crook）的《中国一个村庄：十里庄发生的革命》（1959）和《扬义公社的头几年》（1966）；弗里德曼（Maurice Freedman）的《中国东南的宗族组织》（1958）和《中国的宗族和社会：福建和广东》（1966）；施坚雅（G. Williams Skinner）的《中国农村的集市和社会结构》（1964－65）；奥斯古德（Cornelius Osgood）的《旧中国的村庄生活：云南高姚一个社区的调查》（1963）；戈德斯（David William Geddes）的《共产主义中国的农民生活》（1963）；米达尔（Jan Myrda）的《来自一个中国村庄的报告》（1965）；嘉伟德（Shahid Javed）的《1965年，一个中国人民公社的研究调查》（1969）；葛柏拉（Bernard Gallin）的《台湾新星，一个变化中的中国村庄》（1966）；亨顿（William Hinton）的《翻身：一个中国村子革命的纪实》（1966）；裴达礼（Hugh Baker）的《一个中国宗族村》（1968）；波特（Jack Potter）的《资本主义和中国农民：一个香港村庄的社会和经济变迁》（1968）；乔丹（David Jordon）的《神、鬼与祖先：一个台湾村庄的民间宗教》（1972）；卢蕙馨（Margery Wolf）的《台湾农村的妇女和家庭》（1972）；戴尔蒙德（Norma Joyce Diamond）的《昆申：一个台湾村子》（1969）；芮马丁（Emily Martin）的《一个中国村庄的死人信仰》（1973）；普林茨和斯登乐（Peggy Printz & Paul Steinle）的《公社：中国农村的生活》（1973）；怀默霆（Martin Whyte）的《中国的小社区和政治仪式》（1974）；贝内特（Gordon Bennett）的《华东：一个中国人民公社的故事》（1978）；帕立西和怀默霆（Parish & Martin Whyte）的《当代中国的村庄和家庭》（1978）；阿尼达．陈（A. Chan），马德生（R. Madsen）和安格尔（J. Unger）的《陈村：毛泽东时代一个农民社区的现代史》（1984）；马德生的《一个中国村落的道德与权力》（1984）。

这一时期，西方人类学研究中国社会最杰出的代表当数英国人类学家弗里德曼和美国人类学家施坚雅。弗里德曼1920年生于英国伦敦一个犹太人家庭。1956年于伦敦经济和政治科学学院获博士学位，1951年至1965年间任伦敦大学讲师和高级讲师，1962—1963年在新加坡、中国香港地区和澳门地区从事田野调查，1965—1970 年任伦敦经济政治学院教授，1970—1975 年任牛津大学人类学系教授，1975 年去世。弗里德曼对中国乡村社会研究主要有两个贡献：其一是对中国东南的宗族研究。其二是对中国民间宗教的研究。前者主要研究成果：《中国东南地区的宗族组织》《中国宗族与社会：福建与广东》。书中解释中国东南地区宗族存在的内因是共同的祖先认同和祖产的维护，外因是水稻种植和水利工程，以及抵御来自海上和陆地的强盗，都需要大量的人力、物力和相互合作。经济基础是宗族形成和分支的基础（Freedman，1966）。弗里德曼的理论架构的缺陷是过分注重经济因素，过度夸大共同财产的重要性，忽略掉缺乏祖产与祠堂的宗族的存在，没有充分认识汉人社会构成的复杂性。

弗里德曼的另一个贡献在于他对中国民间宗教的研究。他于 1974 年发表了一篇论文：《中国社会中的宗教和仪式》。他认为，尽管中国民间信仰和仪式看起来相当散漫，但在表面现象之下，存在一个“宗教秩序”，因此可以说存在着“一个中国宗教”（Freedman，1974）。尽管这一假说存在着许多问题，但给汉学人类学的研究带来了新的思考与挑战。总而言之，弗里德曼的主要贡献，在于他试图用中国这个“文明社会”来说明，从“无文字社会”或“ 简单社会”中发展出来的一般人类学理论模式并不适用于像中国这样的大国，他为人类学研究中国社会开创新的道路，提供新的研究范式，影响深远（Chun，1996）。在他死后的二三十年里，有的学者企图验证其理论，如裴达礼（Hugh Baker，1968）、波特（Jack Potter，1970）、华生（James Watson，1975）等人；有的学者企图批评或修改他的理论，如巴博德（Burton Pastemak，1972）、黄树民（Huang Shu-min，1981）、庄英章（1985）等人。

这一时期，另一位代表人物施坚雅，1925 年 2 月出生于美国加利福尼亚州奥克兰市。1954 年于美国康奈尔大学获人类学博士学位，1965 年起任斯坦福大学人类学教授，1990 年任加州大学戴维斯分校人类学教授，曾在墨西哥、泰国、印度尼西亚、日本等地进行田野考察，1950—1951 年曾到中国四川省考察，1977 年曾考察中国城市市场。1980 年当选为美国科学院院士，2001 年获香港大学名誉法学博士。著有《东南亚华人》（1951）、《两个世界间的中国城市》（1974）、《中华帝国晚期的城市》（1979）等，并发表大量研究中国社会、经济结构、社会科学研究、农村和农民、人口、民族、海外华人的论文，包括著名的《中国农村的市场和社会结构》。

施坚雅以研究中国的城镇而闻名于世。他利用中心地区理论来研究分析四川省盆地的市场体系，提出中国所有的中心地区可以根据不同的经济功能，分属8个不同的等级，从下往上分别为：标准集市、中间集市、核心集市、地方性城市、较大城市、区域性城市、区域都市、核心大都市，而全中国分为以河流为主要交通通道的九大区域。在这等级制度中，公路把所有城市和集市连接在一起，构成一网络，上级城市为下级城市提供商品和服务。施坚雅提出，标准城市不仅是商品交换和行政中心，也是促进当地文化交流的中心，它把商人和小贩从不同的地方，集中到集市中心，它是农民与当地士绅联络之地，是中国社会之基本单位。透过一系列市场体系的运作以及农民、地主、士绅与商人之居间参与，它将中国社会连结为一个整体（Skinner，1964）。

施坚雅的市场模式有很大缺陷，一些学者批评他划分的宏观区域间的界线不准确（Rozman，1977）；另一些学者认为其理论架构中有关宏观区域具有的独特性，以及城乡社会经济体系的一体化等两项基本假设经不起实证材料的验证（Sands & Ramon，1986）；还有学者批评他忽略了政治过程中的经济力量（Gates，1996）。但他为人类学探索中国社会构成提供了另一途径，经济区域的分析模式提醒我们关注地理与人文环境间复杂的互动关系，尤其是像中国这样地域辽阔、历史悠久，并有中央政权统治的文明社会，从区域体系的角度来了解其内部运作原则及其对外关系有其必要性（高怡萍，2002）。施坚雅对人类学中国社会研究的贡献还在于他用翔实的历史资料、经济人类学与地理学模型，挑战了中国学无理论倾向，提出在中国国家和社会不是对立的，而是在社会空间上兼容并存的观点（王铭铭，2005）。

第三阶段：20世纪70年代末中国改革开放至今

1978年，中国开始执行改革开放政策，西方民族学、人类学家被允许到中国做田野调查和搜集资料，进行教学和学术交流。中国的改革开放，不仅在经济上创造了奇迹，也使中国社会，特别是农村，发生了巨大的变化，中国乡村社会成为西方人类学家的研究热点。自20世纪80年代初开始，大批西方人类学家，包括华裔人类学家涌进中国，进行田野调查，用人类学的一些前沿理论，如象征主义、结构主义、文化生态学、新唯物主义、社会生物学、后现代主义、新马克思主义、女性人类学等理论，来解释和解构中国的乡村社会与文化。从20世纪80年代末和90年代初开始，他们研究中国乡村的专著陆续出版。

这个时期研究有影响的作品众多，20 世纪 80 年代出版的影响较大的著作有：塞缪尔·孔（Samuel S. Kung）的《中国的乡村生活》（1981）；郝瑞（Stevan Harrell）的《犁铧村：台湾的文化与背景》（1982）；简·米尔达（Jan Myrdal）的《回到中国一个村庄》（1984）；黄宗智（Philip C. Huang）的《中国北方农民经济和社会变迁》（1986）和《长江三角洲农民家庭和农村发展，1350—1988》（1990）；科大卫（David Faure）的《中国农村社会结构：香港东新界的宗族和村庄》（1986）；桑高仁（Paul Steven Sangren）的《一个中国社区的历史和神秘力量》（1987）；约翰·伯恩斯（John P Burns）的《中国农村的政治参与》（1988）；斯蒂芬·恩第卡特（Stephen Endicott）的《红土：一个中国农村的革命》（1988）；杜赞奇（Prasenjit Durara）《文化、权力和国家：1900—1942 年的华北农村》；舒绣文（Vivienne Shue）的《国家的控制范围：中国政治组织描述》（1988）；黄树民的《林村的故事：1949 年后中国农村的变革》（1989）；戴慕珍（Jean Chun Oi）的《在当代中国的国家和农民：村政府的政治经济》（1989）；萧凤霞（Helen F Siu）的《中国南方的代理人和受害者：农村革命的同谋》（1989）；丹尼尔·理托（Daniel Little）的《了解中国的农民》（1989）。

20 世纪 90 年代出版的影响较大的著作有：海因斯·波特和杰克·波特（Sulamith Heins Potter and Jack M. Potter）的《中国农民：一场革命的民族志》（1990）；科大卫（David Faure）的《中国解放前的农村经济：1870—1937 年江苏广东的贸易扩张和农民的生计》（1990）；孔迈隆（M. L. Cohen）的《中国北方的宗族组织》（1990）和《现代中国的文化和政治发明：中国“农民”为例》（1993）；杜赞奇（Prasenjit Duara）的《文化、权力和国家：1900—1942 年华北农村》（1991）；弗里曼（Edward Friedman）和毕克伟（Paul G. Pickowicz）的《中国村庄，社会主义国家》（1991）；柯丹青（Daniel Kelliher）的《中国农民的力量：农村改革时代，1979—1989》（1992）；陈佩华（Anita Chan）、赵文词（Richard Madsen）和安戈（Jonathan Unger）的《毛邓领导下的陈家村》（1992）；王斯福（Stephen Feuchtwang）的《帝国的隐喻：中国民间宗教》（1992）；路易斯·普特曼（Louis Putterman）的《中国农村发展中的连续性和变化：观察集体和改革时代》（1993）；朱爱岚（Ellen Judd）的《中国北方村落的社会性别与权力》（1994）；葛希芝（Hill Gates）《中国的动力：一千年的小资本主义》（1996）；景军（Jing Jun）的《神堂记忆：一个中国乡村的历史、权利与道德》（1996）；高默波（Gao，Mobo）《高家村：现代中国的农村生活》

(1999)；苏戴瑞（Dorothy J. Solinger）的《挑战中国城市的居民权：农民移民、国家和市场逻辑》(1999)；戴慕珍（Jean Chun Oi）的《中国农村起飞：经济改革的体制基础》(1999)。

21 世纪至今出版的影响较大的著作有：流心（Xin Liu）的《在自己的阴影里：改革后中国农村生存条件的田野报告》(2000)；白素珊（Susan H. Whiting）的《乡村中国的权力与财富——制度变迁的政治经济学》(2001)；詹姆斯·海耶斯（James Hayes 的《中国南方村庄文化》(2001)；安戈（Jonathan Unger）的《中国农村的转变》(2002)；宝森（Laurel Bossen）的《中国妇女与农村发展（云南禄村六十年的变迁)》(2002)；吴斌（Wu Bin）的《中国农村的可持续发展：边远地区农民的发明和自我组织》(2003)；布鲁斯·杰理（Bruce Gilley）的《模范造反：中国最富村的兴衰》(2001)；韩敏（Han Min）的《回应革命与改革：皖北李村的社会变迁与延续》(2001)；阎云翔（YunxiangYan）的《社会主义下的私生活：一个中国村庄里的爱、亲密和家庭变化 1949—1999 年》(2003)；詹姆斯·华生和鲁比·华生（James L. Watson, and Rubie S. Watson）的《香港村庄生活：新界的政治、性别和仪式》(2004)；弗里曼（Edward Friedman)、毕克伟（Paul G. Pickowicz）和赛尔登（Mark Selden）的《中国农村的革命、对抗和改革》(2005)；孔迈隆（Myron Cohen）的《亲戚、契约、社区和国家：人类学视角看中国》(2005)；丁荷生（Kenneth Dean）的《中国东南的道教仪式和民间信仰》(2006)。

从这一时期出版的作品中可以看出，汉学人类学研究出现四大潮流：其一是田野调查的复兴，我国港台地区和内地在改革开放后给西方人类学家开放了田野调查的大门。其二是新的理论与方法，如象征人类学的应用，这与西方人类学界研究理论和方法的变动相呼应。其三是人类学与史学的结合，人类学家从史学文献和地方志中寻找中国社会与文化特征的渊源。其四是应用研究和跨学科合作研究大量增加，西方人类学也开始关注中国乡村的一些社会问题，如艾滋病、环境污染、农民工、经济发展与贫困等问题，其研究领域、研究理论和方法呈现多样化的趋势。

这一时期，汉学人类学出现了许多有影响的人物，如武雅士、芮马丁、郝瑞、杜赞奇、萧凤霞、华生、孔迈隆、芮马丁、安戈、黄树民、王斯福等，他们的作品影响了外国人对中国社会与文化的看法。因篇幅所限，本文仅简单介绍两位汉学人类学者：黄树民和华生。

美国籍华人黄树民是最早获准在中国做田野调查的人类学家之一，也是最早在中国开班培训人类学者的外籍教授。黄树民生于1945年，祖籍是广东潮汕，在我国台湾地区的嘉义长大。他1967年获台湾大学人类学系学士，1973年获美国密执安州立大学人类学系硕士，1977年获美国密执安州立大学人类学系博士，此后一直在美国爱荷华州立大学任教，现任"中央研究院"民族学研究所特聘研究员兼所长。20世纪80年代初，他在厦门大学开设的人类学培训班，其学生，如王铭铭、范可、郑晓云等，现今为中国人类学界的领军人物。

黄树民在国外的影响源自他的作品：《曲折的路：一个共产党书记眼中的中国村寨变化》，出版于1989年，并于1998年修改和增加章节后再版，两个中文版分别于1994和2002年出版，定名为《林村的故事——一九四九后的中国农村变革》。该书取材于黄树民在厦门市郊林村的实地考察，他通过叙述林村一位共产党村支书的个人生活史的方式，来揭示1949年以来中国农村社会生活的变迁历程。该书是美国大学讲授现代中国社会课程的必读教材，它为美国学生提供了中国社会中一个人、一个村庄甚而一个国家成长和转型的具体清晰的历史镜像。该书也是中国攻读人类学或民族学学生的必读之书，为中国学生提供了一种新的书写民族志的方法，即通过"主位"和"客位"的对话，让读者不仅了解1949年以来中国社会变迁中的坎坷，而且也看到人类学家在研究"异文化"中的所作所为和所思所感。这种以对话形式撰写的田野志，"乃是涉及中国社会的人类学著作中的首创"（景军，1997）。

华生（James L. Watson）出生在美国中部爱荷华州一个小镇，1965年获爱荷华大学中国研究学士学位，1972年，获加利福利亚大学伯克利分校人类学博士学位。毕业后，先后在美国夏威夷大学、英国伦敦大学、美国匹兹堡大学和哈佛大学任教。华生是全球知名的汉学人类学家，他自20世纪60年代末开始在香港新田村调查当地的文氏家族，40多年来，他长期在中国南方，如广东、江西、香港等地作民族志田野调查，精通粤语和普通话，在中国社会与文化（尤其是汉人的家族、仪式、民间宗教、村落组织、饮食文化、海外移民社区研究等）及全球化与现代性本土化等方面的研究成果卓著，他的中国学研究的兴趣和范围之广泛，在汉学人类学界，无人能与之攀比。华生高度重视田野调查，他认为人类学家就是要研究他们所调查的人民所做的事，与他们所研究的对象生活在一起，去他们的研究对象所去的地方，努力成为研究对象生活中的一部分。他总结自己30年来田野作业的经验，他就是通过发生在他的朋友身上的那些变化，来看那个地区所产生的社会变化，他们所经历的社会变迁，以及社会变迁对他的朋友本身的影响（叶涛，1999）。

2004 年，华生和他的夫人把他们在香港多年的研究汇编成册出版，书名是《香港村庄生活：新界的政治、性别和仪式》，该书收录了华生夫妇基于 20 世纪 60 和 70 年代在香港的田野调查所撰写的 18 篇论文，分置于三个部分：社会组织、性别与妇女、宗教和仪式。该书完全反映华生的研究理念和方法，即田野调查的个人经历加上地方宗族文献、地方志和其他档案材料。全部论文均以史料为基础，审视他们在田野调查中观察到的社会结构和文化活动所反映的当代现象及其历史发展。尽管书中所描绘的村落场景及社会生活已不存在，但书中记载的仪式、性别、宗族和权力等资料，很多还和今天中国农村有关联，是西方研究中国汉人社会及文化的必读书。

结　语

综上所述，西方人类学界对中国乡村的研究始于 19 世纪末，迄今已有 100 多年的历史，其研究领域涉及中国乡村社会及文化的方方面面。在研究内容、方法和理论上，受西方人类学发展趋势的影响，与西方人类学界以及其他社会和自然科学的发展动态息息相关，为西方人了解中国社会与文化的现况和变迁，提供了大量信息。

中国的乡村研究，在西方人类学中国研究中占有重要地位。郝瑞把人类学学者们对变迁中的中国社会和文化的研究，分类为社区、生活、民族及其组成部分三大类。社区又分成乡村社区、大城市社区和这两者间的区域（人口流动与乡村都市化）（Harrel，2001）。与中国乡村相关的研究占两类，乡村社区是传统的人类学研究领域，人口流动与乡村都市化是中国改革开放以来，农村发生巨大变化带来的新的研究课题。

西方人类学对中国乡村的研究，不仅为人类学研究大型的、拥有悠久历史和文明的、处于急剧转型期的现代国家社会及文化，作出了巨大贡献，在人类学界引发如何利用传统的社区民族志来研究一个复杂大型的社会的讨论与探索。同时，它也推动了中国本土人类学的发展。中国的人类学正通过从密集的单一村落研究，走向大型的、地区或跨地区的合作研究。其中值得提及的是中山大学的乡村都市化研究，厦门大学的福建地方文化和社会变迁研究，以及由王斯福和王铭铭主持的改革中乡村政治经济的研究（Harrel，2001）。可以相信，随着中西方交流的增加，对中国乡村社会和文化研究将取得更多更好的成果，弗里德曼在19世纪60年代所预言的“社会人类学的中国时代”一定到来。

参考文献

高怡萍：《汉学人类学之今昔与未来》，载《广西民族学院学报》（哲学社会科学版）2002年24期。

景军：《林村的故事》，载《开放时代》1997年第3期。

王铭铭：《社会人类学与中国研究》，广西师范大学出版社2005年版。

庄英章：《台湾宗族组织的形成及其特性》，载《现代化与中国化研讨会论文汇编》，乔健主编，香港中文大学社会科学院1985年版。

叶涛，1999，《James L. Watson教授访谈录》，《民俗研究》第3期。

Ahern，E. M. 1973. *The Cult of the Dead in a Chinese Village*. Stanford：Stanford University Press.

Arkush，David. 1981. *Fei Xiaotong and Sociology in Revolutionary China*. Cambridge，Mass. Harvard University Press.

Baker，H. R. B. 1968. *A Chinese Lineage Village*：*Sheung Shui*. Stanford，CA：Stanford University Press.

Chun，Allen. 1996. The Lineage-Village Complex in Southeastern China. *Current Anthropology* 37（3）.

Feuchtwang，S. 1974. *An Anthropological Analysis of Chinese Geomancy*. Vientane：Vithagna.

Freedman，Maurice. 1958. *Lineage Organization in Southeastern China*. London：Athlone.

Freedman，Maurice. 1962. Sociology in and of China. *British Journal of Sociology* 13（2）.

Freedman，Maurice. 1966. *Chinese Lineage and Society*：*Fukien and Kwangtung*. London：Athlone.

Freedman，Maurice. 1974. On the Sociological Study of Chinese Religion. In *Religion and Ritual in Chinese Society*，edited by Arthur P. Wolf. Stanford：Stanford University Press.

Freedman, Maurice. 1979. Why China? In *The Study of Chinese Society: Essays by Maurice Freedman*, edited by G. William Skinner. Stanford: Stanford University Press.

Freedman, Maurice. 1979. A Chinese Phase in Social Anthropology. In *The Study of Chinese Society: Essays by Maurice Freedman*, edited by G. William Skinner. Stanford: Stanford University Press.

Fried, Morton H. 1958. China. In *Contemporary Sociology*, edited by J. S. Rouced. New York: Philosophical Library.

Gates, H. 1996. *China's Motor: A Thousand Years of Petty Capitalism.* Ithaca, N. Y. : CornellUniversity Press.

Harrell, Steven. 1979. The Concept of Soul in Chinese Folk Religion. *Journal of Asian Studies*38 (3).

Harrel, Steven. 2001. The Anthropology of Reform and the Reform of Anthropology: Anthropological Narratives of Recovery and Progress in China. *Annual Review of Anthropology*,30.

Huang, Shu-min. 1981. *Agricultural Degradation: Changing Community Systems in Rural Taiwan.* Washington, D. C. University Press of America.

Jordan, D. 1972. *Gods, Ghosts and Ancestors: The Folk Religion of a Taiwanese Village.* Berkeley: University of California Press.

Kuper, A. 1983. *Anthropology and Anthropologists.* London and New York: Routledge.

Malinowski, B. 1939. Preface. In *Peasant Life in China*, by Fei Xiaotong, xix-xxvi. London: Routledge and Kegan Paul.

Paternak, Burton. 1972. *Kinship and Community in Two Chinese Villages.* Stanford: Stanford University Press.

Potter, Jack. 1970. Land and Lineage in Traditional China. In *Family and Kinship in Chinese Society*, edited by Maurice Freedman. Stanford: Stanford University Press.

Rozman, Gilbert. 1977. China's Traditional Cities: A Review Article. Pacific Affairs 50 (4).

Sands, Barbara and Meyers, Ramon. 1986. The Spatial Approach to Chinese History. *Journal of Asian Studies* 45 (4).

Skinner, G. W. 1964. Marketing and Social Structure in Rural China. *Journal of Asian Studies* 24 (1).

Wang, Y. C. 1938. The Development of Modern Social Science in China. *Pacific Affairs* 11 (3).

Watson, James L. 1975. *Emigration and the Chinese Lineage: the Mans in Hong Kong and London. Berkeley: University of California Press.*

Wolf, A. 1974. *Religion and Ritual in Chinese Society.* Stanford, CA: Stanford University Press.

开创中国灾害人类学研究先河*

最近几年，地球上自然灾害频繁发生，地震、飓风、洪水、泥石流、干旱、高温、火山爆发、冰雹、暴风雪等给人类社会造成了巨大的人员伤亡和财产损失。灾害研究成为当今自然科学和社会科学的研究热点，如何预测、预防、应对、避险、救灾和重建是灾害研究的关键问题。云南省社会科学院李永祥研究员长期从事灾害研究，其新著《泥石流灾害的人类学研究——以云南省新平彝族傣族自治县“8·14特大滑坡泥石流”为例》（知识产权出版社2012年版），是对他研究泥石流灾害近10年的工作总结，具有很高的学术和应用价值，为中国人类学从事灾害研究做出了巨大贡献。该书主要内容包括以4个方面。

1. 全面系统地阐述灾害人类学的理论、方法和研究问题。

作者首先讨论灾害的定义，指出中文和英文“灾害”（Disaster）一词分别源于火和星球，比较了不同学科对灾害所界定的概念，提出了自己的灾害定义，即灾害是致灾因子在生态环境脆弱性和人类群体脆弱性相结合的条件下产生的打破社会平衡系统和文化功能、给社会带来重大的人员伤亡和财产损失、并产生新的生态环境脆弱性和人类群体脆弱性的自然或社会事件。

作者随后详细梳理了灾害人类学发展历程、研究重点和理论流派，指出灾害的人类学研究兴起于20世纪50年代至70年代，长期田野调查方法是人类学与其他社会学科研究灾害的重要区别，它继承了人类学参与观察法的传统，民族志是对田野工作的总结。作者简要介绍了国外灾害人类学的几种重要研究理论学派（政治生态学派、环境脆弱性理论、行为回应学派、社会平衡理论、社会和文化变迁学派、应用人类学派）的背景、主要观点和代表人物，并总结

* 本文原以《开创中国灾害人类学研究先河：评李永祥〈泥石流灾害的人类学研究——以云南省新平彝族傣族自治县“8·14特大滑坡泥石流”为例〉》为题发表于《西南民族大学学报》（人文社会科学版）2013年第10期。

了中国人类学的灾害研究现况，指出缺少针对灾害进行系统的田野考察和系统的理论构建是当前中国灾害人类学面临的问题。作者认为，泥石流灾害的人类学研究重点应该放在4个方面：灾前预警系统和避险方法、灾害发生时的逃生方法、救灾过程中灾害的应急和回应和灾后的村寨恢复重建。这也为本书的案例分析提供了框架。

2. 基于长期系统田野调查的泥石流灾害民族志。

本书的第二章到第六章是2002年云南新平县泥石流灾害个案研究，其资料来源于作者对灾区近10年的田野调查，其研究方法充分利用了人类学区别于其他学科的研究手段，即长期田野调查、整体视角和比较法，其书写的方式显示人类学者作为“他者”与受灾群体区分，均使本书成为一本优秀的经典泥石流灾害民族志。

作者在第一章末提出自然灾害的发生和治理不是一个纯自然的过程，而是一个与社会、文化、人类行为、政治经济等密切联系的过程。在第二章里，作者系统地呈现了云南新平县“8・14特大滑坡泥石流”发生地哀牢山的自然环境、行政区划、民族构成、经济生活、社会组织和居住格局等场景，整体地观照生态环境、社会结构、文化观念、历史过程之间的相互关系，以剖析“8・14特大滑坡泥石流”的灾害成因。

从第三章到第六章，作者从整体视角，利用比较法，通过对新平县5个村寨的4个案例，对“8・14特大滑坡泥石流”灾害及其影响展开全面考察。这5个村寨既有汉族村，也有傣族和彝族村。在面对共同的泥石流灾害时，因社会和文化背景不同，各族村民们在灾害过程（包括预警、应急反应、灾民搬迁和灾后重建）中的表现，呈现出值得关注的差异和特点。

3. 具有强烈现实意义的哀牢山泥石流灾害的避险、应急经验和恢复重建经验的综合讨论与问题分析。

在本书的第七章和第八章，作者首先重点讨论新平县泥石流灾害的应对经验和教训，指出短期和长期的避险工作都应以综合的方式进行，即避险监测、搬迁、工程治理、退耕还林、梯田改造和沼气系统建设等相结合的方法，走可持续发展道路。作者接着指出泥石流灾害的传统知识（包括灾害信号、当地环境和气候知识）在泥石流灾害避险和逃生方面能发挥积极作用。最后，作者分析泥石流灾害应急、救灾和灾害重建中的问题、矛盾和文化变迁，建议从灾民的生活状况上来总结灾后恢复重建工作的经验和教训。

4. 泥石流灾害的人类学理论思考和应用探索。

在本书的最后一章，作者对泥石流灾害的人类学研究的理论和实践进行总结。作者首先强调人类学的核心方法是田野调查，研究者应该以参与观察为主，重视结构和半结构访谈，收集相关数据，把定性与定量相结合。关于泥石流灾害的人类学研究的理论框架，作者列举脆弱性理论、人类行为回应理论、社会文化变迁理论、社会系统的平衡理论、应用人类学理论等理论流派，认为有的解释框架是多学科共享。作者最后指出，灾害在全世界范围内发生，灾害与各种社会现实问题密切联系，包括服装、环境危机、健康、社会平等、阶级、资源管理等，故灾害的人类学研究具有现实意义和学术价值，能为人类学基础理论建设做贡献。

总体而言，本书结构非常合理，由国内外灾害人类学研究综述、泥石流灾害个案研究、灾害应对过程（避险、应急和恢复重建）经验与问题的综合讨论、相关的理论思考与应用探索4 大部分组成。本书在理论上的创新在于把灾害研究的环境脆弱性和人类群体脆弱性理论与中国的现代化进程所导致的社会变迁的国情紧密相连和把现代灾害应急措施与传统地方知识相结合。我国西部大开发，市场经济膨胀人的贪欲，导致对自然资源的过度开发，使灾害频繁发生，从而加剧了环境的脆弱性和人类群体的脆弱性。任何有效和可持续的灾害治理，必须整体考虑如何治理源于贫困和不平等的人类群体脆弱性和因过度开发引发的环境的脆弱性。

灾害人类学是应用人类学的一部分，其最突出点是应用价值，为人类社会广大民众和各级决策者提供防灾、减灾、避险、应急和灾后恢复重建的方法、经验与教训，而不是抽象讨论什么是灾害。本书作者通过对哀牢山泥石流灾区近10年的调查，发掘出许多宝贵的应对灾害的经验，特别是地方传统知识，也发现了许多问题，如灾害应急中怎样帮助残疾人的问题、救灾中如何划分灾民问题和灾害重建中怎样传统文化保护问题等。灾后重建是灾害人类学重点关注的领域，也是本书的研究重点之一。作者尽管明确指出许多恢复重建中的问题与矛盾，如搬迁、土地征用、建房结构、补助与重建资金的发放问题等，但对如何解决这些问题，作者没有提出系统的建议，这是本书的一个缺陷，作者可以借鉴发展人类学一些理论和方法。发展人类学倡导自下而上的参与发展模式和在发展领域中的两个概念，参与（participation）和赋权（empowerment）。参与指社区积极参与，社区居民有权参与发展规划和决策制定过程，他们的想法和态度应反映在规划中，从而减少他们对规划的反感情绪，避免冲突，使规划能顺利实施。赋权指赋予当地居民负责管理发展项目的权力。一些发展项目采用了这两种理论和方法，结果表明当社区参与发展项目的计划和决策过程、被授权管理和控制他们自己的资源和未来时，平等发展最有可能实现。本书另一缺陷是对灾害中的性别问题关注不够，妇女更具灾害风险和灾害影响的脆弱性，灾害重建中性别关系研究，可以更好保障灾后恢复和重建的平等性。

尽管本书存在一些不足，但本书合理的结构、10 年系统的田野调查所提供的丰富材料、灾害研究方法和理论的探索，使本书成为一优秀的有关灾害研究的民族志著作，它的出版填补了我国人类学界无基于系统田野调查和理论构建的灾害民族志的空白，将会激起我国人类学界对灾害研究的反思与讨论，促进中国灾害人类学及人类学的蓬勃发展。

汉族丧葬仪式的研究与建构中国人类学知识体系*

人都会死亡，但人类社会对死亡的反应却不同，丧葬仪式能充分展示人们对死亡的认识和如何应对死亡，一直受到人类学者密切关注和重点研究，因为“对死亡的习惯反应为敏锐探索人类生活的本质提供了一个重要的机会”（Huntington & Metcalf，1991）。与死亡相关的信仰和实践活动为了解人类社会的组织结构、文化价值观和世界观提供了一个窗口，通过长期观察与研究，这扇窗口能让我们看到人类文化变迁和对新经济社会环境适应的机制。

从19世纪末正式成为一门学科开始，西方人类学就非常重视丧葬仪式研究，形成一套知识体系。早期古典进化论者，如Edward Tylor（1871）和Sir James Frazer（1913），非常关注与死亡和死后世界相关的信仰，他们认为这些信仰是灵魂观念和所有宗教的源头，而宗教进化的规律为从原始宗教走向人为宗教，多神走向一神，最终为科学所替代。20世纪初功能主义人者，如Emile Durkheim（1912）、Radcliffe-Brown（1933）和Malinowski（1954），通过分析与死亡相关的人类行为，试图揭示宗教体系靠建立均衡和保护社会团结来维护社会系统的能力。结构主义者，如van Gennep和Victor Turner，关注葬礼的结构和过程，Van Gennep（1960）提出人生礼仪三阶段的观点，即分离仪式（rites of separation）、过渡仪式（rites of transition）和结合仪式（rites of incorporation）。Victor Turner丰富了van Gennep的概念，提出“阈限”（liminality）的理论，认为处于过渡仪式阶段人游移在两个正常社会状态之间（Turner，1967）。到20世纪60—70年代，Victor Turner从研究仪式的结构功能转移到研究仪式的意义，推动了象征主义和解释人类学的发展，提倡从当地人的解释视角来理解符号和仪式。Turner（1968）把仪式定义为“符号的汇总”，而符号则是“保留仪式行为具体特性的

* 本文原发表在《广西民族研究》2022年第3期，作者：陈刚，郭锐。

最小的单位”，强调把仪式过程放在社会背景下来研究。他没有把仪式符号当作静止和绝对的客观物体，而是当作“社会和文化系统”，在时间的长河中失去和获取意义，其形式发生改变（Turner，1974）。解释人类学大师 Clifford Geertz 认为仪式是一个符号体系，代表价值、行为规范和规则，研究人员应当以“土著的眼光”来解释仪式（Geertz，1973）。1970 年后，“结构”的研究逐渐被“表演”或“实践”所取代（彭文斌、郭建勋，2010）。马歇尔·萨林斯（ MarshallSahlins）对仪式活动所涉及的文化实践提出了一个模式，认为实践结合了结构与历史、系统与事件、持续与变化，也就是说在文化实践过程中，真实的情景被重新估价和商榷，传统的模式或结构被改变。近年来，后结构主义者，如 Catherine Bell 利用福柯 和布迪厄等人的理论，对礼仪作出了重大贡献，她反对给仪式下定义，主张研究仪式过程，而不是仪式（Westman，2011）。

中国人类学对礼仪研究也非常重视，早期的中国人类学家林耀华、杨懋春、许烺光、杨庆堃等人，用功能主义的理论分析丧葬的社会功能。近年来，有学者应用阿诺德·范·盖内普“过渡仪式”和特纳“阈限性”理论，也有继续从功能主义的视角来分析研究中国汉族和少数民族的丧葬仪式（史婷婷，2011）。彭兆荣提出中华民族今天的伟大崛起，同样需要文化复兴的工程，作为“礼仪之邦”的大国，重建中国仪式话语体系是适时的，甚至是急需的（彭兆荣，2021）。徐杰舜主编的 9 卷本《汉民族史记》，用两卷对先秦到民国时期汉民族风俗文化（包括礼仪风俗）发展的来龙去脉做了详尽的描述，为重建中国仪式话语体系打下基础。

《汉民族史记》记载的汉族丧葬仪式

徐杰舜主编的《汉民族史记》，是一部洋洋 500 多万字的“鸿篇巨制，内容丰富、体系宏大”（朱炳祥，2020）。这部宏伟巨制的《汉民族史记》给读者呈现出一幅波澜壮阔、气势恢宏的中华民族多元一体的历史画卷，生动展现了汉民族勤劳勇敢、坚毅智慧、凝聚奋进、生生不息的 5000 年履迹（王华，2020）。全书共 9 卷，以历史、族群、文化、风俗和海外移民等 5 个板块为主要内容，运用人类学、民族学、历史学、语言学、民俗学等跨学科的研究方法，将汉民族的历史演进、族群分布、文化生活、风俗习惯、语言样貌以及人口迁徙流动，置于动态的过程性的框架中予以考察分析，宏观地展现了汉民族的形成、发展与变迁

（王华，2020）。第7和第8卷为“风俗卷（上、下）”，“绪论”首先给风俗下了定义，并探讨了中国国籍中风俗的概念和汉民族风俗的形成和发展，梳理了国内汉民族风俗研究文献。然后从先秦开始，到民国结束，按历史发展顺序，对各个历史时期的生产、生活、礼仪、岁时、信仰以及社会风俗进行了细致入微的剖析，认为汉民族的风俗是在先秦孕育、秦汉初成、魏晋南北朝重构、隋唐整合发展，又经宋元的转型，直至明清的蜕变完善而成，呈现出汉民族与其他民族交汇、兼容、吸收，并形成自成一体、独具特色的演变规律。

在汉民族众多的风俗礼仪中，丧葬礼仪始终占据重要的位置，它对中华文化的形成和维护均起着关键的作用（Watson，1988）。《汉民族史记》对汉民族丧葬仪式礼仪的研究从先秦开始，作者认为先秦时期（夏商周三代），以农耕文化为特征的华夏民族，各种风俗活动已初具雏形（徐杰舜，2019）。先秦时期，周俗礼制森严，不同等级的人死的俗称都有区别，如天子之死为“崩”、大夫之死为“卒”、未成年而死为“殇”。周俗人病危后，房屋内外都要打扫干净，病人头朝东，躺在屋子北面墙的地上，放些丝绵在病人的鼻孔边观察，等他断气。人死后，周人要招魂，俗称“夏”，然后才能办理丧事。周俗奔丧者三日内要哭五次，随着哭还要跺脚，以示伤心到极处，俗称“踊”。周俗人死招魂后，被从地上抬到床上，用被子覆盖，脱去死时穿的衣服，给尸体楔齿、缀足、沐浴、含饭和设饰。丧亡的次日早晨举行小殓，第三天举行大殓。入殓后，盖棺，封棺。择墓地，再占卜下葬的日期，然后举行出葬大礼。每一步的执行，都有明确的礼仪。先秦时，汉民族有殉葬之风，不仅有物殉、兽殉，还有人殉。对丧服，根据人伦范畴的亲疏尊卑等级秩序，在质料、服饰组合，以及居丧期上有不同的规定，一般分为斩衰、齐衰、大攻、小攻、缌麻五个等级，俗称“五服”（徐杰舜，2019）。

秦汉时期的丧葬礼仪继承了春秋战国时期的丧葬礼仪制度，丧礼过程并无多大改变，但更为隆重，大致可分为三个阶段：一是葬前之礼，包括招魂、沐浴含饭、大小殓、哭丧停尸等内容；第二阶段为葬礼，包括告别祭典、送葬、下棺三个环节；第三阶段为葬后服丧之礼。秦汉时期流行厚葬，墓室重装饰，重视守冢和墓祭（徐杰舜，2019）。

魏晋南北朝时期，丧葬是按礼俗规定来办。首先是初丧礼仪，包括招魂仪式（“复”）；其次是治丧礼仪，对吊丧赗赙极为重视，施行殡殓和成服之礼。对丧服的要求，根据血缘、姻缘关系的远近亲疏来依礼而行。再次是出丧礼仪，包括堪舆择地、送丧等礼俗。最后是终丧礼仪，包括小祥祭（死者去世后13个月时举行）、大祥祭（死者去世后25个月时举行）。魏晋南北朝盛行厚葬，魏晋行凶门柏历之俗，南北朝行执手礼、斋七、回煞和送烧。斋七也叫作七或七七，受佛教影响，为帮助死者重生，必须每隔七天，为死者追荐祭奠一次，超度亡魂。回煞是丧事之后的驱避邪祟。送烧是将生时器用之物，烧送给死者，流行于北朝。魏晋南北朝时期，汉民族盛行土葬，葬地讲究风水，提倡丧居（徐杰舜，2019）。

隋唐时期，中央政权得到重新确立和完善，社会环境安定，汉民族丧葬礼仪等级色彩更为鲜明，等级森严，礼仪繁缛。明器的品种、数量和质料、大小等依官品的高低而定，而丧葬程序多达60道仪式，包括初终、复、沐浴、大小殓、朝夕哭奠、宾吊、启殡、入墓、掩圹、大小祥祭、祔庙等。葬式多样，以土葬为主。明器制度完善和定型，设墓碑和墓志成俗。因城市人口的增加，助人营葬在唐时已经成为职业，提供丧事器具，或为丧家鼓吹奏乐、搭台令挽歌郎登台献艺（徐杰舜，2019）。

宋元时期，朝廷制定礼法，规定人死应当土葬。但在现实生活中，水葬、火葬、天葬等葬法与土葬并存。官僚士大夫阶层讲究“入土为安”，重视葬后尸体防腐问题，发展出装裹、深葬、防水、石灰封墓等风俗。宋元时期保存了古代流行的丧葬卜宅兆葬日的风俗，流行必杀避煞和做“七七”道场的风俗，大兴纸明器，尤以烧纸钱最为流行。两宋丧葬有闹丧举乐之俗，南宋杭州民间流行“缓葬”，形成“权厝”（暂放）、暖墓和路祭之俗。宋代礼法规定，居丧期间不得饮酒食肉，不嫁娶、不作乐、不生子、不应试、不入仕。两宋时期，朝廷广泛设立义冢，是掩埋无主尸体的公墓，后改名为“漏泽园”，建有相应的管理制度（徐杰舜，2019）。

明朝时期，帝后的丧礼、丧服制度和陵寝（埋葬）制度及其礼仪规制，在承袭古代丧礼制度的同时，为适应新的时代发展需要，进行了删减、增补和调整，写入《会典》《大明集礼》，成为国家法律条文的一部分。对品官与士庶百姓的埋葬制度、居丧之礼与丧服制度也有详严的规定，而民间丧葬因俗而异。明代汉民族社会把丧葬视作喜事，婚丧礼仪又称“红白喜事”，主要丧礼有：点随身灯（或叫“引路灯”“长命灯”“引魂灯”）、山人批书、搭彩棚、画影、大小殓、念倒头经、挑纸钱、摔丧盆、哭丧、吊丧、七七追荐。每逢死者生卒及四时八节时祭之于墓或家里，清明、冬至大祭时则祭之于祠（徐杰舜，2019）。

清代汉民族社会的丧葬仪式因宗教信仰、生活习惯、物质水平等因素的不同而异，以土葬为主，在一些地区也流行火葬。丧葬礼制基本沿袭明代，其基本程序：出终、复、沐浴、袭奠、饭含、小殓、大殓、成服、朝夕奠朔望奠、吊奠赙、择址祭后土、发引、在途及墓下棺、祠后土、题木主、反哭、虞祭、卒哭、拟、小祥、大祥、覃。清代的丧葬礼仪，朝廷都据死者的贵贱等级做出了严格的规定，不得逾越。清代民间丧葬礼俗十分繁缛，形成了相应的礼节，整个程序包括：候夜、送终、落地、报丧、戴孝、落才、封才、立孝堂、做道场、做七、出殡、安葬、点主等。清代后期，仍然实行丧葬礼制，厚葬成风，广大汉民族民间流行传统丧葬礼俗，流行纸冥器，出现了西式丧礼（徐杰舜，2019）。

民国时期，汉民族的丧俗，仍然崇尚古礼，丧葬礼仪主要包括四个步骤：寝苫枕块，哭泣守灵，做七诵经，圆坟殃祭。民国初年，一些开明人士主张对充满封建宗法迷信色彩的传统丧礼进行改良。新式丧礼的特点在于：无等级差别；力行节俭；在礼仪形式上，戴黑纱、登讣告、设吊唁处、开追悼会、送花圈、致悼词等。民国的丧礼更多的是不中不西的情况，和尚、道士走在一大排，中国音乐、外国音乐、笛子、喇叭、锣鼓、洋鼓、洋号齐上阵，体现出中西结合、新旧交错的时代特征（徐杰舜，2019）。

当代汉族丧葬仪式个案研究与《汉民族史记》

《汉民族史记》记载了上下2000多年，从古代先秦到近代民国时期汉民族的丧葬仪式。今天，汉民族的丧葬仪式有何变化？笔者做的个案研究能提供部分答案。此个案研究的田野调查是在中国重庆长寿县的谢家村。它位于重庆东北边缘，距长寿县城西北49千米，万顺乡北边7千米。这是一个自然村庄，坐落在一座小山脚下，南临大洪河，其三面都围绕着稻田。那儿没有工业，整村只有237亩大米梯田和264.7亩旱地，主要的农作物是大米和苞谷。

在谢家村，每个家庭都精心为家里死去的成员举行葬礼，除了未成年死亡的孩子，他们被视为鬼儿子或鬼女儿，死亡对他们来说是命中注定的。任何家庭，如果给死亡的孩子一个完整的正式葬礼，将遭受不幸，甚至会导致家庭中其他成员的死亡。这种处理幼儿死亡的方式在华人社区很常见，布赖森（Bryson，1900）在武昌、科尔特曼（Coltman，1961）在山东、科马克（Cormack，1935）在北京、格雷厄姆（Graham，1961）在四川、陈志明（1987年）在新加坡、和沃尔夫（Wolf，1974）在台湾（1974年）报道过。谢家村一个正常的葬礼通常包括 3 阶段 18 个仪式。

（一）第一阶段

主要仪式有送终、烧倒头符子、抹汗、入馆。当一个人病入膏肓或者接近死亡的时候，他（她）的后人会被召回聚集在他（她）身边，病人将会被移到他（她）房间的椅子上，面对着门，所有后代都围着椅子跪下，配偶、兄弟和姐妹们围着椅子站着，长子将逝者身体直立，临终的人和周围的人做最后语言交流，当地人把这个过程叫作送终。当垂死的人呼吸最后一口气，逝者的子孙尤其是女性，会突然发出一声哀号，鞭炮响起。大声的哀号声和鞭炮声也会告诉村里的其他人家里的亲人去世了。燃烧倒头袱子（纸钱被绑成一捆小的矩形的形状，并把逝者和捐献者的名字写在上面）为死者提供在去另一个世界的差旅费，传递信息者将会立即出发向逝者的亲人们宣布这个消息。

一个人去世后，他（她）的身体将被放到堂屋的一块板子上，并且准备抹汗——仪式性地清洗遗体。准备爱水，字面意思是“爱之水”，是用桉叶煮的水。逝者儿女的衣服浸泡在爱水中，这象征着后代对逝者的爱。两三个村里的老人会被邀请去为逝者清洗和穿衣，首先他们将一块白布浸泡在爱水中，然后他们用白布在逝者身上从头到脚来回移动三次，之后，他们为逝者穿上几年前准备好的寿衣。如果已故者超过 60 岁，他们不用任何纽扣来扣紧衣服，而是用带子，带子象征逝者有后代。为逝者穿好衣服，村里的老人用黑线绑好逝者的脚和腰，他们用线的数量符合逝者的年龄。与此同时，棺材被移到堂屋，放置在两张长凳上。在棺材底部均匀地铺上松针，然后填入棉花。在棉花上平铺开一块白色的布，一个白色的枕头放在棺材的上方。除了松针，棺材准备的方式和村民准备他们床上的枕头、床单、被子和床垫（由水稻、秸秆、棉花做成）一样。当地人非常认真让死者舒服，这是一个用来判断逝者后代孝顺与否的标准，也是一种保证获得逝者祝福的方式。

将遗体放到棺材里在当地被称为入棺。当遗体被放入棺材之后，老人们尽力固定遗体，这样当棺材被移到坟墓、埋进地下时，遗体就不会动。他们必须将遗体平平地放入棺材正中间，逝者才会舒适地躺在棺材中。老者用逝者的衣服填满棺材空着的地方，儿女们如果想要得到逝者的祝福则应该捐出一件自己的衣服。当遗体被固定在棺材中，将一块白布盖在遗体上，用一床寿被（很小的棉被）盖在身体上，然后棺材只关一半，头部的位置是开着的，这样就可以看到逝者的面部，逝者的脸上盖上白布，香炉和长明灯放在棺材的顶部，陶瓷或铁盆放在棺材下用来焚烧纸钱。

（二）第二阶段

第二阶段由道士或和尚专业人士主导，主要仪式有破白、请水、敬灶神、开五方仪式、迎王安位、团福仪式、拜禅仪式、出丧仪式、烧火塘仪式。

破白仪式是由道士在死亡发生的同一天，当太阳下山后进行的第一个仪式，道士通过诵经启动仪式。伴随着他们的打击乐器音乐，孝子穿上孝服。孝服在谢家村今天实际上是一块白色的长棉布，本地称为孝帕，布的一端系在一个孝子头上，另一端坠在他（她）的背后。

道士举行的第二个仪式是请水。道士带领所有的孝子到井或河流旁边，一路上有死者家属请来的葬礼乐队跟随着，大儿子拿着死者灵牌，另一个儿子拿着幡，第三个儿子举着摆着食物的托盘（上面有五个小碗，分别是米饭、肉、酒、水果和糖果）和一盏煤油灯。当他们到达井或河边时，道士先诵经，他们恳求守护水的龙和其他精灵的同意，同意他们取水，他们给神灵们烧冥币和香。接着，大儿子或其他的兄弟去河里装一瓶水，这水被称为神水，是道士在开始其他的仪式用来净化堂屋的。之后他们将用这水给死者的灵魂沐浴，迎接它回家。

在葬礼上进行的第三个仪式是敬灶（敬拜灶神）。敬灶仪式开始于道士领着孝子进入厨房，灵牌，写给灶神的书面文件，一个煤油灯和一个食物托盘被放在灶台上。在灶台上点燃香，首领道士吟唱脚本和诵读文件，告知灶神死者的名字和死亡时间，他请求灶神告知上帝死者已逝，孝子随后向灶神跪拜，烧冥币，魂进入冥界。

第四个仪式是开五方（在五个方向开路），它被认为是由道士进行的最重要的仪式。有两种类型开五方：大和小，对于前者，至少需要六个道士，是为成人死亡举行的，对于后者，只需要一到三个道士。现在很难看到后者了，后者是为穷人或未婚死者举行的仪式。道士在靠近死者家庭的院子里或在平坝上放置五张四方桌子，五个白色牌子分别放在每个桌子的中央，它们象征着五个方向：东、西、南、北和中。死者家属在每个桌子上放上香、冥币、煤油灯和果供（五个装饭、肉、酒、水果和糖果的小碗）。院子中央的桌子代表着中央方向，它放置在两个长凳上，因此高于其他四个桌子。当道士放置好桌子，他们便伴随着喧闹的音乐声开始做开五方仪式。他们唱经，告知众神这家里一个亲爱的成员已去世，他们告诉众神，孩子们已经哭碎了他们的心，并显示了对死者的孝顺，他们请求众神打开所有的道路让死者可以去西方极乐世界。六个道士时而快时而慢地围绕着桌子走动，所有的孝子跟着他们，道士们不时地随着音乐起舞，以取悦众神和观众。最后，道士按东南西北中的顺序，绕着每一张餐桌行走和跳舞，他们呼吁控制每个方向神，为死者打开道路，一个接一个，五个白牌子被烧掉，伴随的有冥币和鞭炮，这表明众神已经接受了祭品，并为死者打开了所有的路，同时也表明死者已成功进入另一个世界并会将经受来自10层阴间的考验。因此，他（她）需要自己的后代举行仪式，以促使他们通过考验。

第五个仪式是迎王安位（欢迎死者灵魂归位，并将其放在祭坛上）。一位道士在房子的门前放一盏煤油灯，照亮死者灵魂回家的路。道士们用三个长凳建造了三座桥，中间的桥高于其他两个。靠近门的桥被称为上平桥，下一座桥被称为中平桥，最后一座桥叫下平桥，把阳间和阴间联系在一起，死者要跨桥才能回到阳间。通过了三座桥后，两个灵牌会被先放在祭坛尽头，面对着正门。道士们诵经并为死者祷告，命令死者后人把果供放在牌位前，烧冥币并下跪向牌位磕头。整个过程让死者和祖先重新回到这家，接受供奉和祈祷。

第六个仪式是团福（赞扬死者），这是一个专业写悼词的人在堂屋以丰富的感情朗读悼词的时刻。所有孝子跪在地上，而其他年长的亲戚站在旁边看。悼词通常包括死者的一生，从出生到死亡，强调他（她）对家庭的贡献，他（她）一生的苦难和成就。悼词一般很有韵律并非常感人，经常会让闻者落泪，偶尔朗读会被号哭声打断。

第七个仪式是拜禅（为已故的人诵经和向众神祈祷）。丧家从村庄邀请老妇女在堂屋唱哀歌，这些妇女必须至少40岁并且有小孩，她们的年龄和有孩子的事实表明她们是诚实的和可信的，所以她们讲的死者的故事能够被认为是真的和被众神所接受。她们跪在堂屋祭坛前的垫子上，道士伴随做音乐诵经以吸引众神的注意，老妇女被道士引导向祭坛叩头，她们唱着哀歌（一种哭、唱和说的结合），提到死者在这个世上做过的很多好事和祈祷众神能豁免他（她）在世上所犯的罪或做过的坏事。据信此时死者正在通往10个阴间法庭，被每个法庭的判官、书吏和恶魔的审判。

第八个仪式是出丧。什么时候开始出丧、去坟地走哪条道路和谁不能参加出殡都由风水先生决定。当吉时来到，八个挑选好的村民会用粗绳缚紧棺材，抬棺材去坟地用的扁担被紧紧捆在粗绳上，把棺材抬到他们的肩膀上，他们不能让棺材碰到地面，一只系着脚的公鸡被放在棺材的顶端，人们相信公鸡可以驱赶他们在去坟地路上闲逛的恶魔和鬼怪。到达坟地，棺材会被放在一个浅坑（叫金井）旁边的长凳上。风水先生会跳进坑里，他首先会在坑里烧些纸钱给土地神，烧纸钱同时也可以使坟坑暖一些，洒几滴公鸡血到坑里，可以驱赶藏在坑里的恶魔。然后，他抛洒几滴神圣的水在坑里，仪式性地洗净坟坑。风水先生计算出吉时让棺材下坑，用指南针和绳子来确定棺材的方向，铲起一些泥土，压到棺材的四角，然后叫孝子用手向棺材撒泥土，两到三个村民留下来用泥土填满坑，堆积成一个圆锥形的坟墓。

第九个仪式是烧火塘（即烧纸房子、幡和灵牌）。这是道士在葬礼上道士做的最后一个仪式，道士会让孝子挪移两个灵牌去一个开阔的空地，把两个灵牌放入纸房子里，把幡放靠着房子、纸家具、纸电视或其他用纸制品也会被放置在纸屋里面或外面。然后点火把它们烧成灰烬，这个过程叫作辞灵（送别死者和已故先祖们的灵魂），把两个灵牌一起烧掉意味着死者现在已经和祖先会合。在烧完纸制品之后，主持葬礼的道士会让死者家属准备一只公鸡、食物、酒和一束高粱。在诵经后，主持葬礼的道士会拿起扫帚并用它象征性地为死者的家属以及整个村落扫扫地，这是为祛除人死后徘徊在房子和村落的恶鬼，给死者家庭和整个村落带回好运，标志着葬礼结束。

（三）第三阶段

埋葬后仪式，包括守七、百日祭拜、周年祭、清明扫墓、烧7月半。埋葬并没有结束了后辈对死者的责任。在葬礼后的第三天，死者家属拜访坟墓，带着水、酒和冥币等祭品给死者，失去亲人的家庭要进行为期49天的哀悼期，所有的娱乐活动被禁止。每隔7天，家属要去坟墓给死者带去食物和冥币，在当地，这被称为烧七。在最后的一个第7天（葬礼后的第49天），失去亲人的家庭会准备一顿饭菜，答谢亲戚和朋友。在第49天的仪式后 ，死者家庭会在死者埋葬后的第100天、死者的出生和死亡纪念日拜祭死者，也会在一些节日时，如春节、清明节等，给死者祭献食物和冥币。

同《汉民族史记》所记载的中国传统丧葬礼俗比较，可以看出谢家村的丧葬礼仪的结构并没有发生太大的改变。尽管整个过程中，许多丧葬礼仪都被简化，但它保留了汉民族传统丧葬礼俗的重要特征，与《汉民族史记》所记载的传统丧葬仪式重叠或类似的有：送终、报丧、沐浴、入棺（殓）、戴孝、破白

（成服）、封才、开方（做道场）、出殡、安葬、做七等。这些仪式主要表达：①通过哭丧，让人知道有亲人去世。②穿上白色孝服，以显示与死者的亲疏关系。③为死者立灵牌，接收后人的祭拜，凸显孝道。④雇用专业人士做道场，以连接阴阳两界，推动死者平安顺利到达彼岸，成为祖先的一员。⑤把尸体移出村寨或社区，避免污染环境。⑥各种葬后仪式，减轻失去亲人的痛苦，增加怀念之情。

结语：汉族丧葬仪式研究对建构中国人类学知识体系的贡献

在20世纪初，人类学随同其他西方社会科学，如社会学、马克思主义思想一起传入中国，至今已有100多年了。中国人类学在亲属制度、宗教与仪式、比较政治和经济文化方面的研究取得成就，值得骄傲（王铭铭，2005）。最先在20世纪50年代和60年代，然后是80年代和90年代，中国人类学者和民族学者对中国的少数民族进行了大规模调查研究，出版了成千上万的民族志，覆盖中国所有的民族，产生的许多学术专著和调查报告，提出新的理论和方法。中国人类学界围绕学科建设及一些重大理论和现实问题开展许多讨论，涉及社会形态、家庭与婚姻、族群和民族、现代化问题、文化多样性和非物质文化遗产的保护问题等，这些讨论不仅对中国人类学，在某种程度上，对世界人类学，产生重大影响（何星亮，2008）。

中国人类学另一突出贡献是为人类学本土化作出了榜样。当人类学最初传入中国时，许多中国学者就从不同的视角提出建立中国自己的人类学的观点。1949年前的中国人类学者认为除经典著作翻译外，社会科学在被用于中国前，需要调试修正，把收集到的传统中国社会和历史的资料和西方理论相结合（Liang，2016）。1949年后，人类学和其他社会学科本土化倾向沿去西方化方向继续发展，并结合当时国家政治和意识形态需求，在20世纪50年代和60年代，马克思、列宁和斯大林主义的理论与方法被用于中国少数民族研究。中国政府一直提倡发展有中国特色的中国社会科学，从改革开放后，人类学在中国大学恢复以来，人类学本土化已经进入全面分析西方人类学理论并把它们同中国现实相结合的阶段。中国人类学者常常把田野调查和中国丰富的历史文献资料相结合，推动中国人类学研究和理论体系的建立，在国内外人类学界产生了较大影响，例如费孝通的“差序格局”、杨庭硕的“相际经营原理”、李亦园的“致中和或三层面和谐均衡宇宙观”、王铭铭的“三大地理空间圈”、赵旭东的“从社会转型到文化转型”、周永明的“路学”等（陈刚，2019）。

徐杰舜主编的《汉民族史记》，在人类学本土化上作出了新的贡献。徐杰舜继承了岑家梧关于“建立一种中国人类学和民族学，在观念、方法和内容上都与西方的民族学有别”，大力倡导人类学和民族学研究的本土化，关注中国本土中的丰富多彩的地方性知识和文化资源。这些观点先后体现在《汉民族发展史》《从多元走向一体：中华民族论》《雪球：汉民族的人类学分析》等论著之中，以自己的学术研究践行着中国化的学术理念（王华，2020）。《汉民族史记》，无论是内容或是方法，更充分体现了徐杰舜人类学和民族学本土化的理念。在内容上，仅汉民族丧葬仪式的研究，在历史深度和发展脉络梳理上，超越国内外所有的相关研究。在研究方法上，《汉民族史记》有许多创新，如借鉴人类学结构论的视野，创立了板块结构模式（丁苏安，2020），创新史法，提出“链性论”（李菲，2020）。

仪式研究，一直是文化人类学的重要研究领域，也是这一学科的重要知识谱系和表述范式。“人类学的仪式理论与实践有助于任何一个国家在特定历史语境中，根据特殊的目标要求记忆历史，并以行动的方式将其固化和社会化，形成特殊的仪式性话语体系。面对当前中国社会发展、社会转型过程中的需求，我们有必要重构、重建和重塑新型的仪式话语。”（彭兆荣，2021）而徐杰舜主编的《汉民族史记》，顺应中国人类学发展的需求，在“重构、重建和重塑新型的仪式话语”上作出了贡献。

参考文献

陈刚：《改革开放40年以来中国人类学发展现况及未来》，载《百色学院学报》2019年第2期。

丁苏安：《〈汉民族史记〉的人类学视野》，载《贵州民族研究》2020年第7期。

何星亮：《中国民族学与人类学30年的回顾与展望》，载《民族研究》2008年第6期。

李菲：《史料·史观·史法：从〈汉民族史记〉到“链性论”的理论探索》，载《贵州民族研究》2020年第41期。

彭文斌、郭建勋：《人类学仪式研究的理论学派述论》，载《民族学刊》2010年第2期。

彭兆荣：《建中国仪式的话语体系——一种人类学仪式视野》，载《思想战线》2021 年第 1 期。

史婷婷：《丧葬仪式研究文献综述》，载《思想战线》2011 年 37 期。

王华：《汉民族是怎样“炼成”的？——读徐杰舜〈汉民族史记〉》，载《贵州民族研究》2020 年第 7 期。

王铭铭：《二十五年来中国的人类学研究：成就与问题》，载《江西社会科学》2005 年第 12 期。

徐杰舜：《汉民族史记》第 7 卷，中国社会科学出版社 2019 年版。

徐杰舜：《汉民族史记》第 8 卷，中国社会科学出版社 2019 年版。

朱炳祥：《回归传统超越传统——评徐杰舜主编的“汉民族史记”叙事取向》，载《贵州民族研究》2020 年第 7 期。

Bryson, Mary. 1900. *Home-Life in China*. New York: American Tract Society.

Cormack, J. G. 1935. *Everyday Customs in China*. Edinburgh and London: The Moray Press.

Coltman, Robert. 1891. *The Chinese, Their Present and Future: Medical, Political and Social*. Philadelphia: F. A. Davis.

Durkheim, Emile. 1912. *The Elementary Forms of Religious Life*. Translated by Joseph Swain. London. George Allen & Unwin Ltd.

Frazer, James G. 1913. *The Belief in Immortality and the Worship of the Dead*. London: MacMillan.

Geertz, Clifford. 1973. *The Interpretation of Cultures*. New York: Basic Books.

Gennep, Aronld van. 1960 (1908). *The Rites of Passage*. Translated by Monika Vizedom and Gabrielle Caffee. Chicago: University of Chicago Press.

Graham, David Crockett. 1961. *Folk Religion in Southwest China*. Smithsonian Miscellaneous Collections 142 (2). Washington D. C.: The Smithsonian Institute.

Huntington, Richard & Peter Metcalf. 1991. *Celebrations of Death: the Anthropology of Mortuary Ritual*. Cambridge, England: Cambridge University Press.

Liang, Hongling. 2016. Chinese Anthropology and Its Domestication Projects: Dewesternization, *Bentuhua* and *Overseas Ethnology*. *Social Anthropology* 24 (4).

Malinowski, Bronislaw. 1954. *Magic, Science and Religion and Other Essays*. Garden City, New York: Doubleday Anchor Books.

Radcliffe-Brown，A. R. 1933. *The Andaman Islanders*. London：Cambridge University Press.

Tong，Chee-kiong. 1987. Dangerous Blood，Refined Souls：Death Rituals among the Chinese in Singapore. Docotral Thesis，Cornell University.

Turner，Victor. 1967. *The Forest of Symbols*：*Aspects of Ndembu Ritual*. *Ithacaa*，New York：Cornell University Press.

Turner，Victor（1968）. *The Drums of Affliction*：*a Study of Religious Processes among the Ndembu of Zambia*. Oxford：Clarendon Press and the International African Institute.

Turner，Victor. 1974. Liminal to Liminoid in Play，Flow，and Ritual：An Essay in Comparative Symbology. *Rice University Studies*，1974，60（3）.

Tylor，Edward. 1871. *Primitive Culture*. New York：G. P. Putnam's Son.

Watson，James L. 1988. The Structure of Chinese Funeral Rites：Elementary Forms，Ritual Sequence and the Primacy of Performance. In *Death Ritual in Late Imperial and Modern China*，edited by James L. Watson and Evelyn S. Rawski. Berkeley：University of California Press，1988.

Westman，Clinton N. 2011. Contemporary Studies of Ritual in Anthropology and Related Disciplines. *Reviews in Anthropology* 40（3）.

Wolf，Arthur. 1974. Gods，Ghosts，and Ancestors. In *Religion and Ritual in Chinese Society*，edited by Arthur Wolf. Stanford，CA：Stanford University Press.